《现代农药应用技术丛书》编委会

现代

农药应用技术丛书

植物生长调节剂与杀鼠剂卷

孙家隆　金　静　张茹琴　主编

化学工业出版社

·北京·

本书作为丛书一分册，在简述植物生长调节剂与杀鼠剂相关常识与应用的基础上，详细介绍了当前广泛使用的植物生长促进剂、植物生长延缓剂、植物生长抑制剂、乙烯释放剂、脱叶剂、保鲜剂、其他类植物生长调节剂以及杀鼠剂主要品种，品种中介绍了其中英文通用名称、结构式、分子式、相对分子质量、CAS登录号、化学名称、其他名称、理化性质、毒性、作用特点、剂型与注意事项等，重点阐述了其作用特点与使用技术。内容力求通俗易懂，实用性强。

本书可供农业技术人员及农药经销人员阅读，也可供农药、植物保护专业研究生、企业基层技术人员及相关研究人员参考。

图书在版编目（CIP）数据

现代农药应用技术丛书．植物生长调节剂与杀鼠剂卷/孙家隆，金静，张茹琴主编．—北京：化学工业出版社，2013.12（2024.1重印）

ISBN 978-7-122-18779-6

Ⅰ.①现… Ⅱ.①孙…②金…③张… Ⅲ.①植物生长调节剂-农药施用②杀鼠剂-农药施用 Ⅳ.①S48

中国版本图书馆CIP数据核字（2013）第251556号

责任编辑：刘 军　　文字编辑：周 倜

责任校对：边 涛　　装帧设计：关 飞

出版发行：化学工业出版社（北京市东城区青年湖南街13号 邮政编码100011）

印 装：大厂聚鑫印刷有限责任公司

850mm×1168mm 1/32 印张10¼ 字数280千字

2024年1月北京第1版第12次印刷

购书咨询：010-64518888　　售后服务：010-64518899

网 址：http://www.cip.com.cn

凡购买本书，如有缺损质量问题，本社销售中心负责调换。

定 价：26.00元

本书编写人员名单

主　　编：孙家隆　金　静　张茹琴

编写人员：（按姓名汉语拼音排序）

胡丽丽　胡延江　姜仁珍

金　静　孙家隆　王远路

易晓华　张茹琴

前　言

植物生长调节剂在农业生产中的应用范围、规模和效益正在迅速地扩大，尤其在解决一些传统技术无法解决的生产难题中发挥着越来越重要的作用，其现已成为作物高效生产的重要保障。近年来，有些地方鼠害泛滥，已经威胁到正常的农业生产和生态环境安全，因此对鼠害的科学治理与控制应该引起高度重视。为了普及植物生长调节剂与杀鼠剂的基本知识，指导人们安全、合理、有效使用植物生长调节剂与杀鼠剂，我们编写了本书，以期为农业丰收保驾护航。

本书主要介绍了植物生长调节剂与杀鼠剂的重要品种，包括其中英文通用名称、结构式、分子式、相对分子质量、CAS 登录号、化学名称、其他名称、理化性质、毒性、作用特点、剂型与注意事项等，重点阐述了其作用特点与使用技术。由于杀鼠剂的特殊性，本书最后还简介了部分我国禁用的杀鼠剂品种。该部分内容重点突出了中毒与急救等注意事项，以便突发事件处理人员参考。

本书编写过程中，青岛农业大学图书馆郑春花老师，农学与植物保护学院陈玲、朱燕萍、卜凯强、马红红等同志在资料收集、文稿整理等方面做了大量辛苦工作，在此表示衷心感谢！

由于编者水平有限，许多应用技术未能深入阐述，疏漏之处在所难免，恳请相关专家及广大读者批评指正。

编者

2013 年 10 月

目录

第一章 概论 /1

第二章 植物生长促进剂 /10

第三章　植物生长延缓剂 /98

第四章　植物生长抑制剂 /142

第五章　乙烯释放剂 /173

第六章 脱叶剂 /188

第七章 保鲜剂 /205

第八章 其他类植物生长调节剂 /214

第九章 杀鼠剂 /235

参考文献 /290

索引 /293

第一章 概论

植物生长调节剂是人工合成、人工提取的具有植物激素的生理活性的外源物质，在很低剂量下即能对植物生长发育产生明显促进或抑制作用。该类物质可以是植物或微生物自身产生的（称为内源激素），也可以是人工合成的（称为外源激素）。特点是使用剂量低、调节植物生长发育效果明显。

植物生长调节剂品种较多、化学结构各异、生理效应和用途各不相同，有的能提高植物的蛋白质、糖的含量，有的可以增强植物的抗旱、抗寒、抗盐碱、抗病的能力，有的可以促进生长，有的可以抑制生长。但对不同植物以及同一植物的不同生育期，施用同种调节剂或同种调节剂的不同浓度，效果可以完全不一样。因此，施用时必须考虑不同的对象，选用不同的调节剂，采用不同的浓度和方法。到目前为止，商品化的植物生长调节剂已经有 100 个以上，通常按照生理效应和用途、化学结构、激素类型等进行分类。

第一节　按照生理效应和用途分类

这类植物生长调节剂可以根据不同的用途分为保鲜剂、催芽剂、矮化剂、生根剂、摘心剂、疏花疏果剂、催熟剂、脱叶剂、干燥剂、去雄剂等。

（1）矮化剂　主要用于控制作物生长，使其矮化健壮增加抗逆性或控制株形的一类药剂，具有减缓植物营养生长、缩短节间、矮化茎秆的作用，其作用原理是抑制植物体内赤霉素的生物合成。如矮壮素、多效唑、调节啶、丁酰肼（比久）等。

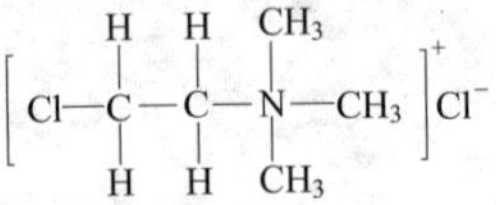

矮壮素 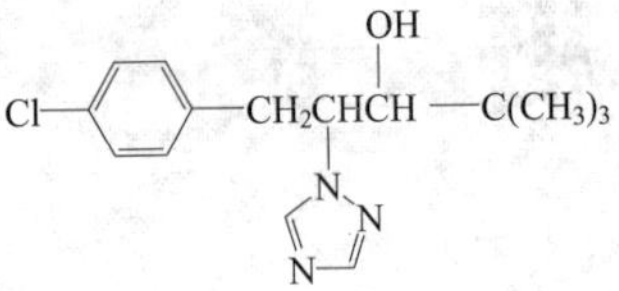　　多效唑

（2）生根剂　能促进切条产生不定根的植物生长调节剂，对加快果树、园林花卉苗木的无性繁殖具有重要意义。常用的生根剂有吲哚乙酸、吲哚丁酸、萘乙酸等。丁酰肼（比久）、脱落酸、多效唑、调节啶以及低浓度的 2,4-D 也具有促进生根的作用。

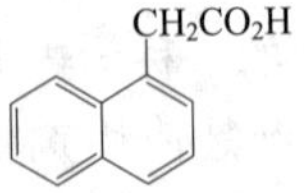

萘乙酸 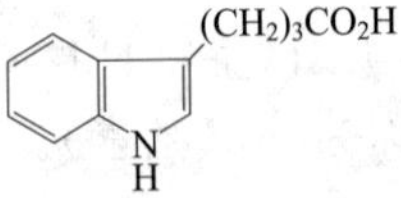　　吲哚丁酸 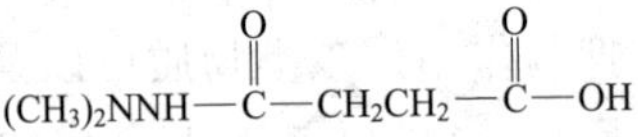　　丁酰肼

（3）摘心剂　对植物顶端生长点具有强烈破坏作用、能使植物顶端停止生长的一类植物生长调节剂，用于控制花卉、绿篱和树木造型，也用于果树、棉花、烟草摘心打顶控制生长。主要有抑芽丹、抑芽敏、三碘苯甲酸等。

抑芽丹 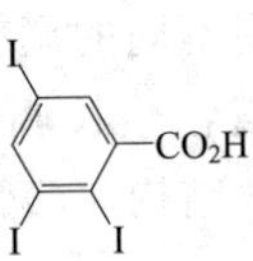　　三碘苯甲酸 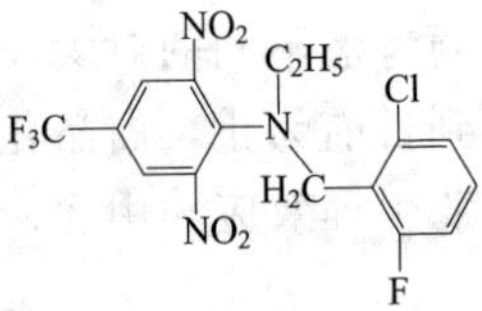　　抑芽敏

（4）疏花疏果剂　可以使一部分花蕾或幼果脱落的植物生长调节剂。常用品种有二硝基甲酚、萘乙酸、萘乙酰胺、乙烯利等。杀虫剂甲萘威也有疏花疏果作用，用于苹果和桃树。萘乙酸常用于苹果和梨树，乙烯利用于苹果。

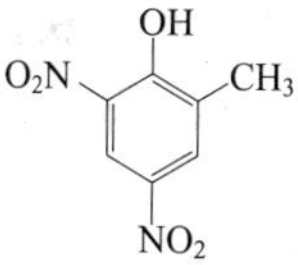

二硝基甲酚 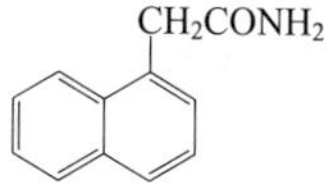　　萘乙酰胺

（5）催熟剂　促进作物产品器官内部生化反应，加速成熟的一类植物生长调节剂。主要品种有乙烯利和增甘膦等。乙烯利主要用于番茄、辣椒、香蕉、柿子、桃、梨、苹果、西瓜、菠萝、柑橘等瓜果蔬菜催熟，也可以用于棉花催熟早收增产。增甘膦主要用于甘蔗催熟，加速成熟，增加糖分含量。

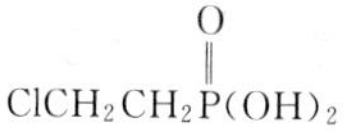

$ClCH_2CH_2P(O)(OH)_2$

乙烯利 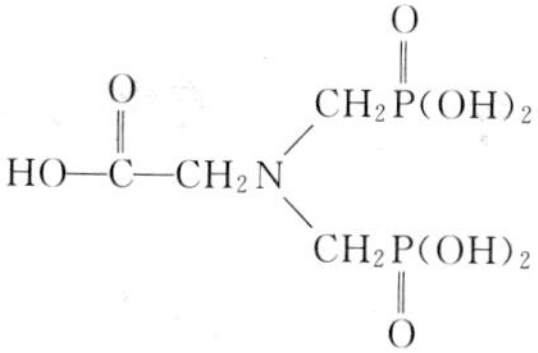　　增甘膦

（6）脱叶剂　能促使植物叶片加速脱落的植物生长调节剂。主要品种有脱叶磷、脱叶亚磷、乙烯利、赛苯隆等。用于棉花、大豆、马铃薯、甜菜等作物加速脱叶，便于机械收获。

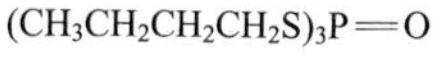

$(CH_3CH_2CH_2CH_2S)_3P{=}O$

脱叶磷 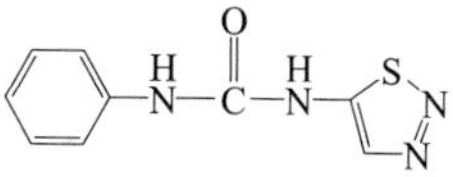　　赛苯隆

（7）干燥剂　促进作物产品器官快速脱水成熟，便于集中采收和贮藏的植物生长调节剂。常用品种有百草枯、敌草快、乙烯利等。

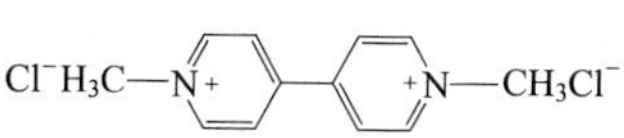

百草枯 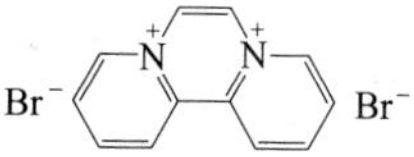　　敌草快

（8）去雄剂　可以使雄性不育的植物生长调节剂。主要用于杂

交育种，促进自花授粉的植物实现异花授粉，获得杂交后代。常用的品种有玉雄杀、杀雄啉、杀雄嗪酸、2,4-滴丁酸、2,3-二氯异丙酸等。

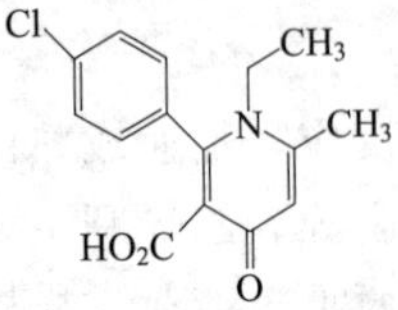

玉雄杀 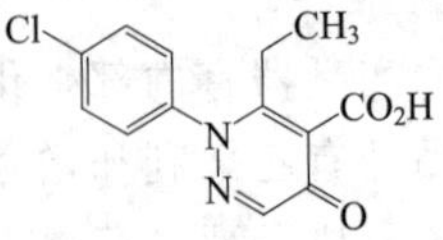　　杀雄嗪酸 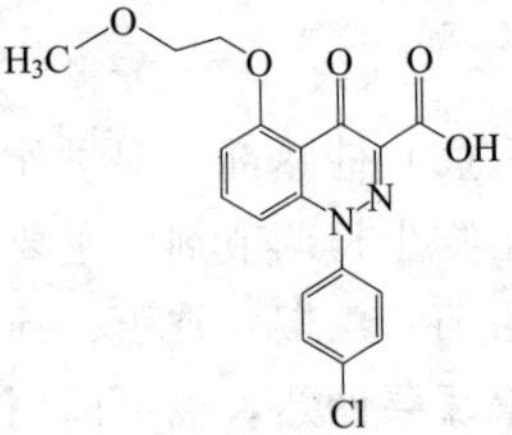　　杀雄啉

第二节　按照植物激素类型分类

这类植物生长调节剂可以根据不同的用途分为生长素类、赤霉素类、细胞分裂素类、乙烯类、脱落酸类、生长抑制剂类等。

（1）生长素类　生长素类植物生长调节剂的主要作用是促进细胞伸长或加速细胞分裂，用于促进插条生根、促进果实膨大、减少花果脱落、疏花疏果、诱导开花等。主要品种有萘乙酸、防落素、增产灵、2,4-滴、吲哚丁酸等。

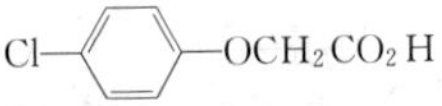

Cl—⟨苯环⟩—OCH_2CO_2H　　I—⟨苯环⟩—OCH_2CO_2H

防落素 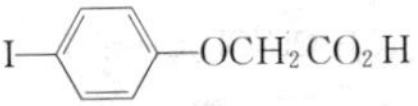　　增产灵

（2）赤霉素类　赤霉素是植物体内存在的内源激素，为赤霉素菌的分泌物，目前已经发现的植物内源赤霉素已经有 70 多种。人工发酵合成的赤霉素类植物生长调节剂主要有赤霉素 4（GA_4）和赤霉素 7（GA_7）。

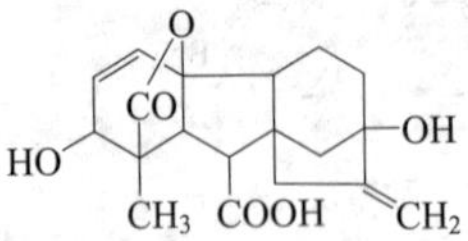

赤霉素 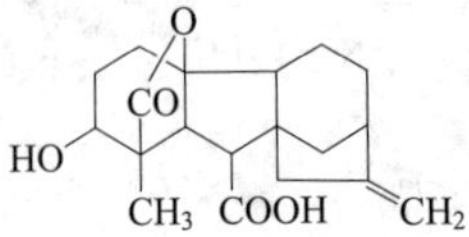　　赤霉素4 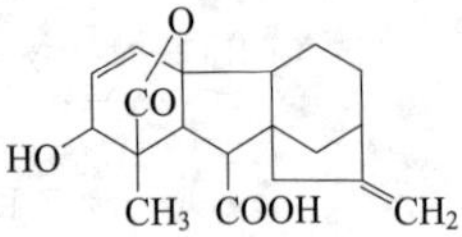　　赤霉素7

赤霉素类植物生长调节剂的作用是刺激茎叶生长、扩大叶面积、加速侧枝生长，有利于代谢产物在韧皮部内积累，活化形成层；改变某些植物雌雄花的比例，诱导单性结实，形成无籽果实，加速某些作物果实生长，促进坐果；打破种子、块茎、块根休眠，提早发芽时间；抑制成熟、衰老、侧芽休眠以及块茎形成等。

（3）细胞分裂素类　该类激素的作用是促进细胞分裂和扩大，诱导芽分化、延缓衰老、促进侧芽萌发。主要是腺嘌呤（adenine）衍生物，如玉米素、激动素、6-苄氨基嘌呤（6-BA）、异戊烯基腺嘌呤（IPA）等。

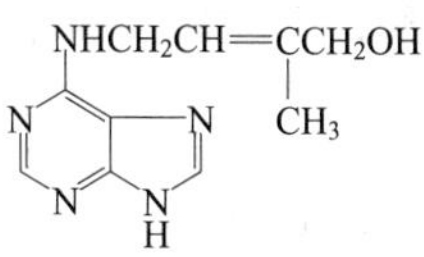

$NHCH_2CH{=}C(CH_3)CH_2OH$　$NHCH_2$-呋喃基　$NHCH_2$-苯基　$NHCH_2CH{=}C(CH_3)_2$

玉米素 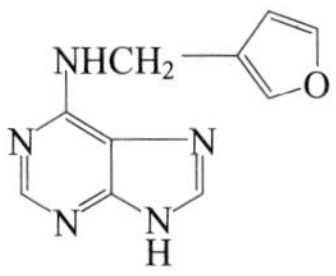　激动素 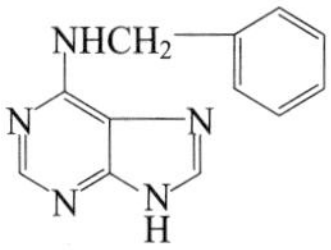　6-BA 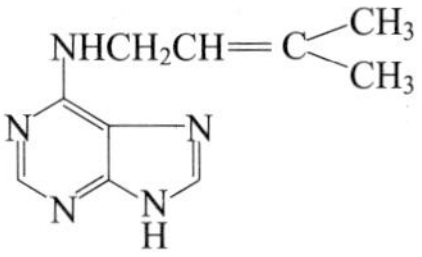　IPA

（4）乙烯类　乙烯类植物生长调节剂都是乙烯释放剂。它们进入植物体内水解释放出乙烯而发生生理效应：促进种子发芽、控制伸长、培育壮苗；促进开花、果实早熟、器官脱落、雄性不育、促进高产等。主要品种有乙烯利和乙二膦酸。

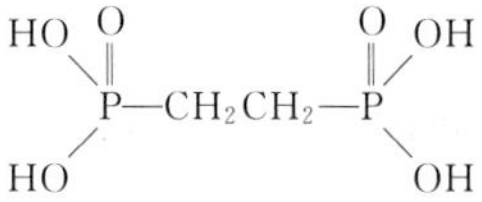

$$(HO)_2P(=O){-}CH_2CH_2{-}P(=O)(OH)_2$$

乙二膦酸

作用原理：

$$\left.\begin{array}{l} ClH_2CH_2C{-}P(=O)(OH)_2 \\ (HO)_2P(=O){-}CH_2CH_2{-}P(=O)(OH)_2 \end{array}\right] + H_2O \longrightarrow H_2O{=}CH_2 + H_3PO_4(+HCl)$$

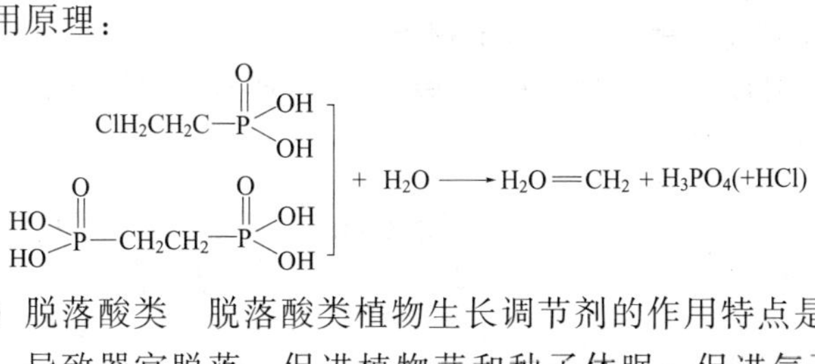

（5）脱落酸类　脱落酸类植物生长调节剂的作用特点是促进离层形成、导致器官脱落，促进植物芽和种子休眠；促进气孔关闭，增加植物抗逆性。主要品种有赛苯隆和脱落酸及其类似物。

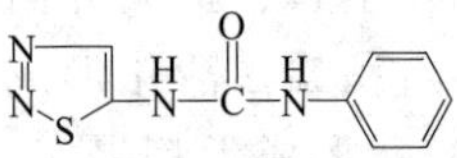

N N S H N C O H N　H_3C CH_3 OH CO_2H O CH_3　H_3C CH_3 O CO_2H CH_3　H_3C CH_3 O CO_2H CH_3

赛苯隆 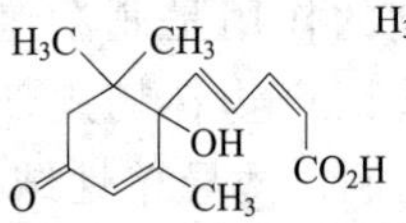　脱落酸 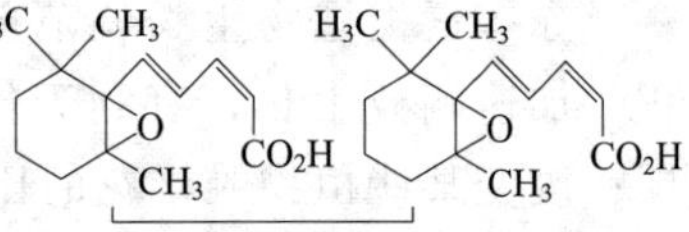　脱落酸类似物

（6）生长抑制剂类　此类植物生长调节剂主要有两种类型：一类对植物顶端生长点有强烈的破坏作用，使顶端停止生长，失去顶端优势，并且不能被赤霉素逆转，如青鲜素、增甘磷、三碘苯甲酸、调节膦等；另一类对植物茎部分生组织细胞分裂和扩大具有抑制作用，使节间缩短、植物矮小、紧凑，但对节数、叶片数及顶端优势保持不变，其效应可被赤霉素逆转，如矮壮素、丁酰肼、调节啶、整形素等。

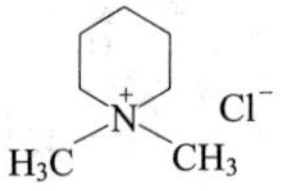

N^+ Cl^- H_3C CH_3　Cl H_3C CO_2CH_3　$H_3CH_2CO—P(=O)(ONH_4)—C(=O)—NH_2$

调节啶 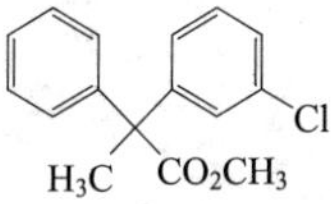　整形素 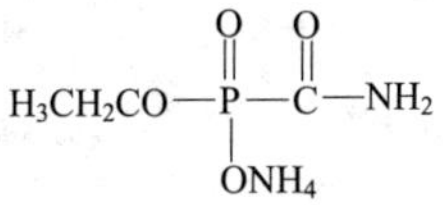　调节膦

第三节　按照化学结构分类

这类植物生长调节剂可以根据不同的用途分为吲哚类化合物、嘌呤衍生物类、萘类化合物、胺及季铵盐类化合物、三唑类化合物、有机磷（膦）类化合物、脲类化合物、羧酸类化合物、杂环类化合物及其他类植物生长调节剂等。

（1）吲哚类化合物　母体结构含有吲哚环，主要品种有吲哚乙酸、吲哚丁酸等。

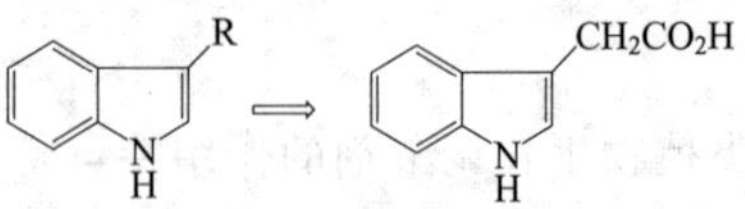

R N H ⟹ CH_2CO_2H N H　$(CH_2)_3CO_2H$ N H

吲哚乙酸 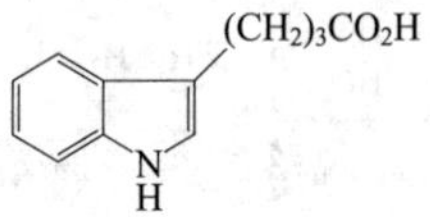　吲哚丁酸

（2）嘌呤衍生物类　母体结构含有嘌呤环，主要品种有玉米素、激动素、6-苄基氨基嘌呤（6-BA）、异戊烯基腺嘌呤（IPA）等。

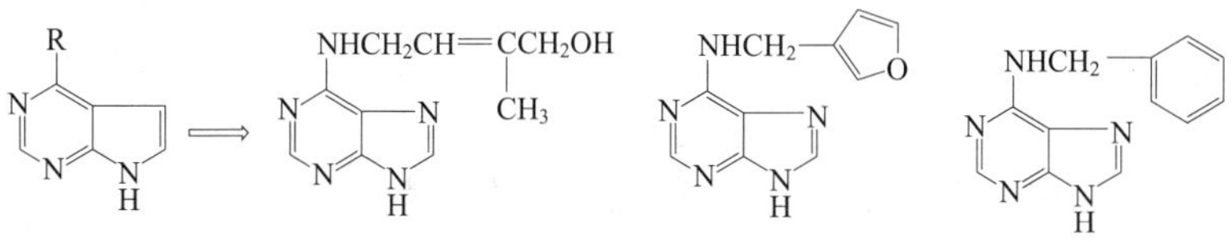

R　N　N　N　H ⟹ $NHCH_2CH{=}CCH_2OH$　CH_3　N　N　N　N　H　　$NHCH_2$　O　N　N　N　N　H　　$NHCH_2$　N　N　N　N　H

玉米素　激动素　6-BA

（3）萘类化合物　母体结构含萘环，主要品种有萘乙酸、2-萘氧乙酸、萘乙酰胺、抑芽醚等。

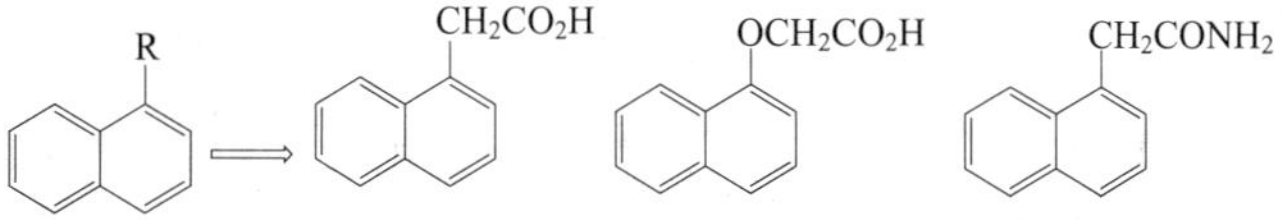

R ⟹ CH_2CO_2H　　OCH_2CO_2H　　CH_2CONH_2

萘乙酸　2-萘氧乙酸　萘乙酰胺

（4）胺及季铵盐类化合物　结构特点是该类化合物属于胺或季铵盐。主要品种有抑芽敏、矮壮素、调节啶等。

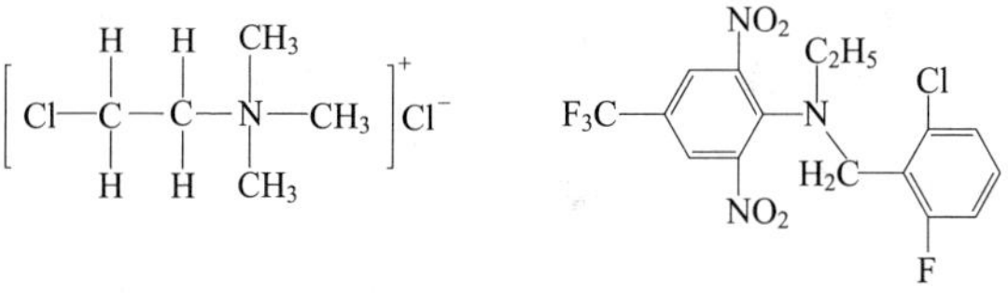

$[Cl-CH_2-CH_2-N(CH_3)_3]^+Cl^-$　　NO_2　C_2H_5　Cl　F_3C　N　H_2C　NO_2　F

矮壮素　抑芽敏

（5）三唑类化合物　母体结构含有1,2,4-三唑环，主要品种有烯效唑、抑芽唑、多效唑等。

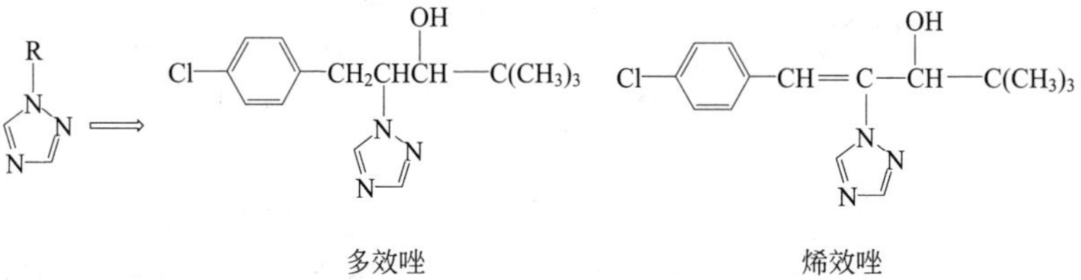

R　N　N　N ⟹ Cl　$CH_2CHCH-C(CH_3)_3$　OH　N　N　N　　Cl　$CH{=}C-CH-C(CH_3)_3$　OH　N　N　N

多效唑　烯效唑

（6）有机磷（膦）类化合物　结构特点是该类化合物属于有机磷（膦）。主要品种有乙烯利、增甘膦、脱叶磷、调节膦等。

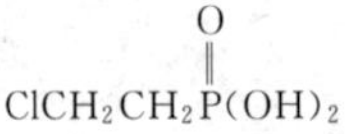

$ClCH_2CH_2P(O)(OH)_2$　　$HO-C(O)-CH_2N[CH_2P(O)(OH)_2]_2$　　$H_3CH_2CO-P(O)(ONH_4)-C(O)-NH_2$

乙烯利 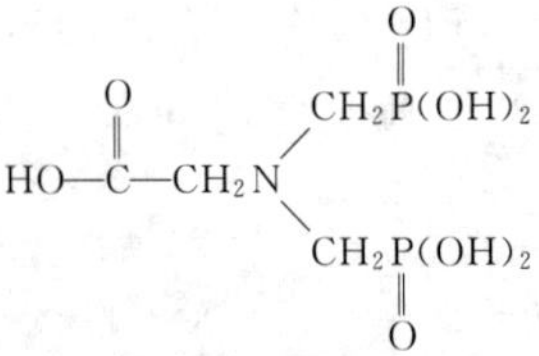　　增甘膦 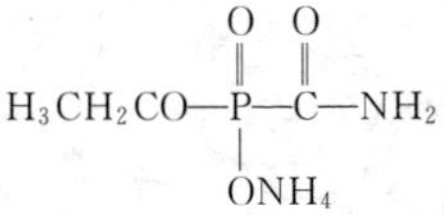　　调节膦

(7) 脲类化合物　结构特点是该类化合物属于脲类衍生物。主要品种有氯吡脲、赛苯隆等。

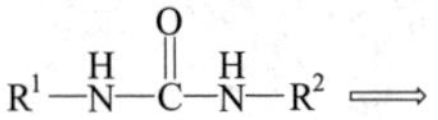

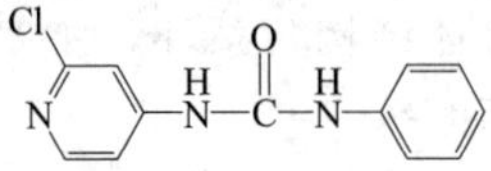

$R^1-NH-C(O)-NH-R^2$ ⟹

氯吡脲 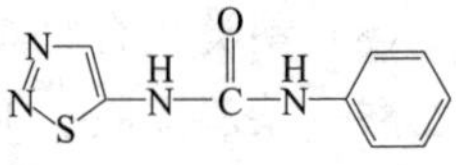　　赛苯隆

(8) 羧酸类化合物　结构特点是该类化合物中含有羧酸官能团。主要品种有苯氧乙酸、三碘苯甲酸、脱落酸、防落素、增产灵等。

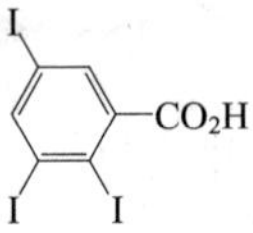

三碘苯甲酸 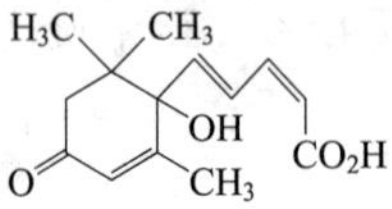　　脱落酸 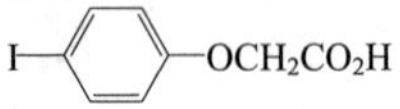　　增产灵

(9) 杂环类化合物　结构特点是该类化合物中含有杂环官能团。如抑芽丹、玉雄杀、杀雄嗪酸等。

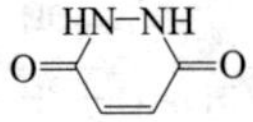

抑芽丹 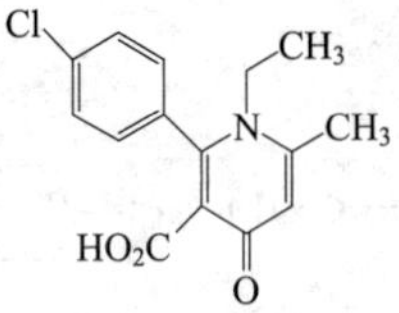　　玉雄杀 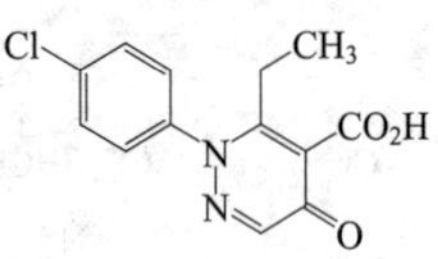　　杀雄嗪酸

(10) 其他类植物生长调节剂　上述九类之外的品种，如油菜素内酯、香豆素类、肼类衍生物、芴类化合物、萜烯类化合物、赤霉素等。

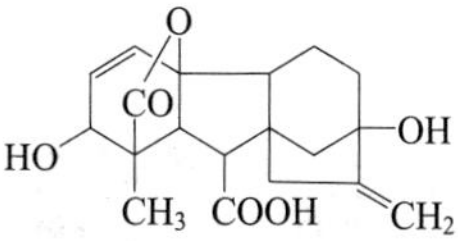

HO CH₃ COOH CO O OH CH₂

赤霉素

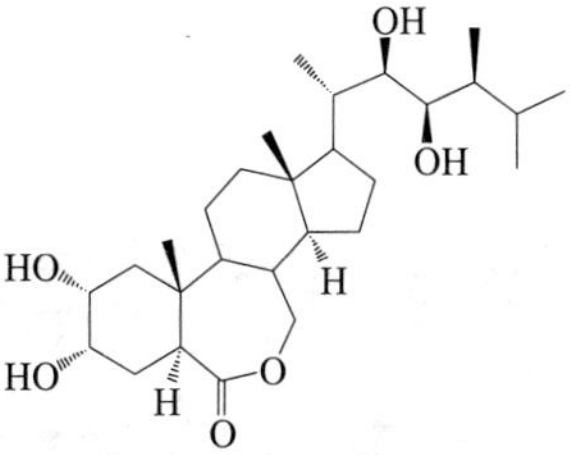

OH OH HO HO H H O O

油菜素内酯

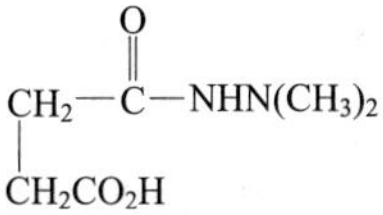

$CH_2—C(=O)—NHN(CH_3)_2$
CH_2CO_2H

丁酰肼

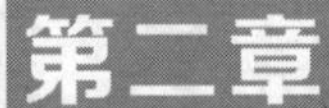

第二章 植物生长促进剂

植物生长促进剂是人工合成的类似生长素、赤霉素、细胞分裂素类物质，能促进细胞分裂和伸长，有利于新器官的分化和形成，防止果实脱落等。植物的茎尖也与根尖一样，可分为分生区、伸长区和成熟区。茎的生长主要决定于分生区中的顶端分生组织和伸长区中的近顶端的分生组织，顶端分生组织的细胞不断地分裂和分化，近顶端分生组织的细胞以伸长和细胞分裂为主，所以凡是促进细胞分裂、分化和伸长的化合物都属于植物生长促进剂。植物生长促进剂能促进植物营养器官的生长和生殖器官的发育，主要表现在增加叶绿素含量，增强光合作用，从而加快作物生长，增强植物的抗逆性、耐寒性和抗旱性，以及打破种子休眠，促进发芽，增加雌花数量，影响开花时间，减少花果脱落；从而促进种子、果实肥大，增加果实重量，促进果实早熟和齐熟，增加产量，改善品质等方面。

植物生长促进剂按照其生理作用的差异可分为生长素类（吲哚乙酸，萘乙酸，2,4-D 等），细胞分裂素类（6-苄氨基嘌呤），油菜素甾醇类（芸薹素内酯）和赤霉素类四大类。

2,4-滴（2,4-D）

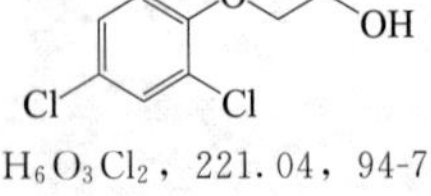

$C_8H_6O_3Cl_2$，221.04，94-75-7

化学名称 2,4-二氯苯氧乙酸。

理化性质 强酸性化合物。纯品为白色结晶，无臭，工业品为白色或淡黄色结晶粉末，略带酚气味。熔点140.5℃，沸点160℃。能溶于乙醇、乙醚、丙酮等大多数有机溶剂，微溶于油类，难溶于水，在20℃溶解度为540mg/L，25℃时为890mg/L。化学性质稳定，通常以盐或酯的形式使用。与醇类在硫酸催化下生成相应的酯类，其酯类难溶于水；与各种碱类作用生成相应的盐类，成盐后的钠盐和铵盐易溶于水。2,4-D本身是一种强酸，对金属有腐蚀作用，不吸湿，常温下较稳定，遇紫外线照射会引起部分分解。2,4-D在苯氧化合物中活性最强，比吲哚乙酸高100倍。为使用方便，常加工成钠盐、铵盐或酯类的液剂。

毒性 属低毒性植物生长调节剂，大白鼠急性经口 LD_{50} 为375mg/kg，钠盐为666～805mg/kg。吸入、食入、经皮肤吸收后对身体有害。对眼睛、皮肤有刺激作用，反复接触对肝、心脏有损害作用。

作用特点 具生长素作用，是一种类生长素，其生理活性高，有低浓度促进、高浓度抑制的效果。使用后能被植物各部位（根、茎、花、果实）吸收，并通过输导系统，运送到各生长旺盛的幼嫩部位，降解缓慢，故可积累一定浓度，从而干扰植物体内激素平衡，破坏核酸与蛋白质代谢，促进或抑制某些器官生长，使杂草茎叶扭曲、茎基变粗、肿裂等。并可促进同化产物向幼嫩部位转送，促进细胞伸长，果实膨大，根系生长，防止离层形成，维持顶端优势，并能诱导单性结实。在植物组织培养时，常作为生长素组分配制在培养基中，促进愈伤组织生长与分化。2,4-D在低浓度（10～50mg/kg）下，有防止落花落果、提高坐果率、促进果实生长、提早成熟、增加产量的作用。当使用浓度增大时，能使某些植物发生药害，甚至死亡，因此高浓度2,4-D是光谱的内吸性除草剂，低浓度可作植物生长调节剂，具有生根、保绿、刺激细胞分化、提高坐果率等多种生理作用。

适宜作物 通常用于番茄、茄子、辣椒，防止早期落花落果，可提早收获，增加产量；用于大白菜，可防止贮存脱叶；用于柑橘，可延长贮存期；用于棉花，可防止蕾铃脱落等。0.1%的2,4-D可用来防治禾谷类作物中的阔叶杂草。在500mg/kg以上高浓度时用于茎叶处理，可在麦、稻、玉米、甘蔗等作物田中防除藜、苋等阔叶杂草及萌芽期禾本科杂草。禾本科作物在其4～5叶期具有较强耐性，是喷药的适期。有时也用于玉米播后苗前的土壤处理，以防除多种单子叶、双子叶杂草。与阿特拉津、扑草净等除草剂混用，或与硫酸铵等酸性肥料混用，可以增加杀草效果。在温度20～28℃时，药效随温度上升而提高，低于20℃则药效降低。

剂型 80%可湿性粉剂、90%粉剂、72% 2,4-滴丁酯乳剂和油膏等。

应用技术

(1) 防止落花落果，提高坐果率

番茄 春末夏初低温易使番茄落花，为抵御低温对番茄造成落花，采用15～25mg/kg的2,4-D水溶液喷洒花簇、涂抹花簇或浸花簇都可。操作时应避免接触嫩叶及花芽，以免发生药害。施用时间以开花前1d至开花后1～2d为宜。此外，还可促进果实发育，形成无籽果实。冬季温室及春播番茄应用2,4-D，可以提早10～15d采摘上市，还可改善茄果品质和风味，增加果实中的糖和维生素含量。处理方法有喷花法和涂抹法。处理花的最适宜时间为开花当天，也可在开花后一天使用。花未全开时不宜使用，花蕾过小容易灼伤花蕾；开花48h后不宜使用，此时保花保果不理想。同一花朵不宜连续使用，因用量过大会发生烧花和果实品质下降、畸形果增多等现象。使用之前最好进行小规模试验，之后再大面积使用。大面积使用时，应把握气温高时用低浓度，气温低时用高浓度。一般选择9～12时处理新开的花朵，使用时间过早，花朵带露水会降低药效，影响效果；使用时间过晚，易导致落花及落果。

茄子 2,4-D处理茄子，不仅能有效地防止落花，增加坐果率，而且还能增加早期产量。茄子应用2,4-D最适浓度为20～30mg/kg，植株上有2～3朵花开放时，将25mg/kg 2,4-D溶液喷洒在花簇上，可增加坐果率，还可用点花法（用毛笔或棉球等蘸取药液涂于花柄上）或蘸花法（将配置好的药液盛于小容器中，浸花后迅速取出），如用30mg/kg蘸花还可增加早期产量。

冬瓜　在冬瓜开花时用15～20mg/kg 2,4-D溶液涂花柄，可显著提高坐果率。

西葫芦　用10～20mg/kg 2,4-D溶液涂西葫芦花柄，可防止落花，同时提高产量。

柑橘、葡萄柚　柑橘盛花期后或绿色果实趋于成熟将变色时，以24mg/kg 2,4-D钠盐溶液喷洒柑橘果实，可减少落果50%～60%，并使大果实数量增加，且对果皮及果实品质无不良影响。如用10mg/kg 2,4-D加20mg/kg赤霉素混合液处理，效果更显著，可防止果皮衰老，耐贮存。用200mg/kg 2,4-D铵盐溶液和2%柠檬醇混合液处理，采收的柑橘可减少糖、酸及维生素C的损失，并能阻止果实腐烂。对葡萄柚也有同样效果。

盆栽柑橘和金橘　在幼果期用10mg/kg 2,4-D或10mg/kg 2,4-D加10mg/kg赤霉素溶液喷叶和果，可延长挂果期，并可防止在运输途中落果。

芒果　用10～20mg/kg 2,4-D溶液喷洒可以减少芒果落果。但需注意，如浓度过高反而会增加落果。

葡萄　采收前用5～10mg/kg 2,4-D溶液喷洒果实，可防止果实在贮藏期落粒。

香豌豆　用0.02～2mg/kg 2,4-D溶液喷洒香豌豆花蕾离层区，可防止落花，延长观赏期。

朱砂根　用10mg/kg 2,4-D加10mg/kg赤霉素混合液在挂果期喷果，可延长挂果期。

金鱼草、飞燕草　蕾期用10～30mg/kg 2,4-D溶液喷洒花蕾，可减少落花。

（2）促进生长，增加产量

水稻　种子用10mg/kg或50mg/kg浓度的2,4-D溶液浸种36h或48h，可增产约12%。用100mg/kg以上的2,4-D溶液浸泡种子，对秧苗生长有一定的促进作用。

小麦、大麦　每公顷用20～34mg/kg 2,4-D溶液处理冬春小麦，能控制麦田中双子叶杂草生长，并刺激小麦生长，每公顷产量比未施用2,4-D的高200kg，麦粒中蛋白质含量也有提高。在小麦和大麦5～7叶期，叶面施用5%2,4-D异丙酯加铜、硼、锰、锌、铁、硫元素的粉剂，产量可提高11%。喷洒2,4-D异辛酯溶液可使麦粒蛋白质含量由11.3%增加至12.5%，同时施用0.05%的铁二乙烯三铵五乙酸（FeDTPA），麦粒的蛋白质含量由11.3%增至13.6%，而单独使用铁二乙烯三铵五乙酸则无效。盆栽大麦每隔15d喷洒一次10mg/kg 2,4-D，可提高其鲜重、干重和籽粒重。

玉米　以5mg/kg、10mg/kg或30mg/kg 2,4-D浸泡杂交玉米种子24h，可增加植株高度和产量。用30mg/kg时可增加产量约20%；用50mg/kg时也有增产作用；浓度超过500mg/kg，对植株有伤害作用。

棉花　用5mg/kg 2,4-D溶液处理40d苗龄的棉花植株，此后每隔20d重复施用一次，直至开花，能防止落蕾落铃，可提高产量。

马铃薯　以1%或5%2,4-D粉剂另加铜、硼、锰、锌、铁和硫的无机盐的粉剂，每公顷用6810 g，施于马铃薯植株叶片上，能增产11%～15%。种植前用200mg/kg 2,4-D钠盐溶液喷洒马铃薯种薯，可促进发芽，并增加产量38.5%。播种前用50～100mg/kg的2,4-DM（2,4-二氯萘氧基丁酸）及硫酸锌溶液处理种薯，可使产量增加5%～19%。

菜豆　以1mg/kg的2,4-D及50mg/kg的铁、锰、铜、锌、硼盐类的水溶液，施用于生长2周的菜豆植株，可显著增加茎高、叶面积和根、茎、叶的鲜重，可使豆荚产量增加，豆荚中维生素C含量也有所增加。叶部施用0.5mg/kg或1mg/kg的2,4-D并加硫酸铁溶液的植株，产量显著增加，单用2,4-D产量也可增加20%。

黄瓜　在温室条件下，播种前用2,4-D处理黄瓜种子，在土壤栽培中产量增加20%，在水培中增产6%。

人心果　以50mg/kg或100mg/kg 2,4-D铵盐溶液喷洒人心果树，可促进果实成熟一致，成熟更快，还原糖含量提高，贮藏时水分损失较少。

椰子 100mg/kg 2,4-D可促进椰子萌发。

菠萝 植株完成营养生长后，用5～10mg/kg 2,4-D从株心处注入，每株约30mL，可促进开花，使花期一致。适用于分期栽种、分期收获的菠萝园。

（3）贮藏保鲜

香蕉 于香蕉采收后，用1000mg/kg 2,4-D溶液喷洒，对贮藏有明显作用。

萝卜 在贮藏期间，用10～20mg/kg 2,4-D处理，可抑制生根发芽，防止糠心。2,4-D浓度不宜过高（80mg/kg），否则影响萝卜的色泽，降低质量，而且在贮藏后期易造成腐烂。主要用于贮藏前期，过了2月份药力逐渐分解，反会刺激加速衰老。

大白菜、甘蓝 采收前3～7d，用25～50mg/kg 2,4-D溶液喷施至外部叶片湿透为止，外部晾干后再贮藏，可防止窖藏或运输过程中白菜大量脱帮。同样适用于甘蓝。

花椰菜 冬前贮藏花椰菜时，用50mg/kg的2,4-D喷洒叶片，可促进花球在贮藏期间继续生长。

板栗 用300～500mg/kg 2,4-D溶液喷洒板栗，晾干后贮藏，可防止发芽。

柑橘 采收后立刻用20～100mg/kg 2,4-D或加入500mg/kg多菌灵或1500mg/kg特克多浸泡果实，晾干后用薄膜分别包装，可防止落蒂，并能保鲜，减少贮藏期间果皮霉烂。

注意事项

（1）2,4-D原粉不溶于水，使用前应先加入少量水，再加入适量氢氧化钠溶液，边加边搅拌，使之溶解，然后加水稀释至需要浓度。配制药剂的容器不能用金属容器，以免发生化学反应，降低药效。

（2）2,4-D吸附性强，用过的喷雾器必须充分洗净，敏感作物受其残留微量药剂危害。洗涤方法是用清水冲洗2～3次，然后在喷雾器内装满水，再加入纯碱50～100g，彻底清洗喷雾器各部件，并将此碱液在喷雾器内放置10h左右，再用清水冲洗干净，最好器械专一使用。

（3）该调节剂在高浓度下为除草剂，低浓度下为生长促进剂，因此应严格掌握使用浓度。高温时使用浓度更不能偏高，以免发生药害而减产。处理时要注意周围的作物，如有棉花、大豆等作物，防止药液随风飘洒到这些作物上引起药害，从而使叶片发黄枯萎，造成减产。

（4）黄瓜、棉花、马铃薯等对2,4-D敏感，一般不宜使用。巨峰葡萄对2,4-D很敏感，严禁在巨峰葡萄上用作坐果剂。2,4-D在番茄上用作坐果剂，浓度稍大易形成畸形果，建议停用。蜜蜂对2,4-D较为敏感，使用时应注意。

（5）蘸花或喷花后容易形成无籽果实，因此采种田不要使用；2,4-D处理过的植株不宜留种用。

（6）2,4-D用作促进生根时，与吲哚乙酸混用可提高生根效果。

2,4-滴丙酸（dichlorprop）

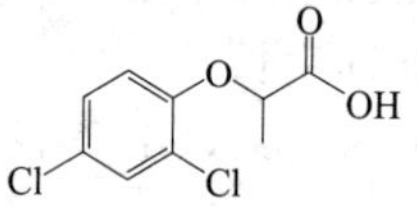

$C_9H_8Cl_2O_3$，235.07，120-36-5

化学名称　2-(2,4-二氯苯氧基）丙酸，(*RS*)-2-(2,4-二氯苯氧基）丙酸

其他名称　2,4-D丙酸防落灵、2,4-DP、Hormatox、Kildip、BASF-DP、Vigon-RS、Redipon、Fernoxone、Cornox RX、RD-406

理化性质　纯品为无色无臭晶体，熔点121～123℃，在室温下无挥发性，在20℃水中溶解度为350mg/L，易溶于丙酮、异丙醇等大多数有机溶剂，较难溶于苯和甲苯，其钠盐、钾盐可溶于水。在光、热下稳定。

毒性　低毒，对人、畜无害。原药大白鼠急性经口LD_{50}为

863mg/kg（雄）、870mg/kg（雌），小鼠急性经口为 400mg/kg。大鼠急性经皮 LD_{50} >4000mg/kg，小鼠 1400mg/kg。鹌鹑急性经口 LD_{50} 为 250～500mg/kg。4.5%制剂大白鼠 LD_{50} 为 3352mg/kg（雄）、3757mg/kg（雌）；对蜜蜂无毒；鱼毒 LC_{50}（96h），鳟鱼 100～200mL/L。

作用特点 2,4-D 丙酸为类生长素的苯氧类植物生长调节剂，主要经由植株的叶、嫩枝、果吸收，然后传到叶、果的离层处，抑制纤维素酶的活性，从而阻抑离层的形成，防止成熟前果和叶的脱落。高浓度可作除莠剂。

适宜作物 可用作谷类作物双子叶杂草防除；苹果、梨采前防落果剂，且有促着色作用；对葡萄、番茄也有采前防落果的作用。

应用技术

(1) 苹果、梨、葡萄、番茄的采前防落果剂 以 20mg/L 于采收前 15～25d，全株喷洒（亩药液 75～100kg），红星、元帅、红香蕉苹果采前防落效果一般达到 59%～80%，且有着色作用。

2,4-D 丙酸与醋酸钙混用既促进苹果着色又延长储存期。新红星、元帅苹果采收前落果严重，在采收前 14～21d 用 2,4-D 丙酸和醋酸钙混合药液喷洒，可以防止采前落果、促进着色、增加硬度、改善果实品质，并可以减少贮藏期软腐病的发生，延长贮藏期。

在梨上使用也有类似的效果。此外，在葡萄、番茄上也有采前防落效果，并有促进果实着色的作用。

(2) 除草剂 在禾谷类作物上单用时，用量为 1.2～1.5kg/hm^2，也可与其他除草剂混用。

注意事项

(1) 使用时适当加入表面活性剂，如 0.1%吐温-80，有利于药剂发挥作用。

(2) 用作苹果采前防落果剂时，与钙离子混用可增加防落效果及防治苹果软腐病。

(3) 如喷后 24h 内遇雨，影响效果。

玉米素（zeatin）

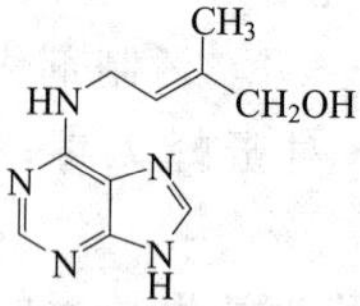

$C_{10}H_{13}N_5O$，219.24，1637-39-4

化学名称　6-(4-羟基-3-甲基-丁-2-烯基)-氨基嘌呤。

其他名称　羟烯腺嘌呤、烯腺嘌呤、富滋、玉米因子、ZT。

理化性质　纯品为白色结晶，含量98%，熔点209.5～213℃，溶于甲醇、乙醇，易溶于盐酸，不溶于水和丙酮。在0～100℃时热稳定性良好。难溶于水，溶于醇和DMF。

毒性　微毒。大白鼠急性经口 LD_{50}＞10000mg/kg，对兔皮肤有轻微刺激作用，但可很快恢复。无吸入毒性。动物试验表明无亚慢性、慢性、致畸、致癌、致突变作用和迟发性神经毒性。生物降解快，在土壤、水体中半衰期只有几天。

作用特点　是从甜玉米灌浆期的籽粒中提取并结晶出的第1个天然细胞分裂素。已能人工合成。能刺激植物细胞分裂，促进叶绿素形成，促进光合作用和蛋白质合成，减慢呼吸作用，保持细胞活力，延缓植物衰老，从而达到有机体迅速增长，促使作物早熟丰产，提高植物抗病、抗衰、抗寒能力。生理活性远高于激动素。在植物体内移动度差，一般随蒸腾流在木质部运输。极低浓度（0.05nmol/L）就能诱导烟草和胡萝卜离层组织的细胞分裂，与生长素配合可促进不分化细胞的生长与分化。

玉米素是植物中分布最普遍的细胞分裂素。天然存在的细胞分裂素有玉米素、玉米素核苷和异戊烯基腺苷等，人工合成的细胞分裂素有6-苄氨基嘌呤等。细胞分裂素有诱导芽分化、抑制衰老和脱落、促进细胞分裂和扩大、促进生长、解除顶端优势、促进雌花分化、促进叶绿素生物合成、解除某些需光种子的休眠，以及贮藏保鲜等作用。其作用机理是保护tRNA中的反密码子的临近部位的异戊烯基腺苷（*i*PA），使之免遭破坏，而维持其蛋白质合成的正常机能。

适宜作物 主要用于调节水稻、玉米、大豆、西葫芦、番茄、马铃薯、杏、苹果、梨、葡萄等作物的生长。

剂型 0.01%水剂。

应用技术

(1) 促进农作物生长

水稻 分别于秧苗移栽前、孕穗期用0.01%水剂600倍液浸根，用0.01%水剂50～66mL/亩，加水30kg喷雾处理，可增产。

玉米 以种子：玉米素(25mg/L)＝1：1的比例，浸种24h；再用0.04mg/L的浓度于穗叶分化期、雌穗分化期、抽雄期喷施3次，可使玉米拔节、抽雄、扬花及成熟期提前，减少秃穗，粒数、千粒重增加。

棉花 移栽时用0.01%水剂12500倍液蘸根，再于盛蕾期、初花期、结铃期，用0.01%水剂80～100mL/亩，加水40～50mL喷洒3次。

苹果 盛花期后4d，用100～500mg/kg玉米素溶液喷洒。

葡萄 6-BA、玉米素对葡萄果实中糖分积累和转化酶活性有影响。经处理的果实在发育过程中蔗糖、葡萄糖、果糖、总糖含量及转化酶活性变化与对照基本上一致，采收时各糖分含量均不同程度高于对照，以30mg/L 6-BA处理的最为显著，200倍玉米素稀释液处理的次之。6-BA、玉米素处理均明显提高了果实发育前期蔗糖相对含量和转化酶活性，并且维持了葡萄糖、果糖在果实发育中后期稳步积累。6-BA、玉米素可能主要通过影响果实发育过程中的转化酶活性来影响果实糖分积累。

番茄 用0.04～0.06mg/L药液喷施5次，间隔10d，可保花保果、增产。

茄子 用0.04～0.06mg/L药液喷施6次，间隔10d，可保花保果、增产。

马铃薯 对二茬种用的马铃薯块在100mg/kg玉米素溶液中浸蘸，能终止马铃薯休眠，使薯块在2～3d内萌发；在结薯前2～3周，每亩用0.01%玉米素水剂80～100mL，加水30kg喷雾，2周后再用相同浓度的药液喷施1次，可提高坐果率。

甘蓝　在甘蓝莲座期，用0.0008%玉米素水剂喷雾处理，可以提高甘蓝单株鲜重，增加产量。

大白菜　用0.04～0.06mg/L药液喷施3次，间隔10d，可增产。

西瓜　开花期用0.04mg/L药液喷施，共喷3次，间隔期10d，可使西瓜藤早期生长健壮，中后期不衰，增加含糖量和产量。

西葫芦 原药可用适量95%酒精或高度白酒溶化，然后再加水配制。制剂可直接加水配制成适宜浓度的水溶液使用。据试验，在西葫芦上的施用浓度一般为4～6mg/kg，以5mg/kg为最佳。在西葫芦开花前1～3d施用为最好。用毛笔蘸取配好的药液涂抹或用喷水壶喷在幼瓜的两侧即可，对于已开花的幼瓜可采取点花柱头或喷花的方式进行处理即可坐瓜。使用后对西葫芦无污染，符合生产无公害蔬菜技术要求，安全性高，2,4-D钠盐连续处理或操作不当药液接触到瓜秧，特别是接触到生长点，容易诱发药害，造成嫩叶类似病毒病的蕨叶症状，严重影响西葫芦的产量和品质。而用玉米素处理则可避免药害的发生，能显著提高产量和品质。连续处理30d调查，玉米素药害株率为零，而2,4-D钠盐处理药害株率为19%。西葫芦坐瓜率高、瓜条生长快、产量高。据试验，5mg/kg玉米素处理较60～70mg/kg 2,4-D钠盐处理，施药后2d、6d、10d瓜体积分别增大126.9%、84.1%、82.7%，具有明显的增产效果。并且坐瓜率与2,4-D钠盐相当，均在96%以上，显著提高瓜的外观质量。受气温影响小，玉米素的使用基本不受气温的干扰，而2,4-D钠盐的使用必须根据气温的高低来决定使用的浓度，否则就会严重影响瓜的产量和品质。

茶叶　用0.04～0.06mg/L药液喷施3次，间隔期7d，可增加咖啡碱、茶多酚含量。

人参　用0.03～0.04mg/L药液喷施3次，间隔期10d，可抗病、增产。

（2）组织培养　极低的浓度（0.05 nmol/L）能诱导烟草和胡萝卜形成层离体组织的细胞分裂，与生长素配合可促进不分化细胞的生长与分化，活性比激动素高，而低于6-苄基氨基嘌呤。由于价格高，大多用激动素或6-苄基氨基嘌呤代替。

注意事项

（1）本品应密封贮存于阴凉干燥处。

（2）用过的容器应妥善处理，不得污染水源、食物和饲料。操作时避免溅到皮肤和眼睛上。

（3）和其他生长促进型激素混用可提高药效。

（4）使用不能过量，已稀释的药液不能保存。

激动素（kinetin）

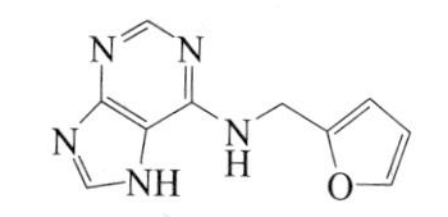

$C_{10}H_9N_5O$，215.21，525-79-1

化学名称 6-糠基氨基嘌呤

其他名称 糠氨基嘌呤，6-呋喃甲基氨基嘌呤，6-糠氨基-7(9)*H*-嘌呤，*N*-糠基腺嘌呤，动力精，凯尼丁，糠基腺嘌呤，KT。

理化性质 纯品为白色片状结晶，从乙醇中获得的结晶，熔点为266～269℃，为两性化合物。不溶于水，溶于强酸、强碱与冰醋酸，微溶于冷水、甲醇和乙醇。配制时先溶于少量浓盐酸或乙醇中，然后再将盐酸（或乙醇）溶液稀释到一定量的水中。

毒性 中等毒性。小鼠急性腹腔内注射LD_{50}为450mg/kg。

作用特点 本品是一种细胞分裂素类植物生长调节剂，能促进细胞分裂和组织分化，延缓蛋白质和叶绿素降解，有保鲜与防衰作用，可延缓离层形成，增加坐果。用于农业上果树、蔬菜及组织培养，可促进细胞分裂、分化、生长；诱导愈伤组织长芽，解除顶端优势；打破侧芽休眠，促进种子发芽；延缓衰老，保鲜；调节营养物质的运输，促进结实等。由于价格比6-苄氨基嘌呤高，活性又不如6-苄氨基嘌呤，因此在生产中一般多用6-苄氨基嘌呤。

适宜作物 水稻、玉米、棉花、番茄、辣椒、黄瓜、西瓜、韭菜、芹菜、苹果、梨、葡萄、各种花卉、中药材、芦荟等。

剂型 1mg/kg、40mg/kg的激动素可溶性粉剂。

应用技术

(1) 使用方式

浸种　使用浓度一般为 0.01mg/kg 药液，即用 1mg/kg 的激动素可溶性粉剂 500g，加水 50kg。

叶面喷雾　使用浓度一般为 0.02mg/kg 药液，即用 1mg/kg 的激动素可溶性粉剂 100g，加水 5kg，搅拌均匀后喷施于作物表面。

(2) 使用技术

① 促进坐果

棉花　用 100～200mg/kg 激动素溶液喷洒棉花，可促进光合作用，增加总糖量及含氮量，有利于棉铃生长。

梨、苹果　在梨或苹果花瓣大多脱落时，用 250～500mg/kg 激动素溶液喷洒花或小果，可促进坐果，减少采前落果。

葡萄　盛花期后用 250～500mg/kg 溶液浸蘸果穗，能促进坐果。

可乐果　刚采收后，用 100mg/kg 溶液浸泡种子 24h，可促进萌发。

② 打破休眠

莴苣　在高温地区，用 100mg/kg 溶液浸莴苣种子 3min，有助于莴苣种子克服由于高温引起的休眠。用 10mg/kg 溶液浸莴苣种子 3min，可提高种子抗盐能力。

马铃薯　对需要一年两收的马铃薯，夏季收获后用 10mg/kg 溶液浸泡 10min，可以打破休眠，使薯块在处理后 2～3d 就发芽。

杜鹃花　对未经低温处理的杜鹃花用 100mg/kg 糠氨基嘌呤溶液加 100mg/kg 赤霉素溶液，每隔 4d 喷 1 次，到芽膨大为止，可消除杜鹃花对低温的需要，提早开花。单用激动素无效，与赤霉素混用对打破休眠有加合作用，比单用赤霉素效果更好。

番红花　用 10mg/kg 激动素溶液加 100mg/kg 赤霉素处理番红花球茎，可促进开花，增加花朵数。

③ 保鲜作用　以10～20mg/L喷洒花椰菜、芹菜、菠菜、莴苣、芥菜、萝卜、胡萝卜等植株，或收获后浸蘸，能延缓绿色组织中蛋白质和叶绿素的降解，防止衰老，起到保鲜作用。处理结球白菜、甘蓝等可加大浓度至40mg/L。

番茄　将尚未成熟的（绿色）番茄采摘后，在10～100mg/kg激动素溶液中浸一下，由于激动素延缓了果实中内源乙烯的形成，可延迟番茄成熟5～7d，延长储藏期，有利于运输。

青椒　采收后，用10mg/kg溶液浸果或喷洒，可延长保鲜期。

草莓　采收后，用10mg/kg溶液浸果或喷洒，晾干后包装，可延长保存期。

月季　用60mg/kg溶液处理月季鲜切花，可较长时间保持花色鲜艳。

④ 组织培养

马铃薯　在组织培养中，应用0.2～1μmol/L激动素与生长素混用，处理全植株、离体器官或器官，有明显刺激组织或器官分化的作用。如马铃薯茎尖培养基中，每升加入0.25～2.5mg激动素可以诱导80%～100%马铃薯块茎形成。

唐菖蒲、倒挂金钟　在唐菖蒲球茎组织培养中，在MS培养基中加入5mg/kg 2,4-D和0.1mg/kg激动素，在倒挂金钟幼叶MS培养基中加入1mg/kg萘乙酸和2mg/kg激动素，均有利于繁殖。

注意事项

（1）因激动素无商品制剂，其原药不溶于水，而溶于强酸、强碱、冰醋酸等，因此，在配制时需特别小心，防止溅到皮肤与眼中。

（2）现配现用，遇碱易分解，因此勿与碱性农药或肥料混用。

（3）在植物体内移动性差，仅作叶面处理效果欠佳，如果用于果实，可采用浸果或喷果处理。

（4）严格控制药剂的使用浓度。

（5）储存于阴凉、干燥处。

6-苄氨基嘌呤（6-benzylaminopurine）

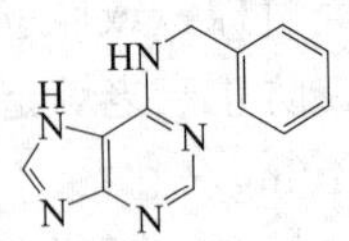

$C_{12}H_{11}N_5$，225.25，1214-39-7

化学名称 6-苯甲基腺嘌呤

其他名称 6-BA、BA、细胞激动素、6-(*N*-苄基) 氨基嘌呤、6-苄基氨基嘌呤、苄氨基嘌呤、6-苄基氨基嘌呤丙烯酸酯、苄胺嘌呤、丙烯酸丁酯、苄基腺嘌呤、烯丙酸丁酯、6-苄腺嘌呤、*N*-苄基腺苷、8-氮杂黄嘌呤、2-苄氨基嘌呤

理化性质 纯品为白色结晶，工业品为白色或浅黄色，无臭。纯品熔点235℃，在酸、碱中稳定，遇光、热不易分解。在水中溶解度小，在乙醇、酸中溶解度较大。

毒性 对人、畜安全的植物生长调节剂。

作用特点 该调节剂是第一个人工合成的细胞分裂素，可被发芽的种子、根、嫩枝、叶片吸收；可将氨基酸、生长素、无机盐等向处理部位调运；可抑制植物叶内叶绿素、核酸、蛋白质的分解；保绿防老：有促进生根、疏花疏果、保花保果、形成无籽果实、延缓果实成熟及延缓衰老等作用。广泛用在农业、果树和园艺作物从发芽到收获的各个阶段。但由于其在植物体内的移动性差，生理作用仅局限于处理部位及其附近，因而限制了其在农业和园艺上更广泛的应用。

适宜作物 茶树、西瓜、苹果、葡萄、蔷薇、黄豆芽、绿豆芽、莴苣、甘蓝、花茎甘蓝、花椰菜、芹菜、双孢蘑菇、石竹、玫瑰、菊花、紫罗兰、百子莲、水稻等上。

剂型 98％和95％原粉。

应用技术 （具体使用方法） 茶树上的使用：用6-BA以75mg/L药液进行叶面喷施，从茶芽膨大期起，每7d左右喷1次，直到茶季结束；赤霉素可在早春用5～50mg/L药液喷洒。西瓜上的使用：将破壳的无籽西瓜种子置于150mg/L的6-BA溶液或

4000倍的天然芸苔素内酯溶液中浸泡8h，32℃恒温箱中发芽，然后于育苗床上育苗。发黄豆芽、绿豆芽使用：参照GB 2760—96使用限量为0.01g/kg，残留量≤0.2mg/kg。水稻上的使用：用10mg/L在1～1.5叶期，处理水稻苗的茎叶，能抑制下部叶片变黄，且保持根的活力，提高稻秧成活率。

按6-苄氨基嘌呤的作用，在生产上还可以进行如下应用。

（1）促进侧芽萌发。春秋季使用促进蔷薇腋芽萌发时，在下位枝腋芽的上下方各0.5cm处划伤口，涂适量0.5%膏剂。在苹果幼树整形或旺盛生长时用3%液剂稀释75～100倍喷洒，可刺激侧芽萌发，形成侧枝。

（2）促进葡萄和瓜类的坐果。用100mg/L在花前2周处理葡萄花序，防止落花落果；瓜类开花时用10g/L涂瓜柄，可以提高坐果。

（3）促进切花蔬菜花卉植物的开花和保鲜。在莴苣、甘蓝、花茎甘蓝、花椰菜、芹菜、双孢蘑菇等切花蔬菜和石竹、玫瑰、菊花、紫罗兰、百子莲等的保鲜上有应用，在采收前或采收后都可用100～500mg/L作喷洒或浸泡处理，能有效地保持它们的颜色、风味、香气等。

注意事项

（1）避免药液沾染眼睛和皮肤。

（2）无专用解毒药，按出现症状对症治疗。

（3）贮存于2～8℃阴凉通风处。

超敏蛋白（Harpin protein）

其他名称 Harpin蛋白，康壮素，Messenger

理化性质 HarpinEa、HarpinPss、HarpinEch、HarpinEcc分别由385、341、340和365个氨基酸组成，均富含甘氨酸，缺少半胱氨酸，对蛋白酶敏感。

毒性 微毒。

作用特点 超敏蛋白作用机理是可激活植物自身的防卫反应，即“系统性获得抗性”，从而使植物对多种真菌和细菌产生免疫或自身防御作用，是一种植物抗病活化剂。可以使植物根系发达，吸肥量特别是钾肥量明显增加；促进开花和果实早熟，改善果实品质与产量。具体作用如下。

（1）促进根系生长：使用后，植物根部发达，毛根、须根增多，干物质、吸肥量特别是吸钾量明显增加，并可增强作物对包括线虫在内的土传疾病的抵抗力。

（2）促进茎叶生长：使用后，植物普遍表现为茎叶粗大，叶片肥大，色泽鲜亮，长势旺盛，植物健壮等。

（3）促进果实生长：使用后，茄果类蔬菜的坐果率普遍提高，单果增大增重，果实个体匀称整齐。

（4）增强光合作用活性，提高光合作用与效率。

（5）加快植物生长发育进程，促进作物提前开花和成熟。

（6）减轻采后病害危害，延长农产品货架保鲜期，不仅在作物生长期有诱导抗病的功能，而且对减轻采后病害的发生也有明显作用。

（7）改善品质，提高商品等级，实现增产增收。

植物病原细菌存在 hrp 基因（hypersensitive reaction and pathogenicity gene)，决定病原菌对寄主植物的致病性和非寄主植物的 HR。植物病原菌都有 hrp 基因簇，分子量为 2000～4000，包括 3～13 个基因，它们既和致病性有关，又与诱导寄主的过敏性坏死反应有关。自 1992 年首次报道从梨火疫病（*Erwinia amylovora*）中分离到 hrp 基因产物 harpin 蛋白之后，对细菌产生的 Harpin 蛋白的研究得到广泛的开展。

Harpin 能诱导多种植物的多个品种产生 HR，如诱导烟草、马铃薯、番茄、矮牵牛、大豆、黄瓜、辣椒以及拟南芥产生过敏反应。Harpin 蛋白既能诱导非寄主植物产生过敏反应，其本身又是寄主的一种致病因子。从病原菌中清除它们的基因，会降低或完全消除病原菌对寄主的致病力和诱导非寄主产生过敏反应的能力。激发子 HarpinPss 可激活拟南芥属（*Arabidopsis*）植物中两种介导适应性反应的酶的活性。Harpin 还具有调节离子通道、引起防卫反应和细胞死亡的功能。

美国EDEN生物科学公司利用Harpin蛋白开发出一种生物农药Messenger，并于2000年4月获得登记。Messenger是含3%HarpinEa蛋白的微粒剂，是一种无毒、无害、无残留、无抗性风险的生物农药。对45种以上的作物田间试验结果表明，Messenger具有促进作物生长发育、增加作物生物量积累、增加净光合效率以及激活多途径的防卫反应等作用。对番茄的试验表明，产量平均增加10%～22%，化学农药用量减少71%。Messenger可用于大田或温室的所有农产品，是一种广谱杀菌剂，对大多数真菌、细菌和病毒有效，具有抑制昆虫、螨类和线虫的作用，同时可以促进作物生长。Messenger的施用方法包括叶面喷雾、种子处理、灌溉和温室土壤处理。用量一般为有效成分2～11.5g/hm^2，间隔14d。

适宜作物　油菜、黄瓜、辣椒、水稻等。

剂型　3%微颗粒剂。

应用技术

（1）油菜生长期使用可培养植株抗性　应用康壮素在油菜生长期进行喷雾，能诱导植株对菌核病菌产生过敏性反应及获得一定的系统抗性。其15mg/L、30mg/L和60mg/L浓度对菌核病的防效分别为22.34%、24.56%和18.23%，与对照药剂多菌灵625mg/L浓度的防效（22.24%）接近。同时康壮素25mg/L和30mg/L的浓度能够有效地促进植株的生长发育，增加分枝数、角果数、单角结籽数和千粒重，秕粒率下降。增产效果分别为25.06%和20.73%。

（2）防治黄瓜霜霉病、白粉病　在黄瓜上进行应用效果实验，结果表明：第3次施药后7d，康壮素浓度15mg/L、30mg/L和60mg/L对霜霉病的防效分别为18.12%、54.59%和59.12%，低于对照药剂大生1250mg/L的防效（86.74%）；康壮素浓度15mg/L、30mg/L和60mg/L对白粉病的防效分别为30.27%、44.05%和29.00%，与对照药剂大生1.250mg/L的防效（41.28%）接近。

（3）增产作用

黄瓜　用15mg/L和30mg/L的康壮素处理黄瓜，可有效促进植株的生长发育，使黄瓜提早2～3d开花，叶长、叶宽、瓜长、瓜横切直径和单瓜重增加，增产效果分别为23.9%和30.8%。

水稻　每公顷用3%康壮素450g对水450kg喷施，在水稻各个生育期使用均具有明显的增产效果。处理一季晚稻平均稻谷产量12567.3kg/hm^2，比对照增产稻谷900.3kg/hm^2，增产率为7.72%，经济效益显著，提高了农民收入。从节约水稻生产成本考虑，在秧苗期使用康壮素费用最低，增产的效果也十分明显，还能促进移栽秧苗返青，有利于水稻生长。

（4）改善作物品质　用康壮素30mg/L处理辣椒2次后，干物质含量比对照增加29.4%，辣椒素含量增加11.6%，维生素C含量增加48.9%，产量提高63.25%。

注意事项

（1）超敏蛋白的活性易受氯气、强酸、强碱、强氧化剂、离子态药肥、强紫外线等的影响，使用时应注意。

（2）生产中应与其他药剂防治协调配合，以取得更好的控制病虫的效果。

（3）避光、干燥、专用仓库储存。

赤霉素（gibberellic acid）

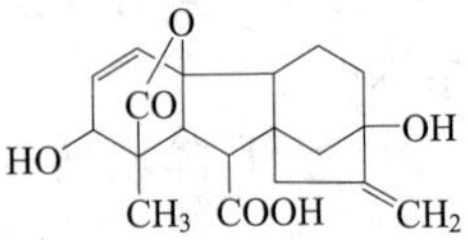

HO　CO　O　OH　CH$_3$　COOH　CH$_2$

$C_{19}H_{22}O_6$，346.48，77-06-5

化学名称　3α，10β，13-三羟基-20-失碳赤霉-1，16-二烯-7，9-双酸-19，10-内酯

其他名称　赤霉酸，奇宝，赤霉素A_3，GA_3，九二零，920，ProGibb

理化性质　纯品为结晶状固体，熔点223～225℃（分解）。溶解性：水中溶解度5g/L（室温），溶于甲醇、乙醇、丙酮、碱溶液；微溶于乙醚和乙酸乙酯，不溶于氯仿。其钾、钠、铵盐易溶于水（钾盐溶解度50g/L）。稳定性：干燥的赤霉素在室温下稳定存

在，但在水溶液或者水-乙醇溶液中会缓慢水解，半衰期（20℃）约14d（pH为3～4）。在碱中易降解并重排成低生物活性的化合物。受热（50℃以上）或遇氯气则加速分解，pK_a 为4.0。

毒性 低毒。小鼠急性经口 LD_{50} >2500mg/kg，大鼠急性经皮 LD_{50} >2000mg/kg。对皮肤和眼睛没有刺激。大鼠每天吸入2h浓度为400mg/L的赤霉酸21d未见异常反应。大鼠和狗90d饲喂试验>1000mg/kg饲料（6d/周）。山齿鹑急性经口 LD_{50} >2250mg/kg，LC_{50} >4640mg/kg饲料。虹鳟鱼 LC_{50}（96h）>150mg/L。

作用特点 赤霉素是一种贝壳杉烯类化合物，是一种广谱性的植物生长调节剂。植物体内普遍存在着天然的内源赤霉素，是促进植物生长发育的重要激素之一。在植物体内，赤霉素在萌发的种子、幼芽、生长着的叶、盛开的花、雄蕊、花粉粒、果实及根中合成。根部合成的赤霉素向上移动，而顶端合成的赤霉素则向下移动，运输部位是在韧皮部，运输快慢与光合产物移动速度相当。人工生产的赤霉酸主要经由叶、嫩枝、花、种子或果实吸收，移动到起作用的部位。具有多种生理作用：改变某些作物雌、雄花的比例，诱导单性结实，加速某些植物果实生长，促进坐果；打破种子休眠。提早种子发芽，加快茎的伸长生长及有些植物的抽薹；扩大叶面积，加快幼枝生长，有利于代谢物在韧皮部内积累，活化形成层；抑制成熟、衰老、侧芽休眠及块茎的形成。其作用机理，可促进DNA和RNA的合成，提高DNA模板活性，增加DNA、RNA聚合酶的活性和染色体酸性蛋白质，诱导α-淀粉酶、脂肪合成酶、朊酶等酶的合成，增加或活化β-淀粉酶、转化酶、异柠檬酸分解酶、苯丙氨酸脱氨酶的活性，抑制过氧化酶、吲哚乙酸氧化酶，增加自由生长素含量，延缓叶绿体分解，提高细胞膜透性，促进细胞生长和伸长，加快同化物和贮藏物的流动。多效唑、矮壮素等生长抑制剂可抑制植株体内赤霉酸的生物合成，赤霉素也是这些调节剂有效的拮抗剂。

适宜作物 对杂交水稻制种花期不育有特别功效，对棉花、花生、蚕豆、葡萄等有显著增产作用，对小麦、甘蔗、苗圃、菇类、豆芽、果蔬类也有作用，能缩短马铃薯的休眠期并使叶绿素减少。

剂型 含量99%纯品，85%以上的白色粉剂，40%水溶性粉剂，40%水溶性片剂，70%可湿性粉剂，4%乳油等。混剂产品有2.5%复硝酸钾·赤霉素水剂，0.136%芸薹素内酯·吲哚乙酸·赤霉素可溶性粉剂等。

应用技术

使用方式：喷洒、浸泡、浸蘸、涂抹。

使用技术：赤霉素是我国目前农、林、园艺上应用最为广泛的一种生长调节剂。其应用主要有以下几方面。

（1）打破休眠，促进发芽

大麦 1mg/L赤霉素溶液于播前浸种1次，可促进种子发芽。

棉花 用20mg/L赤霉素药液浸种6～8h，可促进种子萌发。

豌豆 50mg/L赤霉素药液在播前浸种21h，可促进种子发芽。

扁豆 10mg/L赤霉素药液在播前拌种，可促进种子发芽。

马铃薯 0.5～2mg/L的药液浸泡切块10～15min，可促使休眠芽萌发。

甘薯 10～15mg/L的药液浸泡块茎10min，可打破休眠。

茄子 50～100mg/L赤霉素药液浸种8h，可打破浅休眠，或用500mg/L赤霉素药液浸种24h，可打破中度休眠。

莴笋 用200mg/L赤霉素药液在30～38℃下浸种24h，可打破休眠。

油茶 20mg/L赤霉素药液浸种4h，可加快催芽速度。

桑树 用1～50mg/L赤霉素药液于桑树冬眠期喷洒，可促使桑树提早2～6d萌发开叶。

乌桕 用50～200mg/L赤霉素药液浸种4h，可打破种子休眠。

苹果 用2000～4000mg/L赤霉素药液于早春喷洒，可打破芽的休眠。

草莓 用5～10mg/L赤霉素药液在花蕾出现30%以上时每株5mL喷心叶，可打破草莓植株的休眠。

金莲花 用100mg/L赤霉素药液浸种3～4h，可促进种子萌发。

牡丹　用800～1000mg/L赤霉素药液，于每天下午5～6时，用脱脂棉包裹花芽，用毛笔将药液点滴在脱脂棉上，连续处理3～4次，可促进发芽。

仙客来　用100mg/L赤霉素药液浸种24h，可促使提前发芽。

狗牙根　用5mg/L赤霉素药液浸种24h，可促进萌发。

结缕草　先用70～100 g/L的氢氧化钠浸种15min，再用40～160mg/L赤霉素药液浸种24h，可打破种子休眠。

天堂草、马尼拉草　用25～50mg/L赤霉素药液于分蘖期喷洒植株，可促使匍匐茎的伸长和分蘖，缩短成坪天数，提高草坪品质。

(2) 促进营养体生长

小麦　用10～20mg/L赤霉素药液于小麦返青期喷叶，可促进前期分蘖，提高成穗。

矮生玉米　用50～200mg/L赤霉素药液在玉米营养生长期喷叶1～2次，间隔10d，可增加株高。

芹菜　用50～100mg/L赤霉素药液在收获前2周喷1次叶，可使茎叶肥大，增产。

菠菜　在菠菜收获前3周，用10～20mg/L赤霉素药液喷叶1～2次，间隔3～5d，可使茎叶肥大，增产。

苋菜　于苋菜5～6叶期，用20mg/L赤霉素药液喷叶1～2次，间隔3～5d，可使茎叶肥大，增产。

花叶生菜　于14～15叶期，用20mg/L赤霉素药液喷叶1～2次，间隔3～5d，可使茎叶肥大，增产。

葡萄　用50～100mg/L赤霉素药液在苗期喷叶1～2次，间隔10d，可增加株高。

茶树　于茶树1叶1心期，用50～100mg/L赤霉素药液全株喷洒，可促进生长，增加茶芽密度。

桑树　每次采摘桑叶后7～10d，用30～50mg/L赤霉素药液喷洒叶面，可促进桑树生长，提高桑叶产量和质量。

白杨　用10000mg/L赤霉素药液涂抹新梢或伤口1次，可促进伤口愈合。

落叶松　于苗期用10～50mg/L赤霉素药液喷洒2～5次，间隔10d，可促进地上部生长。

烟草　用15mg/L赤霉素药液在苗期喷洒叶面2次，间隔5d，可提高烟叶质量，增产。

芝麻　在始花期用10mg/L赤霉素药液喷洒全株1次，可增产。

大麻　于大麻出苗后30～50d，用50～200mg/L赤霉素药液喷洒叶面，可增加株高，提高产量，改善大麻纤维质量。

元胡　用40mg/L赤霉素药液在苗期喷洒植株2～5次，间隔1周，可促进生长，增加块茎产量，同时防霜霉病。

马蹄莲　用20～50mg/L赤霉素药液于萌芽后喷洒植株生长点，可促使花梗生长。

大丽花　用20～100mg/L赤霉素药液于萌芽后喷洒生长点，可增加早熟品种株高，促使开花。

(3) 促进坐果

棉花　或用20mg/L赤霉素药液喷洒幼铃3～5次（间隔3～4d），可促进坐果，减少落铃。

黄瓜　用50～100mg/L赤霉素药液于开花时喷花1次，可促进坐果，增产。

甜瓜　用25～35mg/L赤霉素药液于开花前一天或当天喷洒1次，可促进坐果，增产。

番茄　用10～50mg/L赤霉素药液于开花期喷花1次，可促进坐果，防治空洞果。

茄子　用10～50mg/L赤霉素药液于开花期喷叶1次，可促进坐果，增产。

梨　用10～20mg/L赤霉素药液于花期至幼果期喷花或幼果1次，可促进坐果，增产。

莱阳茌梨　用10～20mg/L赤霉素药液于盛花期喷花1次，可提高坐果率。

京白梨　用5～15mg/L赤霉素药液于盛花期或幼果期喷花1

次，可提高坐果率26%。

砂梨　用50mg/L赤霉素药液于初蕾期喷洒1次，可提高坐果率2.7倍。

有籽葡萄　用20～50mg/L赤霉素药液于花后7～10d喷幼果1次，可促进果实膨大，防止落粒，增产。

金丝小枣　用15mg/L赤霉素药液于盛花期末喷花2次，提高坐果率。

樱桃　用10～20mg/L赤霉素药液在收获前20d左右喷洒，可提高坐果率及果实重量。

果梅　用30mg/L赤霉素药液于开花前一天或当天喷雾，可提高坐果率。

（4）延缓衰老及保鲜作用

黄瓜、西瓜　用10～50mg/L赤霉素药液于黄瓜、西瓜采收前喷瓜，可延长贮藏期。

蒜薹　用20mg/L赤霉素药液浸蒜薹基部，可抑制有机物向上运输，保鲜。

脐橙　用5～20mg/L赤霉素药液于果实着色前2周喷果，可防止果皮软化，保鲜，防裂。

柠檬　用100～500mg/L赤霉素药液于果实失绿前喷果，可延迟果实成熟。

柑橘　用5～15mg/L赤霉素药液于绿果期喷果，可保绿，延长贮藏期。

香蕉　用10mg/L赤霉素药液于采收后浸果，可延长贮藏期。

（5）调节开花

玉米　用40～100mg/L赤霉素药液于雌花受精后、花丝开始发焦时喷洒或灌入苞叶内，可减少秃尖，促进灌浆，增加结实率和千粒重。

杂交水稻　用10～30mg/L赤霉素药液于始穗期至齐穗期喷洒，可推迟萌芽和开花，促进穗下节伸长，抽穗早，提高异交。

黄瓜　用50～100mg/L赤霉素药液于1叶期喷药1～2次，可诱导雌花形成。

西瓜　用5mg/L赤霉素药液于2叶1心期喷叶2次，可诱导雌花形成。

瓠果　用5mg/L赤霉素药液于3叶1心期喷叶2次，可诱导雌花形成。

胡萝卜　用10～100mg/L赤霉素药液于生长期喷柱，可促进抽薹、开花、结籽。

甘蓝　于苗期用100～1000mg/L赤霉素药液喷苗，可促进花芽分化，早开花，早结果。

菠菜　于幼苗期用100～1000mg/L赤霉素药液喷叶1～2次，可诱导开花。

莴苣　于幼苗期用100～1000mg/L赤霉素药液喷叶1次，可诱导开花。

草莓　于花芽分化前2周，用25～50mg/L赤霉素药液喷叶1次，或于开花前2周，用10～20mg/L赤霉素药液喷叶2次，间隔5d，均可促进花芽分化，花梗伸长，提早开花。

菊花　于菊花春化阶段，用1000mg/L赤霉素药液喷叶1～2次，可代替春化阶段，促进开花。

勿忘我　于播种后5～92d，用400mg/L赤霉素药液喷叶，可促进开花。

郁金香　用300～400mg/L赤霉素药液于株高5～10cm长时喷洒植株，可促进开花。

报春花　用10～20mg/L赤霉素药液于现蕾后喷洒，可促进开花。

紫罗兰　用100～100mg/L赤霉素药液于6～8叶期喷洒，可促进开花。

绣球花　用10～50mg/L赤霉素药液于秋天去叶后喷洒，可促进茎的生长，提前开花。

仙客来　用1～50mg/L赤霉素药液喷洒生长点，可促进花梗伸长和植株开花。

白孔雀草　用50～400mg/L赤霉素药液于移栽后40d喷洒3次（间隔1周），可促进花枝伸长，提前开花。

(6) 提高三系杂交水稻制种的结实率　一般从水稻抽穗15%开始，用25～55mg/L的赤霉素溶液喷施母本，一直喷到25%抽穗为止，共喷3次，先用低浓度喷施，再用较高浓度。可以调节水稻三系杂交制种的花期，促进种田父母本抽穗，减少包颈，提高柱头外露率，增加有效穗数、粒数，从而明显提高结实率。一般常规水稻喷施赤霉素后，能提高分蘖穗的植株高度，提高稻穗整齐度，增加后期分蘖成穗。

(7) 赤霉素与其他物质混用　赤霉素与氯化钾混用。赤霉酸中添加氯化钾可促进烟草种子发芽。赤霉酸（GA_3）有促进烟草种子发芽的作用，氯化钾则没有，但赤霉酸与氯化钾混合（50mg/L+500mg/L）使用，对烟草种子发芽的促进作用显著高于赤霉酸单用。

赤霉素与尿素等肥料混用有协同作用。赤霉素在葡萄开花前单用于葡萄花序，可以诱导葡萄单性结实形成无籽葡萄，如果在20mg/L赤霉酸（GA_3）处理液中添加1g/L尿素和1g/L磷酸进行混用，不仅可以诱导无籽果实的形成，还可以减少落果率，增加无籽果实重量和产量。赤霉酸（GA_3）100～200mg/L与0.5%尿素混用喷洒到柑橘、柠檬的幼苗上，可以促进幼苗生长，尿素对其有明显的促进作用。赤霉酸与尿素混用（5～10mg/L+0.5%）在脐橙开花前整株喷洒，可以提高脐橙产量。

赤霉素与吲哚丁酸混合制成赤·吲合剂。是一种广谱性的植物生长素，促进植物幼苗的生长。其主要功能是促进幼苗地下、地上部分成比例生长，促进弱苗变壮苗，加快幼苗生长发育，最终提高产量、改善品质。适用于水稻、小麦、玉米、棉花、烟草、大豆、花生等大多数大田作物，各种蔬菜、花卉等植物的幼苗。在种子萌发前后至幼苗生长期，以拌种、淋浇或喷洒方式使用。

赤霉素与对氯苯氧乙酸混用。可以增加番茄单果重量与产量。在气温比较低的情况下，番茄开花时需要用对氯苯氧乙酸（25～35mg/L）浸花以促进坐果，但其副作用是会产生部分空洞果。如果将赤霉酸（40～50mg/L）与对氯苯氧乙酸（25～35mg/L）混用，则不仅可以增加坐果率和单果重量，也可以减少空洞果与畸形果的比率，提高番茄产量与品质。

赤霉素与2-萘氧乙酸、二苯脲混合使用。可以促进欧洲樱桃坐果。欧洲樱桃开花坐果率低，自然坐果率仅4%左右。若用赤霉酸（GA_3 200～500mg/L）与2-萘氧乙酸（50mg/L加300mg/L二苯脲）的混合液在盛花后喷花，应用两年坐果率可提高到53.5%～93.8%，不同年份因温度、湿度等差异其促进坐果的效果略有不同，但混用促进坐果的作用显著。

赤霉素与2-萘氧乙酸的微肥混合物促进樱桃坐果增产。在樱桃盛花后用0.4%赤霉酸（GA_3）、0.2% 2-萘氧乙酸、0.18%碳酸钾、0.03%硼、0.03%硬脂酸镁混合溶液处理樱桃花器，明显提高樱桃坐果率，增加产量。

赤霉素与硫代硫酸银混用，可诱导葫芦形成雄花。赤霉酸可以诱导雄花形成，用乙烯生物合成抑制剂硫代硫酸银也有同样作用，而二者混合使用（200mg/L＋200mg/L硫代硫酸银）诱导雄花的作用更明显。

赤霉素与氯吡脲混用，促进葡萄坐果与果实膨大。在葡萄盛花后，将氯吡脲5mg/L与赤霉酸（GA_3）10mg/L混合在盛花后10d处理葡萄花序，不仅明显提高坐果率，而且还促进幼果膨大，使果粒均一整齐，提高商品性能。但氯吡脲使用浓度应控制在5～10mg/L，否则会引起果实太大而降低品质风味。

赤霉素、生长素与激动素混用，可以改善番茄果实品质。赤霉酸（GA_3）、生长素加激动素（30mg/L＋100mg/L＋40mg/L）对番茄进行浸花或喷花处理，不仅可以提高温室条件下番茄的坐果率，而且可以提高果实甜度、维生素C含量和干物质重量，大大改善果实品质。

赤霉素与卡那霉素（100mg/L＋200mg/L）混用。在葡萄开花前处理花序，可以诱导产生无籽果，提高无籽果实比率，增加果实大小，并促进早熟。

赤霉素的混合物促进番茄坐果。用20～100mg/L多种赤霉酸（GA_1，GA_3，GA_4、GA_7）的混合物处理番茄花，其坐果率和产量均明显高于同浓度的赤霉酸（GA_3）单用的效果。

赤霉素与芸薹素内酯混用提高水稻结实率。在杂交水稻开花时以5～40mg/L的赤霉酸（GA_4）与0.01～0.1mg/L的芸薹素内酯混合喷洒水稻花序，可以明显提高水稻结实率，增加产量。

赤霉素与硫脲混用在打破叶芥菜休眠上有协同作用。在有光条件下，单用硫脲（0.5%）浸种叶芥菜、紫大芥休眠种子，发芽率可以从无处理的4.5%提高到76.5%，单用赤霉酸（GA_3，50mg/L）浸种的发芽率为72%，而硫脲＋赤霉酸（0.5%＋50mg/L,）混用的发芽率为100%；在无光条件下，单用硫脲（0.5%）浸种发芽率可以从1%提高到29%，单用赤霉酸（GA_3，50mg/L）浸种的发芽率为55%，而硫脲＋赤霉酸（0.5%＋50mg/L）混用的发芽率为98.5%，二者混用增效作用显著。

10mg/L赤霉酸和20mg/L 2,4-D喷洒葡萄柚、脐橙，可以减少采前落果。

在龙眼雌花谢花后50～70d喷50mg/L赤霉酸和5mg/L 2,4-D，有保果壮果的作用。

在柿树谢花后至幼果期喷洒500mg/L赤霉酸和15mg/L防落素，可提高坐果率，促进果实膨大。

在甘蔗茎收获后7d内，用浓度为20～80mg/L的赤霉酸和100～400mg/L吲哚丁酸药液喷洒开垄后的蔗头，然后立即盖上土，可以提高发株率，促进幼苗生长，提高宿根蔗产量。

注意事项

（1）赤霉素在我国杂交水稻制种中使用较多。应用中应注意两点：一是要加入表面活性剂，如Tween-80等有助于药效发挥；二是应选用优质的赤霉素产品，严防使用劣质或含量不足的产品。目前国内登记的赤霉素有85%结晶粉、20%可溶粉剂和4%乳油等。结晶体、粉剂要先用酒精（或60度烧酒）溶解，再加足水量。可溶粉剂和乳油可直接加水使用。

（2）赤霉素用作坐果剂应在水肥充足的条件下使用。细胞激动素可以扩大赤霉素的适用期，提高应用效果。

（3）严禁赤霉素在巨峰等葡萄品质上作无核处理，以免造成僵果。

(4) 赤霉素作生长促进剂，应与叶面肥配用，才会有利于形成壮苗。单用或用量过大会产生植株细长、瘦弱及抑制生根等副作用。

(5) 赤霉素用作绿色部分保鲜，如蒜薹等，与细胞激动素混用其效果更佳。

(6) 赤霉素为酸性，勿与碱性药物混用。

(7) 赤霉素遇水易分解失效，要随用随配。因易分解，对光、温度敏感，50℃以上易失效，故不能加热，保存要用黑纸或牛皮纸遮光，放在冰箱中，贮存期不要超过 2 年。母液用不完，要放在 0～4℃冰箱中，最多只能保存 1 周。

(8) 经赤霉素处理的棉花，不孕籽增加，故留种田不宜施药。

单氰胺（cyanamide）

N≡C—NH_2

H_2CN_2，42.04，420-04-2

化学名称 氨腈或氰胺

其他名称 amidocyanogen，hydrogen cyanamide，cyanoamine

理化性质 原药纯度≥97%。纯品为无色易吸湿晶体，熔点 45～46℃，沸点（66.7Pa）：83℃，蒸气压（20℃）：500mPa。在水中有很高的溶解度（20℃，4.59kg/L）且呈弱碱性，在 43℃时与水完全互溶，溶于醇类、苯酚类、醚类，微溶于苯、卤代烃类，几乎不溶于环己烷。对光稳定，遇碱分解生成双氰胺和聚合物，遇酸分解生成尿素；加热至 180℃分解。单氰胺含有氰基和氨基，都是活性基团，易发生加成、取代、缩合等反应。

毒性 单氰胺原药大鼠急性经口 LD_{50}：雄性 147mg/kg，雌性 271mg/kg，大鼠急性经皮 LD_{50}＞2000mg/kg。对家兔皮肤轻度刺激性，眼睛重度刺激性，该原药对豚鼠皮肤变态反应试验属弱致敏类农药。50%单氰胺水溶液对斑马鱼 LC_{50}（48h）为 103.4mg/L，鹌鹑经口 LD_{50}（7d）981.8mg/kg，蜜蜂（食下药蜜法）LC_{50}（48h）为 824.2mg/L，家蚕（食下毒叶法）LC_{50}（2 龄）为

1190mg/kg 桑叶。该药对鱼和鸟均为低毒。田间使用浓度为5000～25000mg/L，对蜜蜂具有较高的风险性，在蜜源作物花期应禁止使用。家蚕主要受田间飘移影响，对邻近桑田飘移影响的浓度不足实际施用浓度的1/10，其在桑叶上的浓度小于对家蚕的 LC_{50} 值，对桑蚕无实际危害影响，因此对蚕为低风险性。

作用特点 单氰胺既是植物除草剂，也是植物生长调节剂，能够抑制植物体内过氧化氢酶的活性，加速植物体内氧化磷酸戊糖循环，加速植物体内基础性物质的生成，终止休眠，使作物提前发芽。

适宜作物 单氰胺对大樱桃、猕猴桃、蓝莓、桃等果树有打破休眠和促进萌芽的作用。对葡萄和樱桃安全。在国外用作水果果树的落叶剂、无毒除虫剂。晶体单氰胺主要用于医药、保健产品、饲料添加剂的合成和农药中间体的合成，用途很广泛。

剂型 90％原药，25％、50％、80％、90％水剂，95％氰胺结晶粉末。

应用技术

葡萄 在葡萄发芽前15～20d，用50％水剂10～20倍液，喷施于枝条，使芽眼处均匀着药，可提早发芽7～10d，从而对开花、着色、成熟均有提早作用。

桃 据辽宁果树科学研究所对2个桃品种“春雪”和“金辉”的试验，发现处理后表现为物候期明显比对照有不同程度提前，不同浓度单氰胺处理对单果重、产量和果实品质并无影响。单氰胺最佳处理浓度为1.7％，过度使用单氰胺浓度有芽脱落现象。

樱桃 在大樱桃棚室栽培过程中，由于部分果农扣棚晚，升温早，也不进行人工降温，使得大樱桃树未能满足其需冷量，出现开花不整齐现象。应用有利于打破休眠的单氰胺可以解决这个问题。施用方法为：在棚室栽培的大樱桃树扣棚后充分浇水、施肥，扣地膜后，用单氰胺100～150倍液均匀喷洒，要求均匀快速，浓度不要过大，喷布不要过多。如果喷布不均匀，易出现开花不整齐现象；如浓度过大、喷布过多，易造成叶芽早萌发、旺长现象。

注意事项

（1）操作时应穿戴化学防护服、化学防护手套、化学防护靴和袜子、护目镜。置于儿童接触不到处。如不慎溅入眼睛，用流动水清洗最少 15min，同时就医。无特殊解毒剂，如误食，对症治疗。

（2）避免吸入蒸汽或雾滴。贮存于干燥阴凉场所，远离酸、碱和氧化剂。不要靠近易燃物品，避免阳光直晒。

（3）本品对蜜蜂有高风险性，禁止在蜜源植物花期使用。

地乐酚（dinoseb）

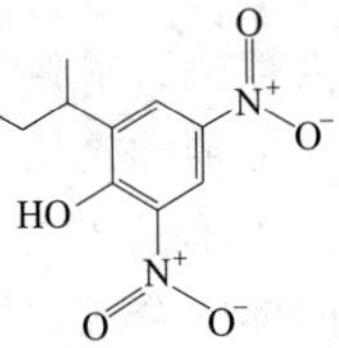

$C_{10}H_{12}N_2O_5$，240.21，88-85-7

化学名称　2-异丁基-4,6-二硝基苯酚

其他名称　二硝丁酚，4,6-二硝基-2-仲丁基苯酚，阻聚剂，DNBP，DN289，Hoe26150，Hoe02904

理化性质　橙褐色液体，熔点 38～42℃。原药（纯度约 94%）为橙棕色固体，熔点 30～40℃。室温下在水中溶解度为 100mg/L，溶于石油和大多数有机溶剂。本品酸性，pK_a：4.62，可与无机或有机碱形成可溶性盐。水存在下对低碳钢有腐蚀性，其盐溶于水，对铁有腐蚀性。

毒性　对哺乳动物高毒。大鼠急性经口 LD_{50}：58mg/kg。家兔急性经皮 LD_{50}：80～200mg/kg，以 200mg/kg 涂于兔皮肤上（5 次），没有引起刺激作用。180d 饲喂试验表明：每日 100mg/kg 饲料对大鼠无不良影响；两年饲养试验表明：地乐酚乙酯对大鼠的无作用剂量为 100mg/kg（饲料），狗 8mg/kg 饲料；鲤鱼 LC_{50}（48h）：0.1～0.3mg/L。最高残留限量（MRL）不得超过 0.02mg/kg。在地表水和土壤中很快降解，但在地下水中长期存在。

作用特点　是一种除草剂，但单用效果差，与其他除草剂混用有一定的除草作用。小量地乐酚施于玉米植株，可刺激玉米生长和发育，从而达到增产的目的。美国已有百万英亩（1英亩=4046.86m^2）玉米田使用这种激素，一般增产5%～10%。但不同环境条件、不同玉米品种，效果不同。

适宜作物 地乐酚曾用作触杀型除草剂，可用于谷物地中一年生杂草的防除，用量为2kg/hm^2。也可作为植物生长调节剂，作马铃薯和豆科作物的催枯剂，可以控制种子、幼苗和树木的生长，被广泛用于作物的生长。

剂型 制剂有乳油。

应用技术

（1）收获前使用可加速马铃薯和其他豆类失水。在马铃薯和豆科作物收获前，以2.5kg/hm^2的剂量作催枯剂。

（2）叶面施药可刺激玉米生长，提高产量。在玉米拔节期至雌穗小花分化始期，每亩施纯药2～3g，稀释为200mg/kg，叶面喷施。提前或推迟，效果较差，甚至会减产。个别玉米品种或心叶内喷药过多时，叶片褪绿出现黄斑，但对玉米生长和产量影响不大。

注意事项

（1）地乐酚应放在通风良好的地方，远离食物和热源。

（2）避免直接接触该药品。

（3）夏季多雨，适当密植，晚熟玉米田施用，效果较好。

（4）注意十字花科植物对该药敏感。

增产素（4-bromophenoxyacetic acid）

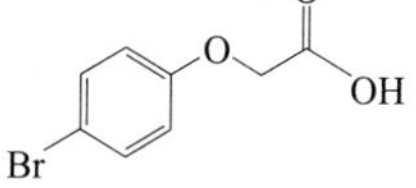

$C_8H_7BrO_3$，231.04，1878-91-7t

化学名称 4-溴苯氧基乙酸，对溴苯氧乙酸

其他名称 4-溴代苯氧乙酸

理化性质 纯品为白色针状结晶，商品为微红色粉末。熔点

156～159℃。难溶于水，微溶于热水，易溶于乙醇、丙酮等有机溶剂。常温贮存不稳定。遇碱易生成盐。

毒性 对人、畜低毒。

作用特点 增产素通过茎、叶吸收，传导到生长旺盛部位，使植株叶色变深，叶片增厚，新梢枝条生长快，提高坐果率，增大果实体积和增加重量，并使果实色泽鲜艳。

适宜作物 水稻、小麦、苹果等。

剂型 99%粉剂。

应用技术

（1）保花保果 在苹果盛花期用10～20mg/L增产素溶液进行喷雾。成龄树每株喷2.5kg药液为宜。

（2）使籽粒饱满，增加产量

小麦 在扬花灌浆期用30～40mg/L增产素溶液进行喷雾，可减少空秕率，增加千粒重。

水稻 在水稻抽穗期、扬花期或灌浆期用20～30mg/L增产素溶液进行喷雾，$1hm^2$ 用药量为30g，可以提高成穗率和结实率，使籽粒饱满，增加产量。

注意事项

（1）因原药水溶性差，配药时应先将原药加入95%乙醇中，然后再加水稀释。药液中加入0.1%中性皂可增加展着黏附率，提高药效。

（2）要严格掌握施药浓度，在苹果上使用浓度不宜超过30mg/L。选择晴天早晨或傍晚施药，避免在降雨或烈日下施药。施药后6h内遇下雨，要重新喷。

（3）有关该试剂的毒性，对作物的安全性，适用作物等还有待进一步试验。

噁霉灵（hymexazol）

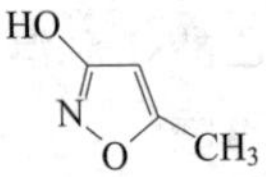

$C_4H_5NO_2$，99.1，10004-44-1

化学名称 3-羟基-5-甲基异噁唑，5-甲基异噁唑，5-甲基-1,2-噁唑-3-醇

其他名称 土菌消，明喹灵，绿亨一号，Tachigaren，F-319，SF-6505

理化性质 无色结晶体，熔点86～87℃，沸点200～204℃，25℃时蒸气压182mPa，分配系数$L_{ow}\lg P=0.480$。溶解度（g/L，20℃）：水中为65.1（纯水）、58.2（pH3）、67.8（pH9），丙酮730，二氯甲烷602，乙酸乙酯437，己烷12.2，甲醇968，甲苯176。溶于大多数有机溶剂。稳定性：在碱性条件下稳定，酸性条件下相当稳定，对光、热稳定。无腐蚀性。酸解离常数pK_a5.92（20℃），闪点203～207℃。

毒性 对人和动物安全。急性经口LD_{50}（mg/kg）：雄大鼠4678，雌大鼠3909，雄小鼠2148，雌小鼠1968。急性经皮LD_{50}：雌、雄大鼠＞10000mg/kg，雌、雄兔＞2000mg/kg。对皮肤无刺激性。对眼睛及黏膜有刺激性。NOEL数据[mg/(kg·d),2年]：雄大鼠19，雌大鼠20，狗15。无致突变、致癌、致畸作用，急性经口LD_{50}：日本鹌鹑1085mg/kg，绿头鸭＞2000mg/kg。虹鳟鱼LC_{50}（96h）：460mg/L，鲤鱼LC_{50}（48h）：165mg/L。水蚤EC_{50}（48h）：28mg/L。对蜜蜂无毒，LD_{50}（48h，经口，接触）＞100μg/只。蚯蚓LC_{50}（14d）＞15.7mg/kg土壤。

作用特点 噁霉灵作为土壤真菌杀菌剂，其作用机理是进入土壤后被土壤吸收并与土壤中的铁、铝等无机金属盐离子结合，有效抑制孢子的萌发和病原真菌菌丝体的正常生长或直接杀灭病菌，药效可达两周。噁霉灵作为内吸性杀菌剂，可能是DNA/RNA的合成抑制剂，可由植物的根、萌芽、种子吸收，传导到其他组织，在生长早期可预防真菌病害。在植株内代谢产生两种糖苷，对作物有提高生理活性的效果，从而能促进植株生长、根的分蘖、根毛的增加和根的活性。因对土壤中病原菌以外的细菌、放线菌的影响很小，所以对土壤中微生物的生长不产生影响，在土壤中能分解成毒性很低的化合物，对环境安全。

适宜作物 主要应用于蔬菜、粮食、花生、烟草、药材等。

剂型 8%、15%、30%水剂，15%、70%、95%、96%、99%可湿性粉剂，20%乳油，70%种子处理干粉剂。

应用技术

(1) 杀菌剂 用300～600mg/L药液施用于栽种稻苗、甜菜、树苗等作物的土壤中，能防治由镰刀菌属、腐霉属、伏革菌属及丝囊霉属病原真菌引起的根部病害。

土壤处理 每亩拌肥撒施2.5kg，穴施或条施效果更好。

苗床消毒 对蔬菜、棉花、烟草、花卉、林业苗木等的苗床，在播种前，每亩用2.5～3kg 0.1%噁霉灵颗粒剂处理苗床土壤或用3000～6000倍96%噁霉灵（或1000倍30%噁霉灵）细致喷洒苗床土壤，每平方米喷洒药液3g，可预防苗期猝倒病、立枯病、枯萎病、根腐病、茎腐病等多种病害的发生。

蔬菜、粮食、花生、烟草、药材等作物幼苗定植时或秧苗生长期，用3000～6000倍96%噁霉灵（或1000倍30%噁霉灵）喷洒，间隔7d再喷1次，不但可预防枯萎病、根腐病、茎腐病、疫病、黄萎病、纹枯病、稻瘟病等病害的发生，而且可促进秧苗根系发达，植株健壮，增强对低温、霜冻、干旱、涝渍、药害、肥害等多种自然灾害的抗御性能。

(2) 促进根的形成

水稻 每5kg土壤混拌4～8g 40%噁霉灵药品，装入盒中培养水稻幼苗，移栽后可促进根的形成。或者在水稻秧苗移栽前用10mg/L噁霉灵+10mg/L生长促进剂浸根，也可促进根的形成。

栀子花 用300mg/L噁霉灵+10mg/L萘乙酸混合处理栀子插枝基部，不仅促进生根，且根的数量也显著增加。但须注意的是，单用300mg/L噁霉灵或10mg/L萘乙酸浸泡栀子插枝基部，基本没有促进生根的效果。

注意事项

(1) 不要用噁霉灵浸种

(2) 本品可与一般农药混用，并相互增效，如和稻瘟灵混用可壮水稻苗和防病。

（3）使用时须遵守农药使用防护规则。用于拌种时，要严格掌握药剂用量，拌后随即晾干，不可闷种，防止出现药害。

二苯脲（diphenylurea）

$C_{13}H_{12}N_2O$，212.2，102-07-8

化学名称　1,3-二苯基脲，*N*,*N'*-二苯脲

理化性质　纯品无色，菱形结晶体。熔点238～239℃，沸点260℃，相对密度1.239。二苯脲易溶于醚、冰醋酸，但不溶于水、丙酮、乙醇和氯仿。

毒性　二苯脲对人和动物低毒。不影响土壤微生物的生长，不污染环境。

作用特点　具有类似细胞分裂素的生理作用，但其活性比普通的细胞分裂素弱。在合成的衍生物中，也有相当强的活性化合物，例如*N*-3氯苯-*N'*-苯脲，*N*-4-硝基苯-*N'*-苯脲等。二苯脲可通过植物的叶片、花、果实吸收，促进组织、细胞分化，促进植物新叶的生长，延缓老叶片内叶绿素分解。与赤霉酸、2-萘氧乙酸等混用时作用更显著。

适宜作物　核果类果树。

应用技术

樱桃　在早期和开花盛期，用二苯脲50mg/L与赤霉素250mg/L和2-萘氧乙酸50mg/L，或二苯脲50mg/L和赤霉素250mg/L混配施用。

李子　在开花盛期，用二苯脲50mg/L与赤霉素250mg/L和2-萘氧乙酸10mg/L混配施用。

桃　在开花盛期，二苯脲150mg/L与赤霉素100mg/L和2-萘氧乙酸15mg/L混配施用。

苹果　在开花盛期，二苯脲300mg/L与赤霉素200mg/L和2-萘氧乙酸10mg/L混配施用。

注意事项

（1）混配药剂不要和碱性药物接触，否则二苯脲会分解。

（2）混配药剂喷洒要均匀，且只能在花和果实上喷洒。

（3）在施药 8～12h 内不要浇水，如下雨需重喷。

琥珀酸（succinic acid）

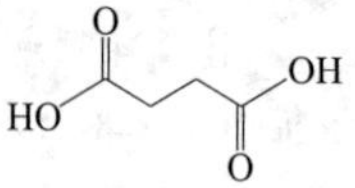

O
OH
HO
O

$C_4H_6O_4$，118.1，110-15-6

化学名称　丁二酸

理化性质　纯品白色、无臭而具有酸味的菱形结晶体。熔点187～189℃，沸点 235℃，相对密度 1.572（15℃）。溶于水，微溶于乙醇、甲醇、乙醚、丙酮、甘油，几乎不溶于苯、二硫化碳、石油醚和四氯化碳。遇明火、高热可燃，放出刺激性烟气。粉体与空气可形成爆炸性混合物，当达到一定的浓度时，遇火星会发生爆炸。可与碱反应，也可以发生酯化和还原等反应，受热脱水生成琥珀酸酐。可发生亲核取代反应，羟基被卤原子、氨基化合物、酰基等取代

毒性　大鼠急性经口 LD_{50} 2260mg/kg。给猫 1g/kg 剂量，未见不良反应，猫最小致死注射剂量为 2g/kg。

作用特点　琥珀酸广泛存在于动物与植物体内。可作为杀菌剂、表面活性剂、增味剂。作为植物生长调节剂，可通过植物的根、茎、叶吸收，加速植物体内的代谢，从而调节植物生长。

适宜作物　玉米、春大麦、棉花、大豆、甜菜等。

应用技术　10～100mg/L 琥珀酸浸种或拌种 12h，可促进根的生长，增加玉米、春大麦、棉花、大豆、甜菜等作物的产量。

注意事项

（1）本品和其他生根剂混用效果更佳。

（2）琥珀酸低剂量多次施用，或与其他叶面肥混合施用效果

更佳。

（3）琥珀酸遇明火、高热可燃。在高热条件下分解放出刺激性烟气。粉体与空气可形成爆炸性混合物，当达到一定浓度时，遇火星会爆炸。

甲苯酞氨酸（tomaset）

$C_{15}H_{13}NO_3$，255.27，85-72-3

化学名称　*N*-间甲苯基邻氨羰基苯甲酸

其他名称　Duraset

理化性质　白色结晶，熔点152℃。25℃下溶于水0.1%，丙酮13%、苯0.03%，易溶于甲醇、乙醇和异丙醇。遇pH 3和pH10时会水解。结晶固体，25℃时在水中的溶解度为0.1g/100mL，易溶于丙酮。

毒性　大白鼠急性经口LD_{50}为5230mg/kg。人经口致死最低量为500mg/kg。

作用特点　植物生长调节剂。可增加花和果的数量，增加番茄和豆花数，减少落花和落幼果，从而增产，为内吸性植物生长调节剂，在不利的气候条件下，可防止花和幼果的脱落。

适宜作物　番茄、白扁豆、樱桃、梅树等。

剂型　20%可湿性粉剂。

应用技术　能增加番茄、白扁豆、樱桃和梅子的坐果率。蔬菜则在开花最盛期喷药，例如在番茄花簇形成初期喷0.5%浓度药液，剂量为500～1000L/hm^2，可增加坐果率。在高温度气候条件下，喷药宜在清晨或傍晚进行。果树在开花80%时喷药，施药浓度为0.01%～0.02%。

注意事项

（1）施药切勿过量。

（2）勿与其他农药混用。

抗坏血酸 (ascorbic acid)

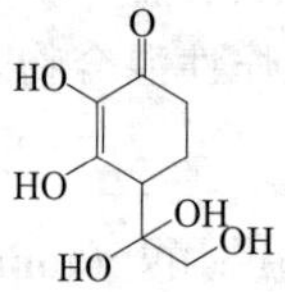

$C_6H_8O_6$，176.4，50-81-7

化学名称 L-抗坏血酸（木糖型抗坏血酸）

其他名称 维生素 C，Vitamin C，丙种维生素，维生素丙，茂丰，抗病丰

理化性质 纯品为白色结晶。熔点 190～192℃（部分分解）。易溶于水，100℃水中溶解度为 80%、45℃为 40%，稍溶于乙醇，不溶于乙醚、氯仿、苯、石油醚、油、脂类。水溶液显酸性，pH 3（5mg/mL）、pH 2（50mg/mL）。味酸，干燥时稳定，不纯品或天然品露置空气、光线中易氧化成脱氢抗坏血酸，水溶液中混入微量铜、铁离子时可加快氧化速度。溶液无臭，是较强的还原剂。贮藏时间较长后变淡黄色。

毒性 抗坏血酸对人、畜安全，每天以 500～1000mg/kg 饲喂小鼠一段时间，未见有异常现象。

作用特点 广泛存在于植物果实中，茶叶等多种叶类农产品也均含有维生素 C。在植物体内参与电子传递系统中的氧化还原作用，促进植物的新陈代谢。与吲哚丁酸混用，诱导插枝生根作用比单用效果好。也具有捕捉体内自由基的作用，提高作物抗病能力，如提高番茄抗灰霉病的能力。

适宜作物 用作万寿菊、波斯菊、菜豆等插枝生根剂，提高番茄抗灰霉病的能力，可增加烟叶的产量。

剂型 1.5%水剂，6%水剂。

应用技术

（1）促进插枝生根　万寿菊、波斯菊、菜豆，抗坏血酸 30mg/L＋吲哚丁酸 30mg/L 混用处理，可显著促进插枝生根。

（2）抗病作用

番茄　用20～30mg/L抗坏血酸药液喷施番茄果实，提高抗灰霉病的能力。

烟草　用125mg/L抗坏血酸药液喷施，可抗花叶病毒。

小麦　在小麦苗期、孕穗期，用30mg/L抗坏血酸药液喷施叶面，可提高产量，增强抗病力。

（3）改善品质、增产

水稻　苗期用30mg/L抗坏血酸药液喷施叶面，可增加产量。

烟草　6%水剂以2000倍液喷洒烟草叶片2次，可改善烟草品质，增加烟叶产量。

辣椒　生长期用30～40mg/L药液喷施叶面，可增加产量。

茶树　用20～30mg/L药液喷施叶面，可改善茶叶品质，增加茶叶产量。

蜜柑　生长期用20～30mg/L药液喷施叶面，可改善品质，增加产量。

注意事项

（1）本品水溶液呈酸性，接触空气后易氧化，现配现用。

（2）贮存时间较长后变淡黄色。

对氯苯氧乙酸（*p*-chlorophenoxyacetic acid）

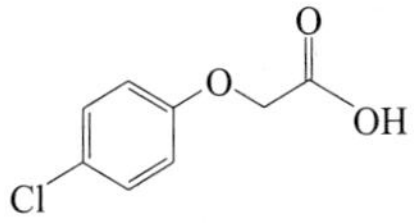

$C_8H_7ClO_3$，186.59，122-88-3

化学名称　4-对氯苯氧乙酸

其他名称　PCPA，防落素，番茄灵，坐果灵，促生灵，丰收灵，防落粉，4-CPA，Tomato Fix Concentrate，Marks 4-CPA，Tomatotone，Fruitone

理化性质　纯品为无色结晶，无特殊气味，熔点157～158℃。能溶于热水、酒精、丙酮，其盐水溶性更好，商品多以钠盐形式加工成水剂使用。在酸性介质中稳定，对光热稳定，耐贮藏。

毒性　中等毒性。大鼠急性经口LD_{50}为850mg/kg，小鼠腹腔

LD_{50}为 680mg/kg，鲤鱼 LC_{50} 为 3～6mg/L，泥鳅为 2.5mg/L（48h），水蚤 EC_{50}＞40mg/L。ADI：0.022mg/kg。

作用特点　对氯苯氧乙酸是一种具有生长素活性的苯氧类植物生长调节剂，可经由植株的根、茎、叶、花、果吸收，生物活性持续时间较长，其生理作用类似内源生长素，刺激细胞分裂和组织分化，刺激子房膨大，诱导单性结实，形成无籽果实，促进坐果及果实膨大，防止落花落果，促进果实发育，提早成熟，增加产量，改善品质等作用。有效提高含糖量，减少畸形果、裂果、空洞果、果实病害的发生，具有保花保果、防病增产的双重作用，并有诱导单性结实的作用，应用后比 2,4-D 安全，不易产生药害。高剂量下具有除草效果。

适宜作物　各种蔬菜、瓜果、粮棉作物。主要用于番茄防止落花落果，也可用于茄子、辣椒、葡萄、柑橘、苹果、水稻、小麦等多种作物的增产增收。

应用技术

（1）防止落花，提高坐果

番茄　在蕾期以 20～30mg/L 药液浸或喷蕾，可在低温下形成无籽果果实；在花期（授粉后）以 20～30mg/L 药液浸或喷花序，可促进在低温下坐果；在正常温度下以 15～25mg/L 药液浸或喷蕾或花，不仅可形成无籽果促进坐果，还加速果实膨大植株矮化，提早成熟。

对氯苯氧乙酸对番茄枝、叶的药害虽然较轻，但喷施时还应尽量避免将药液喷至枝、叶上。如果药液接触到幼芽或嫩叶上，也会引起轻度的叶片皱缩、狭长或细小等药害现象。对出现药害的番茄，应加强肥水管理，促进新叶正常发生。

茄子　用小型手持喷雾器或喷筒，对准花朵喷雾，浓度为50～60mg/kg，可显著增加早期产量。须注意要根据气温的变化，调整施用浓度，如气温低于20℃，可选用 60mg/kg，若气温高，浓度应适当低一些。喷花时尽量避免将药液喷洒在枝、叶上，否则会出现不同程度的药害。

辣椒　以 10～15mg/L 药液喷花，能保花保果，促进坐果结荚。

南瓜、西瓜、黄瓜等瓜类作物　以 20～25mg/L 药液浸或喷花，防止化瓜，促进坐果。

四季豆　以 1～5mg/L 药液喷洒全株，可促进坐果结荚，明显提高产量。

葡萄、柑橘、荔枝、龙眼、苹果　在花期以 25～35mg/L 药液整株喷洒，可防止落花，促进坐果，增加产量。

高果梅、金丝小枣　用 30mg/L 药液在盛花末期喷洒，可提高二者的坐果率。

（2）增产增收及保鲜作用

水稻　在水稻扬花灌浆期，每亩用 95%粉剂 3g 加水 50kg 均匀喷与稻茎、叶。

小麦　在苗期每亩（1 亩＝667m²）用 95%粉剂 3g 加水 50kg 全株均匀喷雾。

大白菜　在收获前 3～15d，用 20～40mg/L 的药液在晴天下午喷洒，可有效防止大白菜贮存期间脱帮，且有保鲜作用，贮存期长（超过 120d），以高浓度（40mg/L）较好；贮存期短（60d 左右），以 20～30mg/L 为宜。

柑橘　可抑制柑橘果蒂叶绿素的降解，对柑橘有保鲜的作用。

注意事项

（1）对氯苯氧乙酸作坐果剂，要注意水肥充足，长势旺盛时使用，效果好。在使用时，适量增加些微量元素效果更好，但不同作物配比不同，勿任意使用。

（2）巨峰葡萄对对氯苯氧乙酸较为敏感，勿用它作叶面喷洒。

（3）在作物开花第二天 10 时以前或 16 时以后使用。

（4）严格使用浓度，不能随意加大浓度。药粉对水时，要充分搅拌 2min 后再使用。

（5）喷药部位为作物的花柄、幼果，不能喷在生长点、嫩叶上。如不慎喷到嫩叶上，发生严重卷叶，可用 1g 90%赤霉素对水 45kg 喷洒，过几天就会好转。

氯吡脲（forchlorfenuron）

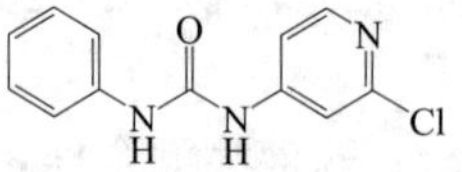

$C_{12}H_{10}ClN_3O$，247.68，68157-60-8

化学名称 1-(2-氯-4-吡啶)-3-苯基脲，1-(2-氯-4-吡啶基)-3-苯基脲

其他名称 吡效隆，吡效隆醇，氯吡苯脲，脲动素，调吡脲，联二苯脲，施特优，KT-30，CPPU，4PU-30

理化性质 白色结晶粉末，熔点 170～172℃，蒸气压 4.6×10^{-5}mPa（25℃），分配系数 $K_{ow}\lg P=3.2$（20℃）。相对密度 1.3839（25℃）。在 20℃时，水中溶解度为 0.11g/L，乙醇 119 g/L，无水乙醇 149 g/L，丙酮 127 g/L，氯仿 2.7 g/L。稳定性：在光、热、酸、碱条件下稳定。耐贮存。

毒性 低毒，对人、畜安全。大白鼠急性经口 LD_{50} 为 4918mg/kg，兔急性经皮 LD_{50} 大于 2000mg/kg。虹鳟鱼 LC_{50}（96h）为 9.2mg/kg。大鼠急性吸入 LC_{50}（4h）在饱和蒸汽中不致死，无作用剂量为 7.5mg/kg。对兔皮肤有轻度刺激性，对眼睛有刺激，无致突变作用。

作用特点 氯吡脲为广谱、多用途的取代脲类，具有激动素作用的植物生长调节剂，是目前促进细胞分裂活性最高的一种人工合成激动素，其生物活性大约是苄氨基嘌呤的 10 倍。可经由植物的根、茎、叶、花、果吸收，然后运输到起作用的部位。具有细胞分裂素活性，主要生理作用是促进细胞分裂，增加细胞数量，增大果实；促进组织分化和发育；打破侧芽休眠，促进萌发；延缓衰老，调节营养物质分配；提高花粉可孕性，诱导部分果树单性结实，促进坐果，改善果实品质。

适宜作物 烟草、番茄、茄子、苹果、猕猴桃、葡萄、脐橙、枇杷、西瓜、甜瓜、草莓、黄瓜、樱桃萝卜、洋葱、大豆、向日葵、大麦、小麦等。

剂型 主要剂型为 0.1%可溶性液剂，2%粉剂。

应用技术

(1) 诱导愈伤组织生长

烟草　用10mg/L药液叶面喷施，可促进愈伤组织生长。

(2) 膨大果实，提高坐果率及产量，改善品质

苹果　在苹果生长期（7～8月），以50mg/L氯吡脲处理侧芽，可诱导苹果产生分枝，但它诱导出的侧枝不是羽状枝，故难以形成短果枝，这是它与苄氨基嘌呤的不同之处。

梨　开花前以0.1%药液100～150倍液喷洒，可提高坐果率，改善品质，增加产量。

桃　在桃开花后30d以20mg/L喷幼果，增加果实大小，促进着色，改善品质。

猕猴桃　谢花后10～20d，用0.1%可溶性液剂20mL，对水2kg，浸幼果1次，果实膨大，单果增重，不影响果实品质。用药2次或药液浓度过大，产生畸形果，影响果实风味。中华猕猴桃在开花后20～30d，以5～10mg/L浸果，可促进果实膨大。

葡萄　谢花后10～15d，用0.1%可溶性液剂70～200倍液浸幼果穗，提高坐果率，果实膨大、增重，增加可溶性固形物含量。可与赤霉酸（GA_3）混合使用。在葡萄盛花前14～18d，氯吡脲以1～5mg/L+100mg/L GA_3浸果，增加GA_3的效果；盛花后10d，氯吡脲3～5mg/L+100mg/L GA_3，促进葡萄果实肥大。防止葡萄落花，在始花至盛花期以2～10mg/L浸花效果较好。

脐橙、温州蜜柑、椪柑、柚子、柑橘　于生理落果期，用500倍液喷施脐橙树冠或用100倍液涂果梗密盘，在生理落果前，即谢花后3～7d、谢花后25～30d，用0.1%可溶性液剂50～200倍液涂果梗蜜盘各1次，可提高坐果率；或用0.1吡效隆醇溶液5～10mL加4%赤霉酸乳油1.25mL，加水1升，处理时间方法上同。

枇杷　幼果直径1cm时，用0.1%可溶性液剂100倍液浸幼果，1个月后再浸1次，果实受冻后及时用药，可促使果实膨大。

大麦、小麦　用0.1%可溶性液剂6～7倍液喷施旗叶。与赤霉素或生长素类混用，药效优于单用。

水稻　抽穗期使用5～10mg/kg药液喷洒，可提高精米率、千

粒重及产量。

大豆　始花期喷0.1%可溶性液剂10～20倍液（50～100mg/L），提高光合效率，增加蛋白质含量。

向日葵　花期喷0.1%可溶性液剂20倍液，可使籽粒饱满，千粒重增加。

西瓜　开雌花前一天或当天，用0.1%可溶性液剂20～33倍液涂果柄一圈，提高坐瓜率、含糖量。不可涂瓜胎，薄皮易裂品种慎用。气温低用药浓度高，气温高用药浓度低。

甜瓜　开雌花当天或前后一天，用0.1%本品溶液5～10mL加水1L（5～10mg/L），浸蘸瓜胎1次，促进坐果及果实膨大。甜瓜在开花前后以200～500mg/L涂果梗，促进坐果。

西瓜　开花当天或前一天，用0.1%药液30～50mL加水1kg，涂瓜柄，或喷洒于授粉雌花的子房上，可提高坐瓜率，增加含糖量和产量。

黄瓜　低温光照不足、开花受精不良时，为解决“化瓜”问题，于开花前一天或当天用0.1%可溶性液剂20倍液涂抹瓜柄，可缩短生育期，提高坐瓜率，增加产量。

马铃薯　马铃薯种植后70d以100mg/L喷洒处理，增加产量。

洋葱　鳞茎生长期，叶面喷0.1%可溶性液剂50倍液，延长叶片功能期，促进鳞茎膨大。

樱桃萝卜　6叶期喷0.1%可溶性液剂20倍液，缩短生育期。

（3）保鲜

草莓　采摘后，用0.1%可溶性液剂100倍液喷果或浸果，晾干保藏，可延长贮存期。

其他叶菜类，用氯吡脲处理，可防止叶绿素降解，延长保鲜期。

注意事项

（1）严格按规定时期、用药量和使用方法使用，浓度过高可引起果实空心、畸形、顶端开裂等现象，并影响果内维生素C含量。

（2）对人眼睛及皮肤有刺激性，施用时应注意防护。

（3）氯吡脲用作坐果剂，主要用于花器、果实处理。在甜瓜、西瓜上应慎用，尤其在浓度偏高时会有副作用产生。提高小麦、水稻千粒重，也是从上向下喷洒小麦，以水稻植株上部为主。

（4）氯吡脲与赤霉酸或其他生长素混用，其效果优于单用，但须在专业人员指导下或先试验后的前提下进行，勿任意混用。

（5）处理后 12～24h 内遇下雨须重新施药。

（6）药液应现用现配，否则效果降低。本品易挥发，用后要盖紧瓶盖。

茉莉酸类（jasmonates）

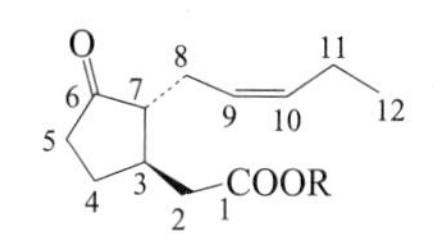

茉莉酸（R＝H）$C_{12}H_{18}O_3$，210.27，77026-92-7；

茉莉酸甲酯（R＝CH_3）$C_{13}H_{20}O_3$，224.30，39924-52-2

化学名称 3-氧代-2-(2-戊烯基）环戊烷乙酸（甲酯）

理化性质 茉莉酸类是一类特殊的环戊烷衍生物，其结构上的特点是具有环戊烷酮。在自然界最早被发现的是茉莉酸甲酯，现已发现 30 多种。其中，茉莉酸（jasmonic acid，JA）及其挥发性甲酯衍生物茉莉酸甲酯（methyl-jasmonate，MeJA，也称为甲基茉莉酸）和氨基酸衍生物统称为茉莉酸类物质（jasmonates，JAs），也称为茉莉素、茉莉酮酸和茉莉酮酯，是已知的 20 多种 JAs 中最具代表性的两种物质，这两种物质在代谢上具有激素作用的特点，在生理功能上也可与其他激素发生相互作用，因此被认为是一类新型植物激素。茉莉酸纯品是有芳香气味的黏性油状液体。沸点为 125℃。紫外吸收波长 234～235nm。可溶于丙酮。茉莉酸几种异构体以固定比例存在于植物体内，而每种植物体内的比例不同。

作用特点 是植物体内起整体性调控作用的植物生长调节物质。因茉莉酸类物质是茉莉属（*Jasminum*）等植物中香精油的重要成分故而得名，其进化地位和生理作用与动物中的前列腺素有类似之处。游离的茉莉酸于 1971 年首先从肉桂枝枯病菌（*Lasiodiplodia thebromae*）的培养液中被分离出来。后来发现 JAs 在植物界中普遍存在，广泛分布于植物的幼嫩组织和发育的生殖器官，通过信号转导途径调控植物生长发育和应激反应。JAs 的生理效应，一方面与植物的生长发育相关，包括种子的萌发与生长，器官的生长与发育，植物的衰老与死亡，参与光合作用过程等；另一方面与自身的防御系统相关，如在外界机械创伤、病虫害防御、不利的环境因子胁迫等信号转导中起信使作用，可诱导一系列植物防御基因的表达、防御反应化学物质的合成等，并调节植物的“免疫”和应激反应。茉莉酸合成途径的激活对于应激信号的传递和放大是必不可少的。

适宜作物　番茄、木瓜、番石榴、水蜜桃、香蕉、芒果、葡萄、黄瓜、草莓、葡萄柚等。

应用技术

研究表明，JAs 具有植物激素的多效作用，包括生物抑制作用、诱导作用、促进作用。

（1）促进乙烯产生和果实成熟　把羊毛脂浸在 0.5%的茉莉酸甲酯中，涂抹未成熟的番茄青果实后，发现乙烯含量比对照增加 1.6～7.9 倍。茉莉酸也刺激番茄果实形成较多的 β-胡萝卜素，促进果实着色和成熟。在果实成熟的整个过程中，茉莉酸甲酯能强烈促进乙烯的产生，茉莉酸甲酯处理后，乙烯前体 1-氨基环丙烷-1-羧酸（ACC）的含量增加。研究认为茉莉酸甲酯既影响 ACC 合成酶的活性，又影响 ACC 氧化酶的活性。茉莉酸促进苹果中乙烯生成，并降低果实可滴定酸含量。

（2）促进衰老　用茉莉酸类处理叶片会引起叶绿素减少，叶绿素结构破坏，叶片黄化，蛋白质分解和呼吸作用加强。因而被认为是死亡激素，可从发育中的种子和果实转移到叶片，从而引起叶片衰老。

（3）延缓采后果蔬冷害的发生　茉莉酸甲酯处理可有效延缓木瓜、番石榴、水蜜桃、香蕉、芒果、葡萄、黄瓜等果熟冷害症状的发生，起到果实保鲜、保持食用品质的作用。

（4）增强采后果蔬抗病性　茉莉酸类是植物获得性诱导抗性的重要诱导因子，采用适当浓度的茉莉酸甲酯处理草莓果实和葡萄柚果实，可有效抑制草莓果实灰霉病和葡萄柚果实青绿病的发生，增强采后果蔬抗病性。

(5) 增强植物抗旱能力　以 $1\times10^{-8}\sim1\times10^{-3}$ mol/L 浓度处理植物，可抑制茎的生长，使萌芽种子转为休眠状态，加速叶片气孔关闭，推迟成熟。

注意事项　各种植物对茉莉酸类植物生长调节剂反应不一样，大量应用时，应先做好试验，确定适宜的使用浓度。

2-萘氧乙酸（naphthyl oxyacetic acid）

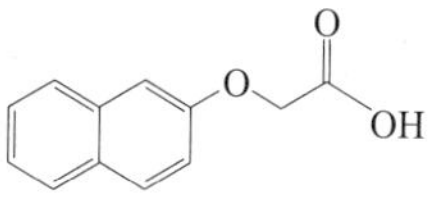

$C_{12}H_{10}O_3$，202.21，120-23-0

化学名称　β-萘氧乙酸或 2-萘氧基乙酸

其他名称　β-NOA，NOA

理化性质　纯品为白色结晶，熔点 151～154℃。可分为 A 型和 B 型，其中 B 型的活性较强。难溶于水，微溶于热水，溶于乙醇、醚、乙酸等有机溶剂。性质稳定，耐贮存，不易变性。具有萘乙酸的活性，但活性没有萘乙酸高。

毒性　对人、畜无害，对哺乳动物低毒，大白鼠急性经口 LD_{50} 1000mg/kg，对蜜蜂无毒。

作用特点　其生理作用与萘乙酸相似，主要用于促进植物生根，防止果实脱落。由叶片和根吸收，能促进坐果，刺激果实膨大，且能克服空心果。与生根剂一起使用，可促进植物生根。

适宜作物　番茄、秋葵、金瓜、苹果、葡萄、菠萝、草莓等。

剂型　乳油、悬浮剂。

应用技术

(1) 使用方式　喷洒、浸泡。

(2) 使用技术

番茄　用 50mg/L 溶液喷洒植株，增加早期产量，并能产生无籽果实。

秋葵　用 50mg/L 溶液浸种 6～12h，可促进种子萌发。

金瓜　用 50mg/L 溶液喷洒花，可获得 60%无籽果实。

苹果、葡萄、菠萝、草莓　用40～60mg/L溶液喷洒，可防止落果。

注意事项

2-萘氧乙酸粉剂可用有机溶剂溶解后再稀释成所需浓度。

萘乙酸（1-naphthylacetic acid）

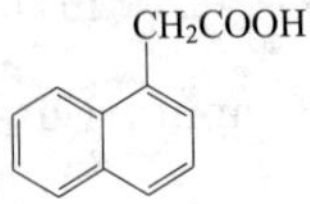

$C_{12}H_{10}O_2$，186.21，86-87-3

化学名称　α-萘乙酸

其他名称　α-萘乙酸，NAA，1-萘乙酸，1-萘基乙酸，2-(1-萘基）乙酸，α-萘醋酸

理化性质　纯品萘乙酸为白色针状结晶固体，工业品黄褐色。熔点130℃，沸点285℃。水溶性差，20℃水中溶解度为42mg/L，溶于热水，易溶于醇、酮、乙醚、氯仿和苯等有机溶剂。遇碱生成盐，萘乙酸盐能溶于水，其溶液呈中性，在一般有机溶剂中稳定，可加工成钾盐或者钠盐后，再配置成水溶液使用，其钠、钾盐可溶于热水，如浓度过高水冷却后会有结晶析出。遇酸生成α-萘乙酸，呈白色结晶。萘乙酸性质稳定，但易潮解，见光变色，应避光保存。萘乙酸分α型和β型，α型的活性比β型的强，通常说的萘乙酸即指α型。

毒性　低毒，对人、畜低毒，对皮肤、黏膜有刺激作用。萘乙酸原药急性LD_{50}（mg/kg)：大鼠经口＞2000，小鼠经口670，兔经皮＞5000。对大鼠、兔皮肤和眼睛有刺激作用。对动物无致畸、致突变、致癌作用。

作用特点　是广谱性生长素类植物生长调节剂。可经叶片、树枝的嫩表皮、种子进入到植物体内，随营养液流输导到各部位，能促进细胞分裂和扩大，改变雌、雄花比率。萘乙酸除具有一般生长素的基本功能外，还可以促进植物根和不定根的形成，用于促进种子发根、插扦生根和茄科类生须根。能促进果实和块根块茎的迅速膨大，因此在蔬菜、果树上可作为膨大素使用。能提高开花座果率，防止落花落果，具有防落和增加坐果等功能。不仅能提高产量、改善品质，促进枝叶茂盛、植株健壮，还能有效提高作物抗寒、抗旱、抗涝、抗病、抗盐碱、抗逆能力。在较高浓度下，有抑制生长作用。在生产上可作为扦插生根剂、防落果剂、坐果剂、开花调节剂等。

适宜作物 在粮食、蔬菜、果树和花卉等作物上广泛使用。适用于谷类作物，增加分蘖，提高成穗率和千粒重。棉花减少蕾铃脱落，增桃增重，提高质量。果树促开花、防落果、催熟增产。瓜果类蔬菜防止落花，形成小籽果实；促进扦插枝条生根等。

剂型 99％原粉，80％粉剂，5％水剂，2％钠盐水剂，2％钾盐水剂。

应用技术

（1）促进果实和块根块茎迅速膨大

甘薯 将薯秧捆齐，用10～20mg/L药液浸泡秧苗基部1寸（1寸＝3.33cm）深，6h后插秧，或用80～100mg/L的药液蘸秧基部1寸高处3s，立即插秧，可提高秧苗成活率，膨大薯块，增加产量。

萝卜、白菜 用15～30mg/L的药液浸种12h，捞出用清水冲洗1～2次，晾干后播种。可促进果实膨大，增加产量。

棉花 盛花期开始，用10～20mg/L的药液喷施叶面，间隔10～15d喷1次，共喷3次。可防止落蕾落铃，膨大果桃，改善品质，增加产量。

（2）提高坐果率、保花保果、防落

① 苹果等疏花疏果 苹果、梨等果树，在大年时花果数量过多，而次年结果很少，甚至两三年才恢复结果，造成大小年现象。大年时，在确保坐果前提下，对过多的花、果进行化学疏除，使负载量适宜，布局合理，从而减少树体营养的过多消耗。这对克服大小年结果、提高果品质量及防止树势衰弱等都有显著的作用。

苹果 国光、金冠、秦冠等品种开始落瓣后5～10d，喷洒40mg/L萘乙酸，喷湿树冠至不滴水为度。金冠、鸡冠等品种盛花后14d左右，喷洒10mg/L萘乙酸+200mg/L乙烯利和3000倍6501展着剂，或花蕾膨大期喷洒300mg/L乙烯利，至开始落瓣后10d左右喷洒20mg/L萘乙酸。金冠：盛花后14d，喷洒10～40mg/L萘乙酸，或开始落瓣后10d左右，喷洒10mg/L萘乙酸+750mg/L西维因。国光：盛花后10d，喷洒20～40mg/L萘乙酸，或花蕾膨大期喷300mg/L乙烯利，至盛花后10d，喷20mg/L萘乙酸（或加300mg/L乙烯利），或盛花后15d喷15mg/L萘乙酸+1000mg/L比久。苹果使用萘乙酸疏花疏果主要用于晚熟品种，早熟品种因易产生药害不宜使用。

梨　鸭梨盛花期喷洒40mg/L萘乙酸钠，可降低坐果率13%～25%。秋白梨：盛花后7～14d，喷洒20mg/L萘乙酸，百花序座果数减少33.59%。金盖酥和天生伏梨：90%花开时，喷洒30mg/L萘乙酸，花序坐果率比对照降低40.7%和21.7%；花瓣脱落后1～5d，喷洒30mg/L萘乙酸，花序坐果率比对照降低28.9%和34.3%。

桃　大久保，盛花期喷洒20～40mg/L萘乙酸。蟠桃：盛花期及花后两周，各喷洒40～60mg/L萘乙酸。

温州蜜柑　盛花期后30d，果径在2mm以下时，喷洒200～300mg/L。

柿子　盛花后10～15d，喷洒10～20mg/L。

② 防止采前落花落果

苹果、梨　在采收前5～21d，用5～20mg/L的萘乙酸全株喷1次，防止采前落果；苹果使用萘乙酸后2～3d，落果减少，5～6d效果明显，有效期为10～20d。用药2次，能大幅减少落果。各地生产实践表明，在苹果落果前数天，通常是采收前30～40d及20d，喷洒2次浓度为20～40mg/L的萘乙酸。重点喷树体结果部位，喷湿至不滴水为度，第一次浓度低些，第二次稍高些。据试验，在有效浓度范围内，增加使用浓度并不相应增加效果。萘乙酸使用浓度过高，反会产生药害，超过60mg/L，会使叶片萎蔫，甚至脱落。但据报道，对红玉苹果使用萘乙酸的浓度，应提高到60～80mg/L。喷药时重点喷果实和果柄，内堂果及下部果应多喷。

中华猕猴桃　将中华猕猴桃插穗下部1/3～1/2浸入萘乙酸溶液中，根据插条木质化程度不同，浸渍浓度和时间也不同。一般硬枝插条，在500mg/L药液中浸5s；绿枝插条在200～500mg/L药液中浸3h。也可用粉剂黏着法，先将插穗下部在清水中浸湿，然后蘸500～2000mg/L的萘乙酸钠粉剂，之后插入苗床。

柑橘　采前15d用40～60mg/L的溶液喷果蒂部位，可防止采前落果，提高产量。

山楂　将嫩花枝或嫩果枝插穗在300～320mg/L的萘乙酸溶液中浸泡2h，生根率可达90%左右，对照仅13.3%。

葡萄　将砧木根端5cm左右浸入100～400mg/L的萘乙酸溶液中6～12h，可刺激砧木发根。但各品种反应不一样，大量应用时，应先做好试验，确定适宜的使用浓度。

沙果　成熟很不一致，采前落果特别严重，一般高达50%～70%，严重影响了沙果的产量和质量。据试验，于沙果正常采收前20d左右，全株喷洒30～50mg/L萘乙酸，可减轻采前落果26%～46%。同时，由于延长了果实生育期，还有利于糖分积累和果实着色，红果率达71%，比对照提高31%。

辣椒　辣椒开花结果时对温度的要求较高，在辣椒生育前期温度低于15℃，后期温度高于20℃以及光照不足、干旱等不良环境条件下，或者肥水过多，种植过密，枝叶徒长等，都会引起大量落花，通常可达20%～40%，严重影响了辣椒早期产量和总产量。生产上使用苯酚类植物生长调节剂，如2,4-D或防落素对辣椒浸花，虽能减少落花，但非常费工。如采用喷果法，又会产生药害。对此，浙江农业大学进行了应用植物生长调节剂防止辣椒落花的研究，结果表明以萘乙酸的效果最好，且又安全。

浙江农业大学对杭州鸡爪椒×茄门甜椒杂种一代辣椒，于开花期用50mg/L萘乙酸溶液喷花，每隔7～10d喷一次，前后共喷4～5次，能明显减少落花，提高坐果率，促进果实生长，增加果数和果重。前期产量增加29.2%，总产量增加20.4%，分别达到极显著和显著水平。据观察，辣椒喷洒萘乙酸，能使叶色变深，叶的寿命延长，辣椒花叶病的发病率下降，增强了抗病和抗逆性。同时，试验还指出，在适宜浓度下辣椒用萘乙酸喷花，不会产生药害，比用2,4-D或防落素喷花安全，比浸花提高工效10倍，因此宜在生产上推广应用。但留种的辣椒不宜处理，因对辣椒种子的形成、发育和产量会有一定影响。

南瓜　开花时用5～20mg/L的药液涂子房，可提高坐果率。

西瓜　雌花初开时，用20～30mg/L的药液浸花或喷花，可提高坐果率。

(3) 促进不定根和根的形成

葡萄　扦插前用100～200mg/L的药液浸蘸枝条，可促使枝条生根，发芽快，植株发育健壮。

茶、桑、柞树、水杉等　用10～15mg/L的药液浸插扦枝基部24h，可促进生根。

雪松　将插穗浸入500mg/L萘乙酸溶液中5s，能比对照提早半个月生根。

翠柏、地柏　夏插繁殖时，将插穗浸入50mg/L萘乙酸溶液中24h或500mg/L溶液中15s，都能明显促进插条生根。

山茶　大多数名贵的山茶品种性器官退化，靠扦插繁殖后代。方法是：在5、6月份，取半木质的枝条，剪一芽一叶，长3～5cm，用300～500mg/L萘乙酸浸泡8～12h，之后冲洗干净，插于遮阳的沙床（基质为黄土6份，河沙4份）上。也可采用快浸法，即将插条在1000mg/L萘乙酸溶液中浸3～5s。处理后50d调查，发根率比对照高1倍，根数增加，平均根长和株总根长均超过对照。

仙人球　盆栽仙人球在室内，特别在我国北方，发根迟，生长慢，影响了它的观赏价值。用萘乙酸处理，可以促进仙人球发根和生长。促进发根的方法是：把从母体上取下的幼株，用100mg/L萘乙酸浸泡20min左右，然后取出栽种在预定的盆中。促进仙人球生长的方法是：用50mg/L萘乙酸溶液代替清水浇仙人球，夏季每日一次，连续10d。有明显促进仙人球发根和生长的效果。

玉兰　再生能力弱，扦插生根困难。试验证明，将幼、壮龄树上剪下的嫩枝，放入200mg/L萘乙酸溶液中浸泡24h，能促使玉兰插条生根成苗。

大白菜　种植采种的大白菜或甘蓝，生产上习惯用种子繁殖。但产种量不高，繁殖系数低。研究表明，采用“叶-芽”扦插法，结合使用萘乙酸促根，能使每一片叶子繁殖成一个独立的植株。一株大白菜或甘蓝的叶球，有叶子30～50张，就可以繁殖几十株。一个叶球用“叶-芽”扦插法繁殖所得到的种子，比一株母株的采种量多十几倍，从而可大大提高繁殖系数，提高自交不亲和系或雄性不育系的繁殖率，同时能保持优良单株的遗传性，为结球叶菜的留种技术提供了一个新的途径。使用方法为：取大白菜或甘蓝叶片，切一段中肋，带有一个腋芽（侧芽）及一小块茎组织，在1000～2000mg/L萘乙酸溶液中快速浸蘸茎切口底面，不要蘸到芽，否则会影响发芽。然后扦插在砻糠灰或砂与菜园土1∶1的混合基质上。扦插后，一般要求温度为20～25℃；相对湿度85%～95%。10～15d后，开始发芽、生根，逐渐长成植株，通常成活率达85%～95%。每一个大白菜叶球可以繁殖成30～40株，提高繁殖系数15～20倍。

（4）促进生长、健壮植株、增产、改善品质

水稻　用0.0001%浓度的萘乙酸药液浸秧根1～2h，移栽后返青快，茎秆粗壮。

小麦　用0.0001%浓度的萘乙酸药液浸麦种6～12h，捞出后用清水冲洗2遍，风干后播种，可促进分蘖，提高抗盐能力。在小麦拔节前用0.0025%浓度的萘乙酸药液喷洒1次，扬花后用30mg/kg的萘乙酸药液着重喷剑叶和穗部，可防止倒伏，增加结实率。

玉米、谷子　用20～30mg/L的药液浸种12h，捞出用清水冲洗1～2遍，干后播种；生长期用15～20mg/L的药液喷洒叶面，可促进生长，增加产量。

番茄、茄子　定株前、开花始期，用5～20mg/L的药液喷洒叶面，每隔10～15d喷洒1次，共3次，可促进生长，增加产量。

黄瓜　生长期用5～20mg/L的药液喷洒全株1～2次，可增加雌花密度，调节生长。

甘蔗　分蘖期用15～20mg/L的药液喷洒叶面2～3次，可促进生长，增加产量。

苹果　用30～50mg/L的药液喷洒叶面1～2次，可显著增加产量。

马铃薯　将萘乙酸用少量酒精溶解，再加适量清水，均匀喷洒于干细土上（边喷边搅拌），然后放一层马铃薯撒一层药土，一般贮藏5吨马铃薯需要用萘乙酸250g。可防止马铃薯薯块在贮藏期间发芽变质，有效期可维持3～6个月。

蚕豆　蚕豆在生长过程中，正确使用低浓度的植物生长调节剂，不但能促进其生长发育，而且能防止落花落荚，抑制顶端生长，增强植株耐寒性、抗倒性，以达到增产的目的。喷施10mg/kg萘乙酸和1000mg/kg硼酸混合液，能显著减少蚕豆的蕾、花、荚的脱落，增加成荚数。喷施后，一般单产可增加15～20kg，提早成熟5～7d，是简便易行，经济有效的增产措施。喷药时间以阴天或傍晚为好，整株喷最好喷在叶背面。

大豆　于大豆结荚盛期用5～10mg/L的萘乙酸溶液重点喷洒豆荚，可以调节叶片的光合产物转运到豆荚上，抑制离层形成，减少落花落荚，早熟增产。但要注意过高浓度的萘乙酸反而促进离层形成，疏花疏果。

菠萝　菠萝定植后，在正常生长中，抽薹结果时间很长，自然抽薹率低。生产上为提早菠萝抽薹，提高抽薹率，在50～60年代采用电石（碳化钙）催花，后改用萘乙酸处理（现在一些地区又改用乙烯利催花）。萘乙酸能诱导菠萝花芽分化，提早抽薹开花，提高抽薹率，促进结果成熟，从而使菠萝密植高产，实现当年种植当年收获。同时，又调节了收果季节，做到有计划地安排市场鲜果供应和罐头加工的需要。使用方法：菠萝植株营养生长成熟后，从株心注入30～50mL浓度为1525mg/L萘乙酸溶液，可促使植株由营养生长转向生殖生长，处理后约30d可以抽薹，抽薹率达60%。健壮植株可达90%以上，而且结果成熟一致。注意使用萘乙酸浓度不宜过高，否则会抑制将要开花的植株开花。

烟草　生长期用10～20mg/L的萘乙酸溶液喷施叶面2～3次，可调节烟株生长，提高烟叶质量。

注意事项

（1）本品对皮肤和黏膜具有刺激作用，与本品接触人员需注意防止污染手、脸和皮肤。如有污染应及时用清水清洗。勿将残余药液倒入河、池塘等，以免污染水源。

（2）能通过食道等引起中毒，一旦误食，应立即送医院对症治疗，注意保护肝、肾。

（3）本品难溶于冷水，配制方法有：①配制时先用少量酒精溶解，再加水稀释到所需浓度；②先将萘乙酸加少量水调成糊状，再加适量水，然后加碳酸氢钠（小苏打），变加边搅拌，直至全部溶解；③用沸水溶解。

（4）严格按照说明书要求浓度使用，不可随意加大浓度，否则就会对植物造成药害。如秋白梨用40mg/kg会引起减产，浓度过高会引起畸形、叶片枯焦以及脱落。无花果用50mg/kg以上会引起药害。此外，萘乙酸坐果或防落果剂使用时，浓度不能太高，若浓度增加10mg/L，可能引起反作用，原因是高浓度的类生长素能促进植物体内乙烯的生成。萘乙酸作为生根剂使用时，单用时虽然生根效果好，但苗生长不理想。所以，一般可与吲哚乙酸或其他具有生根作用的调节剂混用，才能提高调节效果。瓜果类喷洒药液量，以叶面均匀喷湿为止。大田作物一般每亩喷药液50kg，果树为75～125kg。表面活性剂可明显影响萘乙酸的吸收，加吐温-20、X-77等可使萘乙酸的吸收提高几倍。100mg/L的萘乙酸与草甘膦混用有明显的增效作用。在不同地区、年份、品种、树势、气候等因素下，萘乙酸对果树的疏花疏果效果有很大的差异。各地在使用前，应先做好试验，寻找适合当地的用药技术，以免用药不当造成疏除过度而导致减产。

（5）本品的水溶液易失效，需现配现用，应密封，贮藏于干燥、避光处，以免变质。

（6）萘乙酸可与杀虫、杀菌剂及化肥混用。

1-萘乙酸甲酯（1-naphthylacletic acid）

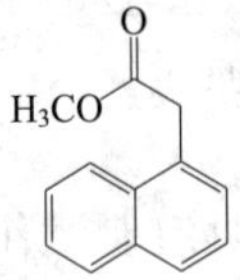

$C_{13}H_{12}O_2$，200.24，2876-78-0

化学名称 α-萘乙酸甲酯，萘乙酸甲酯

其他名称 萘-1-乙酸甲酯，M-1，MENA，Methyl，1-naphthaleneacetic acid

理化性质 纯品为无色油状液体，沸点 122～122.5℃，相对密度为 1.459，折射率 1.5975（25℃），不溶于水，易溶于甲醇、苯等有机溶剂。工业品 1-萘乙酸甲酯常含有萘二乙酸二甲酯。有挥发性，一般以蒸汽方式使用。温度越高挥发越快，也可与惰性材料滑石粉混合使用。

毒性 对动物内服致死剂量约 10g/kg。对人稍毒。

作用特点 具有生长素的活性，有抑制发芽的效果。1-萘乙酸甲酯具有挥发性，可通过挥发出的气体抑制马铃薯在贮藏期间发芽，延长休眠期。还可有效防治萝卜发芽，大量用于马铃薯贮藏。α-萘乙酸甲酯不仅应用范围广，而且毒性低，生产和使用安全，因此是取代、青鲜素（马来酰肼）等的良好替代品。

适宜作物 用于马铃薯和萝卜等根菜类防止发芽，小麦抑芽，甜菜储存，水果坐果，抑制烟草侧芽生长等，还能用于延长果树和观赏树木芽的休眠期。

剂型 3.2%、3.8%粉剂。

应用技术 一般以蒸汽方式发挥作用，温度越高挥发越快，也可与惰性材料滑石粉等混合使用。

马铃薯　薯块收获后贮藏期间，利用 1-萘乙酸甲酯抑制其发芽。具体做法是将 1-萘乙酸甲酯喷在干土上或纸屑上，与马铃薯混合，5000kg 马铃薯用 90%以上的 1-萘乙酸甲酯 100～500g。延长休眠期长短与萘乙酸使用量呈正相关。在最佳贮藏温度 10℃下可存 1 年。翌年播种前将薯块取出，放在阴暗、空气流通的地方，待 1-萘乙酸甲酯挥发殆尽，可用作种薯，也可供食用。

薄荷　用 40mg/L 的萘乙酸甲酯、20mg/L 萘乙酸、8mg/L 双氧水喷洒辣薄荷，其气生部分薄荷油含量增加 13.8%～22.8%，薄荷油中薄荷醇含量增加 8.5%。

注意事项

（1）灵活掌握用药量，对进入休眠期的马铃薯进行处理时用药量要多些；对芽即将萌发的马铃薯用药可少些；对休眠期短的品种可适当增加用药量来延长贮藏时期。

（2）处理后的马铃薯要改为食用，可将其摊放在通风场所，让残留的 1-萘乙酸甲酯挥发。

1-萘乙酸乙酯（ENA）

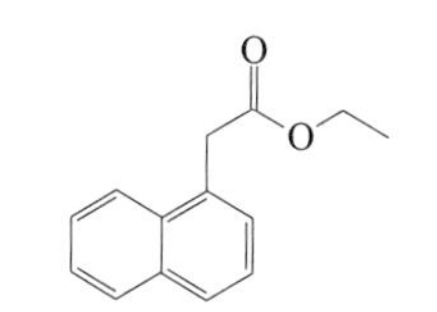

$C_{14}H_{14}O_2$，214.26，2122-70-5

化学名称　α-萘乙酸乙酯，萘乙酸乙酯

其他名称　Tre-Hold

理化性质　无色液体，不溶于水。相对密度 1.106（25℃）。沸点 158～160℃（400Pa）。不溶于水，溶于丙酮、乙醇、二硫化碳，微溶于苯。

毒性　相对低毒。大白鼠急性经口 LD_{50} 为 3580mg/kg，兔急性经皮 LD_{50}＞5000mg/kg。

作用特点　具有生长素的活性，主要用于化学整株。可通过植物茎和叶片吸收，抑制侧芽生长，可用作植物修整后的整形剂。

适宜作物　对槭树、榆树、栎树均有效。

应用技术　1-萘乙酸乙酯主要用来抑制侧芽生长，用作植物修整后的整形剂。已用在枫树和榆树上。应用时间在春末夏初，植物修整后，将 1-萘乙酸乙酯直接用在切口处。绿篱经修剪后，将 1-萘乙酸乙酯涂在修剪的切口处，可控制新梢生长。每年 4 月 1 日至

7月15日间处理2次效果最佳。温度高时效果显著，可代替人工修剪。

注意事项 1-萘乙酸乙酯要在植物修整后1周，侧芽开始重新生长前应用。

萘乙酰胺（NAD）

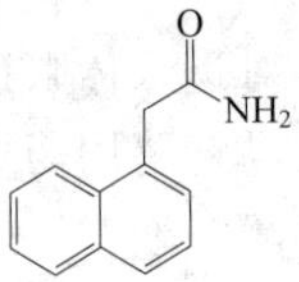

$C_{12}H_{11}NO$，185.22，86-86-2

化学名称 1-萘乙酰胺

其他名称 2-(1-萘基)乙酰胺（IUPAC），Amid-Thin，NAAmide

理化性质 原药为无味白色结晶，熔点182～184℃。能溶于热水、乙醚、苯、丙酮、乙醇、异丙醇，在20℃微溶于水，40℃在水中的溶解度为39mg/kg。不溶于二硫化碳、煤油和柴油。在常温下稳定。

毒性 大白鼠急性经口LD_{50}为6400mg/kg体重；兔急性皮试LD_{50}为5000mg/kg体重。无毒，对皮肤无刺激作用，但可引起不可逆的眼损伤。

作用特点 萘乙酰胺可经由植物的茎、叶吸收，传导性慢。诱导花梗离层的形成，疏花，防治早熟落果，可作疏果剂，也有促进生根的作用。

适宜作物 是良好的苹果、梨的疏果剂。萘乙酰胺与有关生根物质混用促进苹果、梨、桃、葡萄及观赏植物的广谱生根剂。

剂型 商品一般为水剂，或8.4%、10%可湿性粉剂。

应用技术 在采收前4周喷本品，可防止苹果、梨和樱桃采前落果，浓度一般为25～50mg/L，剂量为212.5 g/hm^2。还可用于刺激插条和移栽植株生根。

注意事项

（1）用作疏果剂应严格掌握时间，且疏果效果与气温等有关，因此先要取得示范经验再推广。

（2）采用一般保护措施，无专用解毒药，出现中毒后应对症治疗。

羟基乙肼（2-hydrazinoethanol）

HO⌒CN

$C_2H_8ON_2$，76.01，4554-16-9

化学名称 β-羟基乙肼

其他名称 Omaflora，Brombloom，BOH

理化性质 本品为无色液体，稍稠。含量70%时，熔点−70℃，沸点（83kPa）145～153℃。相对密度 d_{20} 1.11。闪点106.5℃。可与水完全混合，溶于低级醇，难溶于醚。在低温和暗处稳定，稀释溶液易于氧化。

适宜作物 菠萝。

应用技术 以0.09mL/棵用量能促使菠萝树提前开花。

三氟吲哚丁酸酯（TFIBA）

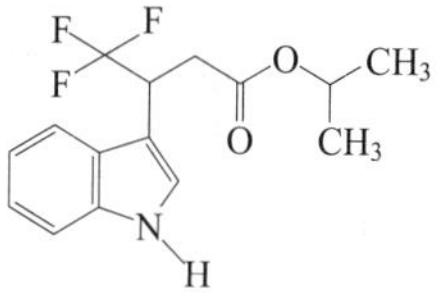

$C_{15}H_{16}F_3NO_2$，299.39，164353-12-2

化学名称 1*H*-吲哚-3-丙酸-β-三氟甲基-1-甲基乙基酯。

作用特点 能促进植物根系发达，从而达到增产的目的。此外，还能提高水果甜度，降低水果中的含糖量，且对人安全。

适宜作物 主要用于水稻、豆类、马铃薯等。

三十烷醇（triacontanol）

$CH_3(CH_2)_{28}CH_2OH$

$C_{30}H_{62}O$，438.38，593-50-0

化学名称 正三十烷醇

其他名称 1-三十烷醇，蜂花醇，Melissyl alcohol，Myrictl alcohol

理化性质 纯品为白色鳞片状晶体(95%～99%)，熔点86.5～87.5℃，相对密度0.777，分子链长6.7nm。微溶于水，在室温下水中的溶解度为10mg/kg，难溶于冷乙醇、甲醇、丙酮，微溶于苯、丁醇、戊醇，可溶于热苯、热丙酮、热四氢呋喃，易溶于氯仿、二氯甲烷、乙醚和四氯甲烷中。C_{20}～C_{28}醇可溶于热甲醇、乙醇及冷戊醇。性质稳定，对光、空气、热及碱均较稳定。

毒性 低毒，对人、畜十分安全。雌小鼠急性经口LD_{50}为1.5g/kg，雄小鼠急性经口LD_{50}为8g/kg，以18.75g/kg的剂量给10只体重17～20g的小白鼠灌胃，7d后照常存活。

作用特点 三十烷醇是一种天然的长碳链植物生长调节剂，广泛存在于蜂蜡和植物蜡纸中。可经由植物的茎、叶吸收，具有多种生理作用，可促进能量贮存，增加干物质积累，改善细胞透性，调节生理功能，增加叶面积，促进组织吸水，增加叶绿素含量，提高酶的活性，增强呼吸作用，促进矿质元素吸收，增加蛋白质含量。对作物具有促进生根、发芽、开花、茎叶生长、早熟、提高结实率的作用。在作物生长期使用，可提高种子发芽率、改善秧苗素质、增加有效分蘖。在作物生长中、后期使用，可增加花蕾、坐果率(结实率)、千粒重，从而增产。

适宜作物 可用于水稻、麦类、玉米、高粱、甘蔗、甘薯、西瓜、黄瓜、豇豆、油菜、花椰菜、甘蓝、青菜、番茄、茄子、辣椒、甜菜、柑橘、枣、苹果、荔枝、桑、茶、棉花、大豆、花生、烟草、等作物提高产量。在蘑菇等食用菌上应用，也能增产。

剂型 1.4%TA乳粉，0.1%乳剂，0.1%胶悬剂，1.4%三十烷醇可湿性粉剂。其中乳粉的药效稳定。用吐温-20（或吐温-80）配制成乳油使用。

应用技术

(1) 浸种　种子催芽前，用0.1%三十烷醇微乳剂1000倍液浸种2d，然后再催芽、播种；旱地作物，在播种前用0.1%三十烷醇微乳剂1000倍液浸种0.5～1d，然后播种。可增强发芽势，提高种子发芽率。

水稻　用0.1%三十烷醇乳剂1000倍液浸种，浸种时间早稻为48h，中、晚稻24h后即可催芽播种。浸种后，发芽率可比对照提高2%左右，发芽势提高8%左右，并能促进根系生长，增强秧苗抗逆能力等，有利于培育壮秧。

小麦　播种前用0.2～0.5mg/kg的三十烷醇溶液浸种4～12h；或用15kg麦种喷三十烷醇溶液1L，喷后堆起，闷种2～4h后晾干即可播种。

甘薯　三十烷醇用于甘薯浸种可比对照提前4d出苗，并使薯苗的鲜重和长度比对照增加6.67%～13.3%和22.53%，可增产5.7%～13.9%或16.2%。选择无病种薯，采用温床育苗，将薯块浸泡在1mg/kg的三十烷醇溶液中10min，捞出晾干后进行温床育苗。或剪取无病薯苗，将薯苗基端浸于0.5mg/kg的三十烷醇溶液中30min，晾干后播种。还可在甘薯薯块膨大期用0.5mg/kg的三十烷醇溶液50kg叶面喷雾，每隔10d喷施1次，共喷2～3次。

大豆　1.4%的三十烷醇乳粉0.5mg/L，浸泡种子4h，然后催芽播种。可提高发芽率和发芽势，增加三仁荚，减少单仁荚，增加豆数。注意必须按规定浓度使用，若浓度过大，则抑制生长。可与其他种子处理杀菌剂混合使用。

(2) 喷雾　粮、棉、瓜、果类作物，在始花期和盛花期各施1次药，用0.1%三十烷醇微乳剂2000倍液均匀喷雾，喷药液量以作物叶面喷湿而不流失为宜。

水稻　在水稻抽穗始期用1mg/L的三十烷醇溶液喷洒植株。可促进光合作用产物向水稻穗部运送，增加穗粒数，提高千粒重，提高水稻产量。在水稻孕穗期、齐穗期用浓度为0.5mg/L的三十烷醇各喷施1次，每次每亩喷施50kg药液为宜。能明显地增加叶片中叶绿素的含量，增强光合作用，促进光合产物向谷粒输送，从而提高产量。一般结实率可提高7%以上，千粒重增加0.2～0.9g，产量提高10%左右。

在杂交水稻制种田混合使用三十烷醇与赤霉素，增产效果比单用赤霉素效果更显著，有利于提高赤霉素的增产作用，而三十烷醇又同时提高了水稻光合磷酸化作用，增加光能利用率，使母本午前花比例增加，促进父、母本花期相遇，二者表现协调效应，使结实率和产量较各自单独喷施有明显的增加，一般可增产5%左右。可在母本始穗期，用0.5mg/kg的三十烷醇与20mg/kg的赤霉素混合喷施，亩用药量为36kg左右。但使用须注意，在混配时，先各自用少量水稀释，再混合加足量水定容后喷施；要现配现用，以免药液搁置时间过长而影响药效；严格控制使用浓度。

小麦　在小麦开花期，用0.1～0.5mg/L的药液叶面喷洒，可增产。

玉米　在玉米幼穗分化期至抽雄期，用0.1～0.5mg/L的药液叶面喷洒，可增产。

甘薯　在薯块膨大期，用0.5～1.0mg/L的药液叶面喷洒，可增产。

花生　于盛花期、下针末幼果膨大期，每亩用0.1%三十烷醇微乳剂48～60mL，加水60kg叶面喷施各1次，可提高叶绿素含量和光合能力，花生成果率，促进果实膨大增重，增加产量。

大豆　在大豆盛花期喷洒0.5mg/L的三十烷醇乳粉溶液，可使叶色增绿，提高光合作用和物质积累，增加结实率和百粒重，并提前几天成熟。

油菜　对生长旺盛的油菜，于盛花期用浓度为0.5mg/kg的三十烷醇药液喷洒叶片，有利于提高结实率和千粒重。对生长一般的植株，可在抽薹期增喷一次同样浓度的三十烷醇，可增加主花序长度，一般可增产10%～15%。三十烷醇乳粉效果更好。对缺硼严重的地块，则可喷洒硼砂和三十烷醇的混合液。

用0.05mg/kg的三十烷醇对甘蓝型油菜品种“上海23”浸种5h，可明显提高种子萌发率，提高种子脂肪酶活性，增加子叶期的主根长度以及皮层和木质部的宽度，也增加了导管的数量，有利于向地上部输送更多的水分和养分，从而促进地上部的生长，为培育早苗和壮苗奠定了基础。

青菜、大白菜、萝卜　在生长期，用0.5～1.0mg/L的药液叶面喷洒，可增产。

番茄　番茄应用三十烷醇可促进植株的根、茎、叶生长，使鲜重和干重迅速增加，提高果实中维生素的含量，一般每100g番茄果实中可以增加维生素C的含量34.52mg。三十烷醇喷施番茄的最适浓度为0.5mg/kg，用药量为50L/亩，整个生长期喷施2～3次，喷施时可加入磷酸二氢钾或尿素等混合喷施，增产效果更为显著。

蘑菇　于菌丝体初期，用1～20mg/L的药液喷洒，可增产。

双孢菇　于菌丝体初期，用0.1～10mg/L的药液喷洒，可增产。

香菇　用0.5mg/L的药液喷洒喷淋接菌后的板块培养基，可增产。

甘蔗　在甘蔗伸长期，用0.5mg/L的药液叶面喷洒，可增加含糖量。

烟草　在团棵期至生长盛期，用0.1%微乳剂1670～2500倍液喷2～3次，可增产。

麻类、红麻　在播种后6～8个月时，用1mg/L的药液喷洒，可增加纤维产量。

茶树　在鱼叶初展期，亩用0.1%微乳剂25～50mL，对水50kg喷雾，每个茶季喷2次，间隔15d，如加0.5%尿素，可增加效果。

柑橘　苗木用0.1%可溶性溶液3300倍喷雾，能促进生长。在初花期至壮果期喷1500～2000倍液药剂，有增产作用。

（3）浸苗

海带、紫菜养殖　在海带幼苗出苗时，用1.4%三十烷醇乳粉7000倍液浸苗2h或用2.8万倍稀释液浸苗12h后放入海区养殖，可明显促进幼龄期海带的生长，有利于早分苗和分大苗，提早成熟，增加产量。紫菜育苗方法同海带，可促进丝状体生长，增加壳孢子的释放量，提高出苗率，促进幼苗生长。

注意事项

（1）应选用结晶纯化不含其他高烷醇杂质的制剂，否则防治效果不稳定。

（2）要严格控制使用浓度和施药量，以免产生药害。浸种浓度过高会抑制种子发芽，配制时要充分搅拌均匀。一般0.1%乳液可稀释1000～2000倍为宜。

（3）三十烷醇乳剂使用时如有沉淀，可反复摇动瓶中药液，或者置于50～70℃热水中溶解，或加乙醇助溶剂后再使用，否则无效果。

（4）本品不得与酸性物质混合，以免分解失效。

（5）使用三十烷醇适宜温度为20～25℃，应选择在晴天下午施药，在高温、低温、雨天、大风等不良天气情况下不宜施药。如果喷药后6h降雨，需重喷1次药。

（6）三十烷醇可与尿素、磷酸二氢钾、微量元素如锌、硼、钼等混用，可获得更佳效果。

（7）本品应保存在阴凉干燥处，不宜受冻，药剂提倡当年生产当年使用。

缩水甘油酸（OCA）

（环氧乙烷基—CO_2H 结构式）

$C_3H_4O_3$，88.1，503-11-7

理化性质 纯品为结晶体，熔点36～38℃，沸点55～60℃（66.7Pa）。有吸湿性。溶于水和乙醇。

作用特点 可由植物吸收，抑制羟乙酰氧化酶的活性，从而抑制植物呼吸系统。

适宜作物 烟草，大豆。

应用技术

烟草 在烟草生长期，用100～200mg/L整株喷洒，可增加烟草的产量。

大豆 在大豆结荚期，100～200mg/L整株喷洒，可增加大豆的产量。

托买康（tomacon）

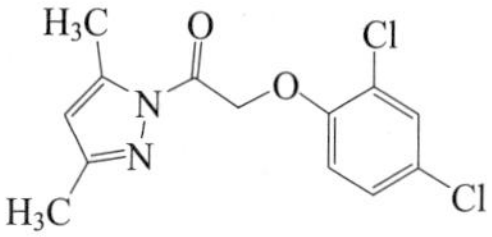

$C_{13}H_{12}Cl_2N_2O_2$，299.2，13241-78-6

化学名称　1-(2,4-二氯苯氧乙酰基)-3，5-二甲基吡唑

其他名称　TG-427，促果肥

毒性　小鼠急性经口 LD_{50} 为 1130mg/kg。

作用特点　托买康能提高果实坐果率，促进果实成熟，促进作物生根和防除杂草。

烟酰胺（nicotinamide）

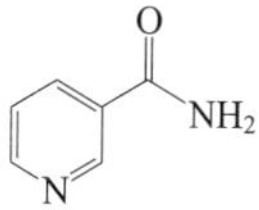

$C_6H_6N_2O$，122.1，98-92-0

化学名称　吡啶-3-甲酰胺

其他名称　Vitamin B_3，维生素 B_3，VB_3，维生素 PP，VPP，尼克酰胺，烟碱酰胺，3-吡啶甲酰胺

理化性质　白色粉状或针状结晶体，无臭或几乎无臭，微有苦味，熔点 129～131℃。在室温下，水中溶解度为 100%，也溶于乙醇和甘油，但不溶于乙醚，在碳酸钠试液或氢氧化钠试液中易溶。

毒性　本品对人和动物安全。急性经口 LD_{50}：大鼠 3500mg/kg，小鼠 2900mg/kg。大鼠急性经皮 LD_{50}：1700mg/kg。

作用特点　烟酰胺广泛存在于酵母、稻麸和动物肝脏内。可经由植物的根、茎、叶吸收。提高植物体内辅酶Ⅰ活性，促进生长和根的形成。

适宜作物　棉花等。

应用技术

促进移栽植物生根　移栽前，每 5kg 土混 5～10g 烟酰胺可促进根的形成，提高移栽苗成活率。

棉花　用0.001%～0.01%药液处理，可促进低温下棉花的生长。

注意事项

（1）低剂量下促进植物生长，但高剂量时抑制植物生长。不同作物的施用剂量不同，应用前应做试验，以确定适宜的剂量。

（2）作为生根剂时，最好和其他生根剂混用。

吲哚乙酸（indol-3-ylacetic acid）

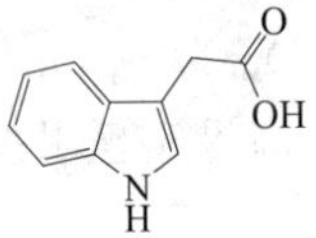

$C_{10}H_9NO_2$，175.19，87-51-4

化学名称　3-吲哚乙酸

其他名称　生长素，异生长素，茁壮素，IAA

理化性质　纯品无色叶状结晶或结晶性粉末，见光速变为玫瑰色，熔点168～169℃。易溶于无水乙醇、醋酸乙酯、二氯乙烷，可溶于乙醚和丙酮。不溶于苯、甲苯、汽油及氯仿。微溶于水，20℃水中的溶解度为1.5g/L，其水溶液能被紫外线分解，但对可见光稳定。在酸性介质中很不稳定，在无机酸的作用下迅速胶化，水溶液不稳定，其钠盐、钾盐比游离酸本身稳定。易脱羧成3-甲基吲哚（粪臭素）。

毒性　对动物毒性较低，小鼠急性经皮LD_{50}为1000mg/kg，腹腔内注射LD_{50}为150mg/kg；鲤鱼LC_{50}(48h)>40mg/kg；对蜜蜂无毒。

作用特点　吲哚乙酸属植物生长促进剂，最初曾称为异植物生长素。生理作用广泛，具有维持顶端优势、诱导同化物质向库（产品）中运输、促进坐果、促进植物插条生根、促进种子萌发、促进果实成熟及形成无籽果实等作用，还具有促进嫁接接口愈合的作用。主要作用是促进细胞产生与伸长，也能使茎、下胚轴、胚芽鞘伸长，促进雌花的分化，但植株内由于吲哚乙酸氧化酶的作用，使脂肪酸侧链氧化脱羧而降解。试验证明，在生长素与细胞分裂素的共同作用下，才能完成细胞分裂过程。吲哚乙酸被植物吸收后，只能从顶部自上而下输送。生长素类物质具有低浓度促进，高浓度抑制的特性，其效应往往与植物体内的内源生长素的含量有关。如当果实成熟时，内源生长素含量较低，外施生长素可延缓果柄离层形成，防止果实脱落，延长挂果时间。而果实正在生长时，内源生长素含量较高，外施生长素可诱导植物体内乙烯的合成，促进离层形成，有疏花疏果的作用。在植物组织培养中使用，可诱导愈伤组织扩大和生根。

剂型 98.5%原粉，可湿性粉剂。

适宜作物 可用于促进水稻、花生、棉花、茄子和油桐种子萌发，李树、苹果树、柞树、松树、葡萄、桑树、杨树、水杉、亚洲扁担秆、绣线菊、马铃薯、甘薯、中华猕猴桃、西洋常春藤等插条生根。促进马铃薯、玉米、青稞、蚕豆、斑鸠菊、麦角菌、甜菜、萝卜和其他豆类的生长，提高产量。控制水稻、西瓜、番茄和应用纤维的大麻性别，促使单性结实。

应用技术

(1) 促进种子萌发

水稻 种子在播种前以10mg/kg吲哚乙酸钠盐和乙二胺四乙酸二钠盐溶液处理，可促进出苗和生根。但浓度为50mg/kg时会抑制生长。

花生 以10～25mg/kg吲哚乙酸水溶液浸泡花生种子12h，可促进种子萌发和提高花生产量。低浓度（10mg/kg）效果更好，而高浓度（25mg/kg）可略微提高花生中的油和粗蛋白质含量，并降低糖类的含量。

棉花 在播种前，以0.5～2.5mg/kg吲哚乙酸溶液浸泡种子3～12h，能促进根的生长。

茄子 以1mg/kg吲哚乙酸溶液浸泡茄子种子5h，可促进萌发，但会增加畸形幼苗的数量。

马铃薯 插条生根后移植于培养基中，诱导其在高糖分的培养基中生长块根，吲哚乙酸可促进块根形成；在低糖分培养基中，由于不能供应充分的糖类，则不起作用。

油桐 在种子播种前先用水浸泡12h，再用50～500mg/kg吲哚乙酸溶液浸泡12h，可促进萌发。将湿种子在低温0～10℃下放置15min，可增加萌发速度和萌发率，但在15℃下则有抑制作用。

甜菜　处理甜菜种子，可促进发芽，增加块根产量和含糖量。

(2) 促进作物生长，提高产量

马铃薯　在种植前用50mg/kg吲哚乙酸溶液浸泡种薯12h，可增加种薯吸水量，增强呼吸作用，增加种薯出苗数、植株总重和叶面积，有利于增加产量。在生长早期用50mg/kg吲哚乙酸溶液，也可加磷酸二氢钾（10g/L）喷洒马铃薯，可促进植株生长，提高叶片中过氧化氢酶活性，增加光合作用强度及叶片和块茎中维生素C与淀粉的含量。但只有在早期喷洒才有增产效果。

玉米　种子以10mg/kg吲哚乙酸溶液浸泡，可增产15.6%；以10mg/kg的吲哚乙酸和赤霉素混合液浸泡，增产效果更明显。

青稞（裸麦）种子　种子以80mg/kg吲哚乙酸水溶液处理5h，可增加植株分蘖数和叶面积总量，春化作用延长5d，提高抗寒性，使之生长良好，产量明显增加。

甜菜 植株5叶期用20mg/kg的吲哚乙酸溶液喷洒1次，15d后再喷1次。第二次喷洒时，每公顷施入过磷酸钙25kg，能增强光合作用和呼吸强度及磷酸酶的活性，提高植株抗旱能力，增加甜菜含糖量和产量。

萝卜　以30～90mg/kg该溶液处理萝卜种子或幼苗，可促进生长，增加内源激素。

斑鸠菊　在植株开花前用75mg/kg吲哚乙酸溶液喷洒，可显著促进植株的营养生长和生殖生长，明显增加种子产量。

麦角菌　在麦角菌培养液中加入1mg/kg吲哚乙酸，可使其生物碱增加0.2～6倍；加入5mg/kg时生物碱产量增加更多。

蚕豆　用10～100mg/kg的吲哚乙酸溶液浸泡种子24h，可增加果荚数和种子重量，增加种子多糖含量，如浸种时间超过48h，则效果变差。

其他豆类　种子在播种前，以50mg/kg的吲哚乙酸溶液浸泡，或在盛花期喷洒，可增加根瘤的数量、体积、干重和植株中的总氮量。

(3) 促进插条生根

李树、苹果树、柞树、松树等　用20～150mg/kg吲哚乙酸钾盐水溶液处理插条，能促进生根。品种不同使用浓度有差异。

葡萄　以0.01mg/kg吲哚乙酸溶液处理葡萄插条，可促进生根、增加果实产量。冬季葡萄插条在顶端用该试剂处理，可诱导基部生根，但处理基部则不生根。

桑树　以100mg/kg吲哚乙酸溶液处理桑树插条，生根率达98%。

杨树　插条在种植前浸于150mg/kg或2500mg/kg吲哚乙酸溶液中24h，能促进生根，并增加幼苗生长速度。

水杉　用100～1000mg/kg吲哚乙酸钾盐水溶液浸泡插条，可促进根和芽的形成。

亚洲扁担秆　亚洲扁担秆用一般扦插法繁殖不易成活，在压枝时应用1000mg/kg吲哚乙酸溶液处理，有良好的生根效果。

绣线菊　插条经300mg/kg吲哚乙酸溶液处理，对于根的形成有良好的效果。生根难度小一些的插条，用200mg/kg吲哚乙酸溶液处理即可。

(4) 控制性别和促使单性结实

水稻　用200mg/kg吲哚乙酸溶液处理日本水稻品种赤穗，可促使雌性发育、雄性隐退，降低雄蕊数目，使部分雄蕊转变为雌蕊和多子房雌蕊。

西瓜　用100mg/kg吲哚乙酸溶液处理西瓜花芽，隔日一次，可诱导雌花发生。

大麻　用100mg/kg吲哚乙酸溶液处理后，能促进雄性特征出现。

番茄　盛花期用10mg/kg吲哚乙酸溶液浸蘸花簇，可诱导单性结实，增加坐果，产生无籽果实。

注意事项

(1) 吲哚乙酸在植物体内易分解，降低应有的效能，可在IAA溶液中加入儿茶酚、邻苯二酚、咖啡酸、槲皮酮等多元酚类，可以抑制植物体内吲哚乙酸氧化酶的活性，减少对其降解。

(2) 吲哚乙酸见光易分解，不稳定，易溶于无水乙醇、丙酮、乙酸乙酯、二氯乙烷等有机溶剂，不溶于水。其钠盐、钾盐比较稳定，因而配制溶液时应先用少量碱液（如 1 mol/L NaOH 或 KOH）溶解，形成钠盐或钾盐。再加水稀释到使用浓度。吲哚乙酸也可以配成 1000mg/L 母液放于 4℃冰箱中备用，使用时按比例稀释到所需浓度，避光保存。也可以将吲哚乙酸结晶溶于 95%乙醇中，到全溶为止，即配成约 20%乙醇溶液，然后将乙醇溶液徐徐倒入一定量水中再定容，切忌将水倒入乙醇溶液中。如出现沉淀，则要重配。配制成溶液后遇光或加热易分解，应注意避光保存。

吲哚丁酸（indole butyric acid）

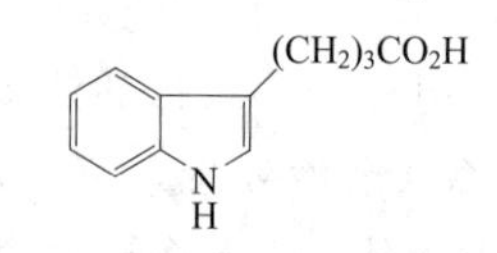

$C_{12}H_{13}NO_2$，203.23，133-32-4

化学名称 吲哚-3-丁酸，4-(吲哚-3-基) 丁酸

其他名称 IBA，Hormodin，Seradix，Chryzopon，Rootone F

理化性质 纯品吲哚丁酸为白色或微黄色晶粉，稍有异臭，熔点 124～125℃。溶于丙酮、乙醚和乙醇等有机溶剂，难溶于水。20℃水中溶解度为 0.25mg/kg，苯>1000mg/kg，丙酮、乙醇、乙醚 30～100mg/kg，氯仿为 10～100mg/kg。对酸稳定，在碱中成盐。工业品为白色、粉红色或淡黄色结晶，熔点 121～124℃。在光照下会慢慢分解，在暗中贮存分子结构稳定。

毒性 小白鼠急性经口 LD_{50} 为 1000mg/kg，急性经皮为 1760mg/kg；大鼠急性经口 LD_{50} 为 5000mg/kg。小鼠腹腔内注射 LD_{50} 为 150mg/kg。鲤鱼耐药中浓度为 180mg/L。按照规定剂量使用，对蜜蜂无毒，对鱼类低毒，对人、畜低毒。在土中迅速降解。

作用特点 吲哚丁酸是 1935 年发现合成的生长素，作用机制与吲哚乙酸相似。具有生长素活性，植物吸收后不易在体内输送，往往停留在处理的部位，因此主要用于插条生根。对植物插条具有诱导根原体的形成，促进细胞分裂，有利于新根生长和维管束系统的分化，促进插条不定根的形成，促进植株发根的效果大于吲哚乙酸。吲哚丁酸能诱导插条生出细而疏、分叉多的根系。而萘乙酸能诱导出粗大、肉质的多分枝根系。因此，吲哚丁酸与萘乙酸混合使用，生根效果更好。

吲哚乙酸容易被植物内的吲哚乙酸氧化酶所分解，同时也容易被强光破坏，而吲哚丁酸不易被氧化酶分解。与萘乙酸相比，萘乙酸浓度稍高容易伤害枝条，而吲哚丁酸较安全。与2,4-D等苯氧化合物相比，2,4-D这类化合物在植物体内容易传导，促进某些品种生根的浓度，往往会抑制枝条生长，浓度稍高还会造成对枝条的伤害，而吲哚丁酸不易传导，仅停留在处理部位，因此使用较安全。

很多果树、林木、花卉等插条，用吲哚丁酸处理，能有效地促进处理部位形成层细胞分裂而长出根系，从而提高扦插成活率。

适宜作物 可用于大田作物、蔬菜、果树、林木、花卉等。主要用于木本植物插条促使生根。

剂型 原粉，1%、3%、4%、5%、6%吲哚丁酸粉剂或可湿性粉剂。商品Rootone系吲哚丁酸与萘乙酸和萘乙酰胺的复配剂型。

应用技术

常用于木本和草本植物的浸根移栽，硬枝扦插，能加速根的生长，提高植物生根百分率，也可用于植物种子浸种和拌种，提高发芽率和成活率。移栽浸根时，草本植物使用浓度为10～20mg/L，木本植物50mg/L；扦插时浸渍浓度为50～100mg/L；浸种、拌种浓度为木本植物100mg/L、草本植物10～20mg/L。

（1）浸渍法：易生根的植物种类使用较低的浓度，不易生根的植物种类使用浓度略高。一般用50～200mg/L浸渍插条基部8～24h。浓度较高时，浸泡时间短。

快浸法：浓度为500～1000mg/L时，浸泡时间为5～7s。

（2）蘸粉法：将适量的本品用适量的乙醇溶液溶解，再将滑石粉或黏土泡在药液中，酒精挥发后得到粉剂，药量为0.1%～

0.3%。然后润湿插条基部，再蘸粉或喷粉。

苹果、梨树、李　用20～150mg/kg吲哚丁酸钾盐水溶液处理梨、李和苹果的插条，都有一定的促进生根的效果。用2500～5000mg/kg吲哚丁酸50%乙醇溶液快蘸李树硬材插条，促进生根。用8000mg/kg吲哚丁酸粉剂蘸梨树插条，能促进生根。

苹果、梨嫁接前，将接穗在200～400mg/kg吲哚丁酸钠盐溶液中速蘸一下，可提高成活率，但对芽的生长有抑制效应，且浓度越高，抑制效应越大，可以促进其加粗生长。

柑橘　四季抽、香橙、枳橙等　先剪取向阳处呈绿色、芽眼饱满的未完全木质化的枝条，上端用蜡封住切口，防止水分蒸发，下端削成斜面，浸于0.01%～0.02%吲哚丁酸水溶液中12～24h，或用0.5%吲哚丁酸液浸10s，待乙醇挥发后置于无阳光直射处扦插，并加强苗床管理，做到干湿适宜。

猕猴桃　硬枝插条，在2月底至3月中旬，选择长10～15cm、直径0.4～0.8cm的一年生中、下段做插条，插条的上端用蜡封口，下端基部浸蘸药液。将硬枝插条基部在0.5%吲哚丁酸溶液中浸蘸3～5s，再在经消毒处理的沙土苗床中培育。苗床土壤温度控制在19～20℃，相对湿度95%左右。绿枝插条，选择中、下部当年生半木质化嫩枝，留1～2片叶、用0.02%～0.05%吲哚丁酸浸渍3h再扦插入沙土苗床中。苗床温度可控制在25℃左右。

葡萄　选择葡萄优良品种，剪取一年生充分成熟、生长健壮、芽眼饱满的无病虫枝条，葡萄硬枝基端用0.005%吲哚丁酸液浸8h，葡萄绿枝基端用0.1%吲哚丁酸液浸5s，待枝条吸收药液后埋在潮湿的沙土中。处理时要注意控制浓度和浸泡时间，沙土要保持干湿适宜，防止过干过湿影响促根。

山楂　选用品质优良、大小适中、生长健壮未展幼芽的无病山楂插条，用0.005%吲哚丁酸溶液浸泡插条基部3h，浸后埋于湿度适中的土壤中促根。

桃树　20～100mg/kg吲哚丁酸溶液浸泡桃树插条24h，然后用自来水洗去插条上的药液，置于沙床中培育，保持pH 7.5，放在阴凉处，促生根，效果较萘乙酸好，其中以40～60mg/kg效果最好。用于软材插条比硬材插条好。桃树嫁接后，用 50～100mg/kg 吲哚丁酸溶液处理 12～14h，可促使接口愈合。

枣树　在 10～20kg 的水中加入 1g 萘乙酸，在 1～2kg 水中加入 0.1g 吲哚丁酸，然后将萘乙酸和吲哚丁酸溶液按 9∶1 的比例混合。使用时将其倒入塑料盆中，水面超过根系 3～5cm，浸泡 6～8h。

石榴、月季　选取发育充实、芽眼饱满、无病虫害的 1～2 年生枝条，将其剪成 60～80cm 长，每 50 根一捆，沙藏后在上端距芽眼 1.5cm 处剪成马耳形，插条长 15～20cm，斜面搓齐朝下，用 50～200mg/L 吲哚丁酸钠药液浸泡 8～12h，浓度愈高，浸泡时间愈短。浸后扦插，可促进插条生根，增加根系数量，提高成活率，加快新梢的生长速度，苗木长势好。

桂花　剪取桂花的夏季新梢（新梢已停止生长，并有部分木质化），每根插条长 5～10cm，并留上部 2～3 片绿叶，将插条浸于 0.05%的吲哚丁酸溶液中 5min，晾干后插于遮阳苗床上。

红豆杉　以一年生、二年生的全部木质化的红豆杉枝条为插穗，长 10～15cm，有 1 个顶芽或短侧芽，上切口平，下切口斜，在 50～80mg/L 的吲哚丁酸钠药液中浸泡 12h，可明显促进根系发育。

满天星、杜鹃花、倒挂金钟、蔷薇、菊花　用 100mg/L 吲哚丁酸钠溶液浸泡 3h，或用 2000mg/L 吲哚丁酸钠溶液快蘸 20s，对满天星、杜鹃花、菊花插条有促进生根的作用。用 500～1000mg/L 吲哚丁酸钠溶处理倒挂金钟，促进生根效果明显。用 15～25mg/L 吲哚丁酸钠溶浸泡蔷薇插条，能促进生根。

林木　育苗或移栽时，用萘乙酸与吲哚丁酸处理，即在 10～20kg 的水中加入 1g 萘乙酸，在 1～2kg 的水中加入 0.1g 吲哚丁酸，然后将二者按 9∶1 的比例混合，施用时，将混合液倒入塑料盆中，水面超过根系 3～5cm，浸泡 6～8h。

油桐　种子播种前在水中浸泡 12h，然后再用吲哚丁酸溶液浸泡 12h，可促进萌发。种子在－10℃下处理 15min，可增加萌发速度和萌发率。

花生　播种前用吲哚丁酸溶液浸种12h，可促进开花并提高产量。

其他作物　用250mg/kg左右的吲哚丁酸溶液浸或喷花、果，可以促进番茄、辣椒、黄瓜、无花果、草莓、黑树莓、茄子等坐果或单性结实。

注意事项

（1）用吲哚丁酸处理插条时，不可使药液沾染叶片和心叶。

（2）本剂可与萘乙酸、2,4-D混用，并有增效作用。

（3）本剂应按不同作物严格控制使用浓度，0.06%吲哚丁酸药液对无花果有药害。

（4）吲哚丁酸见光易分解，产品须用黑色包装物，存放在阴凉干燥处。

（5）吲哚丁酸不溶于水，使用前先用乙醇溶解，然后加水稀释至需要浓度。

（6）高浓度吲哚丁酸乙醇溶液，用后必须密封，以免乙醇挥发。

吲熟酯（ethychlozate）

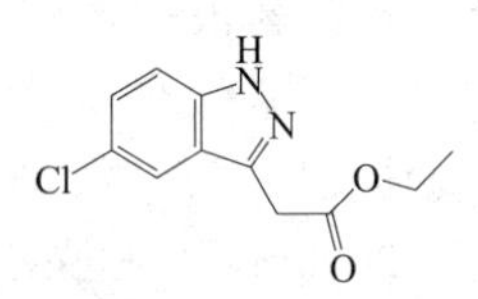

$C_{11}H_{11}N_2O_2Cl$，238.67，27512-72-7

化学名称　5-氯-1-氢-3-吲唑-3-基乙酸乙酯

其他名称　丰果乐，富果乐，Figaron，J-455，IZAA

理化性质　纯品为白色针状结晶，熔点75～77.6℃，分解点为250℃以上，难溶于水，易溶于甲醇、丙酮、乙醇等。在一般条件下贮藏较稳定，遇碱易分解。在植物体内易分解，在土壤中易被微生物分解。施用后3～4h遇雨，将降低应用效果。

毒性　极微。大白鼠经口LD_{50}为4800～5210mg/kg，小白鼠为1580～2740mg/kg。大鼠急性经皮LD_{50}＞10000mg/kg，对兔皮肤和眼睛无刺激作用。

作用特点 吲熟酯可经过植物的茎、叶吸收，然后输送到根部，在植物体内阻抑生长素运转，增进植物根系生理活性，促进生根，增加根系对水分和矿质元素的吸收，控制营养生长，促进生殖生长，使光合产物尽可能多的输送到果实部位；也可促进乙烯的释放，使幼果脱落，起到疏果作用；还可以改变果实成分，有增糖作用，改善果实品质。

适宜作物 主要用于苹果、梨、桃、菠萝，葡萄、菠萝、甘蔗增加含糖量和氨基酸含量。

剂型 95%粉剂、20%乳油。

应用技术

苹果、梨、桃 苹果花瓣脱落3周后，用50～200mg/kg吲熟酯溶液喷叶，可起到疏果作用。在未成熟果实开始落果前，用50～100mg/kg吲熟酯溶液喷洒，可防止果实脱落，也可防止梨和桃的采前落果。

柑橘 盛花期后2～3个月，正值6月份生理落果期，用100～300mg/kg吲熟酯溶液喷施叶面，可起到疏果的作用。有报道对温州蜜柑在其盛花期后35～50d，用100～200mg/kg吲熟酯溶液喷洒，疏果效果好，且不会产生落叶的副作用，为理想的疏果剂，并可增加柑橘果实中可溶性固形物，提高糖酸比，加速果实着色，改变氨基酸组成，明显减少浮皮。

菠萝、葡萄、甘蔗 菠萝收获前20～30d，喷施100～200mg/kg吲熟酯溶液，可促进果实成熟，提高固态糖含量。对葡萄和甘蔗也有增加固态糖的效果。

枇杷 用75mg/L的吲熟酯溶液于生长期喷施，可降低枇杷酸度，提高糖酸比和维生素C含量，改善果实品质。

西瓜 在幼瓜0.25～0.5kg时，施药浓度为50～100mg/L，喷后瓜蔓受到抑制，早熟7d，糖度增加10%～20%，且果肉中心糖与边糖的梯度较小，同时亩产增加10%。

甜瓜 厚皮甜瓜在受精后20d和25d，以1%的吲熟酯1000～1300倍液喷洒坐果以上部位的茎叶，可促进果实生长速度，加快果实的膨大。

注意事项

（1）吲熟酯遇碱会分解，在用药前1周和用药后1～2d内，避免施用碱性农药。

（2）宜在生长健壮的成年树上使用，弱树不宜使用。连续多年使用有减弱树势的趋势。

（3）作为柑橘疏果剂使用，适宜的最高气温为20～30℃，高于30℃会造成落果过多，低于20℃疏果效果不佳。用药后即使遇雨也不要补喷，否则会脱落过多。

（4）本品最佳施药时期为果实膨大期。

（5）施用该药品的次数以1～2次/年为宜，间隔期为15d。

芸薹素内酯（brassinolide）

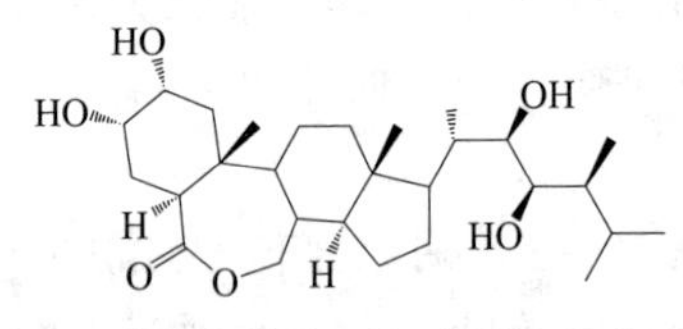

$C_{28}H_{48}O_6$，480.68，72962-43-7

化学名称　(22*R*，23*R*，24*R*)-2*α*，3*α*，22，23-四羟基-*β*-均相-7-氧杂-5*α*-麦角甾烷-6-酮

其他名称　油菜素内酯，油菜素甾醇，BR，农乐利，芸天力，果宝，益丰素，天丰素

理化性质　外观为白色结晶粉，熔点256～258℃，水中溶解度为5mg/L，易溶于甲醇、乙醇、四氢呋喃、丙酮等多种有机溶剂。

毒性　按我国农药毒性分级标准，芸薹素内酯属低毒植物生长调节剂。原药大白鼠急性经口LD_{50}＞2000mg/kg，急性经皮LD_{50}＞2000mg/kg。Ames试验没有致突变作用。对鱼类低毒。

作用特点　芸薹素内酯是甾体化合物中生物活性较高的一种，广泛存在于植物体内。芸薹素内酯的处理浓度极低，一般在10^{-5}～10^{-1}mg/L就可起到作用。它能促进作物生长，增加营养体收获量；提高坐果率，促进果实肥大，增加千粒重；提高作物的耐寒性，减轻药害，增加抗病性。具有增强植物营养生长、促进细胞分裂和生殖生长的作用。由于人工合成的24-表芸薹素内酯活性较高，可经由植物的根、茎、叶吸收，然后传导到起作用的部位，因此目前农业生产上使用的是24-表芸薹素内酯。

适宜作物 芸薹素内酯是一种高效、广谱、安全的多用途植物生长调节剂。可用于水稻、玉米、小麦、黄瓜、番茄、青椒、菜豆、马铃薯、果树等多种作物。

剂型 0.1%可溶性粉剂，0.01%可溶性液剂，0.01%乳油，0.0016%～0.04%水剂等。混剂产品有30%芸薹素内酯·乙烯利水剂，0.4%芸薹素内酯·赤霉素水剂，0.751%芸薹素内酯·烯效唑水剂，0.136%赤霉素·吲哚乙酸·芸薹素内酯可湿性粉剂和22.5%芸薹素内酯·甲哌鎓水剂等。

应用技术

小麦 以0.05～0.5mg/L浸种24h，促进根系发育，增加株高；以0.05～0.5mg/L分蘖期叶面喷施，促进分蘖；以0.01～0.05mg/L于开花、孕穗期喷叶，提高弱势花结实率、穗粒数、穗重、千粒重，同时增加叶片叶绿素含量，从而增加产量。

玉米 玉米穗顶端籽粒败育是影响产量提高的一个重要因素。以0.01mg/L的芸薹素内酯药液在玉米吐丝期进行全株喷雾或喷花丝，能明显减少玉米穗顶端籽粒的败育率，可增产20%左右，在抽雄前处理的效果优于吐丝后施药。处理后的玉米叶片变厚，叶重和叶绿素含量增高，光合作用增强，果穗顶端籽粒的活性增强。另外，吐丝后处理也有增加千粒重的效果。芸薹素内酯与乙烯利混剂在抽穗前3～5d（大喇叭口期）叶面喷施，能够调节玉米的营养生长，提高其抗倒伏能力。

水稻 水稻分蘖后期至幼穗形成期到开花期叶面喷施有效浓度0.01mg/L的芸薹素内酯药液，可增加穗重、每穗粒数、千粒重，若开花期遇低温，提高结实率更明显。

棉花 用有效浓度0.02mg/L的芸薹素内酯药液浸种，可促使种子早发芽，棉苗长势好；用有效浓度0.01mg/L的芸薹素内酯药液在苗期或开花前喷施，可使棉株粗壮，结蕾多，棉铃大，可提前

10～15d采收。

花生　在苗期使用有效成分含量为0.5～1.0mg/L的芸薹素内酯处理茎叶，对花生幼苗生长发育有一定的促进作用，能使花生单株果针数增加20%以上。在花生生长始花期开始下针时，使用0.02～0.04mg/L叶面喷施，能使花生生长稳健，单株总果数增加，百果重和百仁重增加，增产效果好，提高花生对低温的抵抗力。

大豆　在大豆生育期多次喷施0.04mg/L芸薹素内酯，能增加大豆有效荚数及百粒重，提高产量。能增加株高和主茎节数，提高产量10%以上，但略降低蛋白质和脂肪含量，对大豆种子发芽率基本无影响。

烟草　芸薹素内酯处理烟草可促进烟草植株生长发育，扩大单株叶面积，促进光合作用和物质运输分配。改善烟叶化学成分，烟碱含量可增加39.4～76.7%，提高上等烟比例。烟草团棵期后，下午高温过后又有一点光照时，用0.01mg/L的芸薹素内酯，每亩50～75kg药液，喷洒叶背面效果较好。

番茄　以0.01mg/L的芸薹素内酯于果实膨大期叶面喷施，每亩用药25～30kg，可明显增加果实的重量。还可抑制猝倒病和后期的炭疽病、疫病、病毒病的发生。

茄子　以0.1mg/L浸低于17℃开花的茄子花，能促进正常结果。

黄瓜　用有效浓度0.05mg/L的芸薹素内酯药液浸种，然后播种，可提高发芽势和发芽率，增强植株抗寒性；或在苗期或大田期，用0.01～0.05mg/L的芸薹素内酯水溶液进行叶面喷雾，每亩喷药液25～50kg，第1次喷药后7～10d再喷第2次，共喷2～3次，可使第一雌花节位下降，花期提前，坐果率增加，产量增加，品质改善，增加蛋白质、氨基酸、维生素C等含量。

芹菜　在芹菜立心期，用0.001mg/L的芸薹素内酯药液叶面喷雾，可使植株增高、增重，叶绿素含量提高，叶色浓绿，富有光泽。如果在收获前10d再喷施1次，可提高生理活性，增加抗逆力，适合运输贮藏。

油菜　在油菜幼苗期，喷施0.01～0.02mg/L的芸薹素内酯，能促进下胚轴伸长，促进根系生长，提高单株鲜重、氨基酸、可溶性糖和叶绿素含量。

甘蔗　在甘蔗分蘖期和抽节期，用0.01～0.04mg/L的芸薹素内酯溶液叶面喷雾，可增加甘蔗含糖量。

果树　用0.01mg/L的芸薹素内酯药液，在苹果、葡萄、杨梅、桃、梨等果树的初花期和膨果期喷施2次，可提高坐果率，果大形美，口感好。

茶树　上一季节茶叶采收后，用0.08mg/L的芸薹素内酯叶面喷施1次，在茶叶抽新梢时喷第2次，抽梢后喷第3次，能调节茶叶生长，增加产量，增长芽梢，同时降低茶叶的粗纤维含量，提高茶多酚含量。

观赏植物　月季花、康乃馨、茶花、兰花、黄杨、苏铁、仙人掌、银杏、水仙、茉莉花、菊花等用0.005～0.01mg/L的芸薹素内酯药液喷叶面，植株生长旺盛，叶色鲜嫩亮丽，花朵增大，花期延长。

注意事项

（1）贮存在阴凉干燥处，远离食物、饲料、人畜等。操作时避免溅到皮肤和眼中，操作后用肥皂和清水洗手、脸后再用餐。

（2）芸薹素内酯活性较高，使用时要正确配制浓度，防止浓度过高引起药害。

（3）芸薹素内酯不能与碱性农药混用，以免分解失效。

（4）施用本剂后要加强肥水管理，充分发挥作物增产效果。

（5）施用芸薹素内酯时，应按水量的0.01%加入表面活性剂，以便药物进入植物体内。

增产胺（DCPTA）

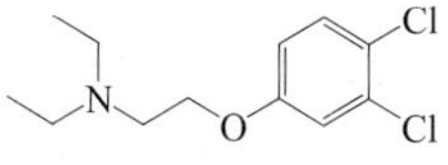

$C_{12}H_{17}C_{12}NO$，262.18，65202-07-5

化学名称　2-(3，4-二氯苯氧基)-乙基-二乙胺，2-(3，4-二氯

苯氧基）三乙胺

其他名称 SC-0046

理化性质 纯品为液体，有芳香味，难溶于水，可溶于乙醇、甲醇等有机溶剂，常温下稳定。

毒性 低毒。

作用特点 DCPTA是至今为止所发现的植物生长调节剂中第一个直接作用于植物细胞核、通过影响某些植物的基因、修补残缺的基因来改善作物品质的物质，DCPTA能显著增加作物产量，显著提高光合作用，增加对二氧化碳的吸收、利用，增加蛋白质、脂类等物质的积累贮存，促进细胞分裂和生长，增加某些合成酶的活性等效果。

增加光合作用，DCPTA能显著地增加绿色植物的光合作用，使用后叶片明显变绿、变厚、变大。棉花试验表明，用21.5mg/L的DCPTA喷施，可增加CO_2的吸收21%，增加干茎重量69%，棉株增高36%，茎直径增加27%，棉花提前开花，蕾铃增多。

阻止叶绿素分解，DCPTA具有阻止叶绿素分解、保绿保鲜、防止早衰的功能。经甜菜、大豆、花生的田间试验证明，DCPTA能防止老叶叶片褪绿，使其仍具有光合作用功能，防止植物早衰。经花卉离体培养试验，DCPTA可使叶片保绿，防止花、叶衰败。所以，DCPTA具有很好的防早衰的推广前途。

改善品质，DCPTA可以增加豆类作物中蛋白质、脂类等物质的积累，可以增加有色果类着色，增加水果、蔬菜的维生素、氨基酸等营养物质含量，增加瓜类、水果的香味，改善口感，提高产品的商品价值。

增强抗逆性，DCPTA可增加作物的抗旱、抗冻、抗盐碱、抗贫瘠、抗干热、抗病虫的能力。在天气恶劣有变化时不减产。

适宜作物 水稻、小麦、玉米等粮食作物；大豆、荷兰豆、豆角、豌豆等豆类作物；大白菜、芹菜、菠菜、生菜、芥菜、空心菜、甘蓝等叶菜类；萝卜、甜菜、马铃薯、甘薯、洋葱、大蒜、芋、人参、西洋参、党参等块根块茎类作物；韭菜、大葱、洋葱、大蒜等葱蒜类；荔枝、龙眼、柑橘、苹果、梨、葡萄、桃、李、枇杷、杏等果树。

应用技术

(1) 促进块根块茎生长，增加产量

萝卜、甜菜、马铃薯、甘薯、洋葱、大蒜、芋、人参、西洋参、党参等块根块茎类作物　在成苗期、根茎形成期、膨大期整株均匀喷施 20～30mg/L 的 DCPTA 药液 3 次，可大幅度膨大果实，改善品质，增加产量。

甜菜　喷施 30mg/L DCPTA，能促进生长发育，增强甜菜对褐斑病的抗性，同时能显著提高甜菜的含糖量和产糖量。

(2) 促进营养生长

大白菜、芹菜、菠菜、生菜、芥菜、空心菜、甘蓝等叶菜类　在成苗期、生长期整株均匀喷施 20～30mg/L 的 DCPTA 药液，可促使壮苗，提高植株抗逆性，促进营养生长，使其长势快，叶片增多，叶片宽、大、厚、绿，茎粗、嫩，达到提前采收的效果。

韭菜、大葱、洋葱、大蒜等葱蒜类　在营养生长期整株均匀喷施 20～30mg/L 的 DCPTA 药液，间隔 10d 以上喷施 1 次，共 2～3 次，可达到促进营养生长、提高抗性的效果。

(3) 膨果拉长

大豆、荷兰豆、豆角、豌豆等豆类作物　在 4 片真叶以后、始花期、结荚期整株均匀喷施 30～40mg/L 的 DCPTA 药液，不仅可以大幅度提高豆类的产量，还可改善豆类的质量。使大豆的主要营养成分（蛋白质和脂肪）含量提高。

番茄、茄子、辣椒、马铃薯、山药等蔬菜　在 4 片真叶期、初花期、花期、坐果期、膨果期整株均匀喷施 20～30mg/L 的 DCPTA 药液，对黄瓜、苦瓜、辣椒等膨果拉长，对瓜类增产提高商品价值，对番茄增色膨果，平均增产 31%。

荔枝、龙眼、柑橘、苹果、梨、葡萄、桃、李、枇杷、杏等果树　在始花期、幼果期、膨果期整株均匀喷施 20～30mg/L 的 DCPTA 药液，可保花保果，有效促进幼果膨大，使果实大小均匀，味甜着色好。

西瓜、甜瓜、哈密瓜等瓜类　在坐果期、膨果期整株均匀喷施 20～30mg/L 的 DCPTA 药液，可有效提高坐果率，增加单瓜重，增加含糖量从而增加甜味，并提前成熟。

香蕉　在花蕾期、果实成长期整株均匀喷施30～40mg/L的DCPTA药液，可以实现膨果拉长，增加维生素、氨基酸等营养物质含量，改善口感，提高产品的商品性。

花生　在始花期、下针期、结荚期整株均匀喷施30～40mg/L的DCPTA药液，可提高结荚数，膨果增产。

(4) 壮苗、壮秆、增强抗逆性

水稻、小麦、玉米等粮食作物　在四叶期、拔节期、抽穗扬花期、灌浆期整株均匀喷施20～30mg/L的DCPTA药液，可促使壮苗，灌浆充分，提高营养成分含量，增加千粒重，同时增强植株的抗虫性、抗寒性和抗倒性。

玉米　在播种前用1mg/L的DCPTA药液浸泡7h，可促使苗壮苗齐。

草坪　在生长期均匀喷施10～20mg/L的DCPTA药液，可促使草坪苗壮浓绿。

(5) 着色，提高品质，增强果香，改善口感

荔枝、龙眼、柑橘、苹果、梨、葡萄、桃、李、枇杷、杏等果树　在始花期、幼果期、膨果期整株均匀喷施20～30mg/L的DCPTA药液，可增加有色果类着色，增加水果的维生素、氨基酸等营养物质含量，加强水果的香味，改善口感，提高产品的商品价值。

西瓜、甜瓜、哈密瓜等瓜类　在四片真叶期、初花期、花期、坐果期、膨果期整株均匀喷施20～30mg/L的DCPTA药液，可促进着色，增加含糖量从而增加甜味，改善口感，提高商品性。

草莓　在四片真叶以后、初花期、幼果期整株均匀喷施20～30mg/L的DCPTA药液，可使膨果增色，提高产量。

茶叶　在茶芽萌动期、采摘期整株均匀喷施20～30mg/L的DCPTA药液，可增加茶叶中维生素、茶多酚、氨基酸和芳香物质的含量，提高口感，提高商品性。

(6) 保花保果，提高坐果率

苹果、梨、柑橘、橙、荔枝、龙眼等果树　在始花期、坐果

后、膨果期整株均匀喷施 20～30mg/L 的 DCPTA 药液，可达到保花保果，坐果率提高，果实大小均匀，味甜着色好，早熟增产的效果。

番茄、茄子、辣椒等茄果类　在幼苗期、初花期、坐果后整株均匀喷施 20～30mg/L 的 DCPTA 药液，可达到增花保果，提高结实率，果实均匀光滑，品质提高，早熟增产的效果。

黄瓜、冬瓜、南瓜、丝瓜、苦瓜、西葫芦等瓜类　在幼苗期、初花期、坐果后整株均匀喷施 20～30mg/L 的 DCPTA 药液，可达到苗壮，抗病、抗寒，开花数增多，结果率提高，瓜形美观，色正，干物质增多，品质提高，早熟增产的效果。

西瓜、香瓜、哈密瓜、草毒等　在初花期、坐果后、果实膨大期整株均匀喷施 20～30mg/L 的 DCPTA 药液，可达到味好汁多，含糖量提高，增加单瓜重，提前采收，增产，抗逆性好的效果。

桃、李、梅、枣、樱桃、枇杷、葡萄、杏、山楂等　在始花期、坐果后、果实膨大期整株均匀喷施 20～30mg/L 的 DCPTA 药液，可达到提高坐果，果实生长快，大小均匀，百果重增加，酸度下降，含糖度增加，抗逆性好，提前采收，增产的效果。

香蕉　在花蕾期、断蕾期后整株均匀喷施 30～40mg/L 的 DCPTA 药液，可达到结实多，果簇均匀，增产早熟，品质好的效果。

棉花　在四片真叶以后、花蕾期、花铃期整株均匀喷施 20～40mg/L 的 DCPTA 药液，可增加叶片光合作用，从而使叶片和茎秆干重增加，提前开花，蕾铃数增加，防止落铃。

（7）抗早衰

花卉及观赏作物　在成苗后、初蕾期、花期整株均匀喷施10～20mg/L 的 DCPTA 药液，使叶片保绿保鲜，防止花叶衰败。

烟草　在定植后、团棵期、生长期整株均匀喷施 20～30mg/L 的 DCPTA 药液，可促使苗壮、叶绿，防早衰。

注意事项

（1）对敏感作物及新品种须先做试验，然后再推广使用。

（2）贮存于阴凉通风处，与食物、种子、饲料隔开。

（3）避免药液接触眼睛和皮肤。

增产灵（iodophenoxyacetic acid，IPA）

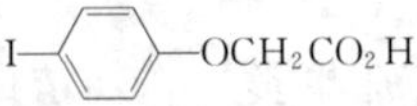

I—⟨苯环⟩—OCH_2CO_2H

$C_8H_7O_3I$，278.05，1878-94-0

化学名称　4-碘苯氧乙酸

其他名称　增产灵1号，保棉铃，肥猪灵，碘苯乙酸

理化性质　纯品白色针状或鳞片状结晶，略带刺激性碘臭味，熔点154～156℃。商品为橙黄色结晶。难溶于冷水，能溶于热水，易溶于醇、醚、丙酮、苯和氯仿等有机溶剂。遇碱金属离子易生成盐，性质稳定，可长期保存。

毒性　小白鼠急性经口LD_{50}为1872mg/kg。对鱼类安全。低毒，在使用浓度范围内，对人、畜安全。

作用特点　增产灵为内吸性植物生长调节剂，类似于吲哚乙酸。低浓度的增产灵能调节植物营养器官的营养物质运转到生殖器官，促进开花、结实，提高产量。有促进细胞分裂与分化、阻止离层形成等作用。能够刺激植物生长，增强光合能力，加快营养物质运输，提高根系活力，增加对养分的吸收。具有促进生长，防止落花落果，提早成熟和增加产量等效果。

适宜作物　用于棉花可防止蕾铃脱落，增加铃重；用于小麦、水稻、玉米、高粱、小米等禾谷类作物可减少秕谷，促使穗大、粒饱；用于花生、大豆、芝麻等油料作物，可防止落花、落荚；用于果树、蔬菜、瓜果，可促进生长，提高坐果率。

剂型　95%增产灵粉剂，0.1%增产灵乳油。一般加工成铵盐使用。

应用技术　增产灵可采用喷雾、点涂或浸种等方法使用。配制药液时先将原药用酒精或热水溶解，配成母液，再用冷水稀释至规定浓度。

棉花　将30～50mg/L增产灵药液加温至55℃，将棉籽浸泡8～16h，冷却后播种，可促进壮苗。棉花开花当天用20～30mg/kg药液滴涂在花冠内，或在幼铃上每间隔3～4d滴涂2～3次，用药量7.5～15kg/hm^2，可防止棉花蕾铃脱落，增加铃重。在棉花现蕾至始花期，喷洒5～10mg/L增产灵，或始花至盛花期喷洒10～30mg/L增产灵1～2次，都能增加单株结铃数，减少脱落10%左右。特别是对营养生长较差的棉花，减少脱落和增产的效果更为显著。

水稻　移栽前1～2d，喷洒20mg/L或幼穗分化期喷洒30mg/L增产灵，能促进水稻生长、茎叶粗壮、根系发达、干物质重增加、分蘖早生快发。单位面积穗数、每粒穗数和千粒重均有增加。增产幅度为12%～19%，其中以秧苗期喷洒增产灵效果最好，且又省工、经济。苗期喷洒10～20mg/L药液，加快秧苗生长。水稻抽穗、扬花、灌浆期，按20～30mg/L用量喷洒增产灵，能提高叶绿素含量，增强光合作用，增加对矿物质营养的吸收，促进营养物质转移，加快籽粒灌浆，减少空秕率，提高千粒重，增产效果一般为1%～10%，且能早熟3～5d。

小麦　用20～100mg/L药液浸种8h，促进幼苗健壮。抽穗期用20～30mg/L叶面喷洒1次，可提高结实率和千粒重。

玉米　在抽丝、灌浆期，用20～40mg/L药液喷洒全株或灌注在果穗丝内，可使果穗饱满，防止秃顶，增加穗重、千粒重。

大豆　在大豆始花期和盛花期各喷洒10～20mg/L的增产灵1次，1hm^{2}喷洒药液30～50L，可使大豆植株生长、分枝增多、扩大绿色面积、提高光合效率、增加干物质积累、促进花荚发育、提高结荚率。特别对肥力较低的土壤和早熟品种，其作用尤为明显，而对长势旺盛，植株高大的品种，效果则较差。在一般培养条件下，大豆喷洒增产灵后增产幅度为7%～20%。

但要注意喷药过早或浓度过大，都会引起植株徒长、倒伏。

花生　于花生开花期和盛花期各喷1次10～20mg/L药液，可防止花生落花，能增加果荚数、果仁产量，并能促进早熟，增产15%左右。

高粱　于开花至灌浆期，喷洒20mg/L增产灵，能使籽粒灌浆饱满，千粒重增加1～3g，成熟整齐，提早3～7d，增产10%左右。繁殖和制种时使用增产灵可调节亲本花期，促进早熟。移栽高粱在栽前5～7d，喷洒20mg/L增产灵，可缩短缓苗时间。

苹果　元帅苹果于盛花期、落花期喷洒20mg/L增产灵，能提高坐果率30%左右。在其他作物上的使用方法见表1。

表1　增产灵的应用

作物	使用浓度/(mg/L)	施药时间和方法
葡萄	20	初花期、末花期和果实膨大期各喷1次
甘薯	10～20	浸秧、灌根或叶面喷雾
蚕豆、豌豆	10	盛花、结荚期喷1～2次
芝麻	10～20	蕾花期喷2次
番茄	20～30	蕾花期喷2次
黄瓜	5～10	点涂幼果
大白菜	20～30	包心期喷2次
茶	10～20	喷雾
白术	10～20	喷雾或浇灌
樟子松幼苗	10～60	每半个月喷1次，连喷3次

注意事项

（1）增产灵不溶于水，配制药液时先用适量乙醇溶解，也可用开水溶解，充分搅匀（不要有沉淀），然后加水稀释至所需浓度。药液如有沉淀，可加入少量纯碱促使溶解。

（2）花期喷药宜在下午进行，以免药液喷洒在花蕊上影响授粉，喷药后6h内降雨，需再补喷。

（3）浸种时间超过12h应适当降低浓度。

（4）使用增产灵应重视氮、磷、钾肥料的作用，只有在科学用肥的基础上才能发挥增产灵的作用。

（5）可与酸性或碱性农药或化肥混用。

增产肟（heptopargil）

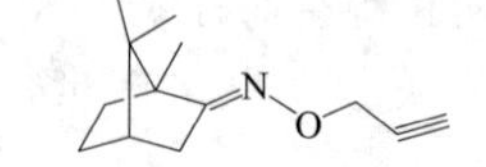

$C_{13}H_{19}NO$，205.3，73886-28-9

化学名称　(*E*)-(1*RS*，4*RS*)-莰-2-酮-*O*-丙-2-炔基肟

其他名称　Limbolid，EGYT 2250。

理化性质 本品为浅黄色油状液体，沸点95℃（133Pa），相对密度0.9867。水中溶解性1g/L（20℃），易溶于有机溶剂。

毒性 大鼠急性经口LD_{50}（mg/kg）：雄2100、雌2141。大鼠急性吸入LC_{50}＞1.4mg/L（空气）。

作用特点 可由种子吸收，促进发芽和幼苗生长。

适宜作物 玉米、水稻、甜菜的种子处理。

制剂 50%乳油，用于种子包衣。

应用技术 用于玉米、水稻、甜菜的种子处理，促进种子发芽和幼苗生长，提高作物产量。

坐果酸（cloxyfonac）

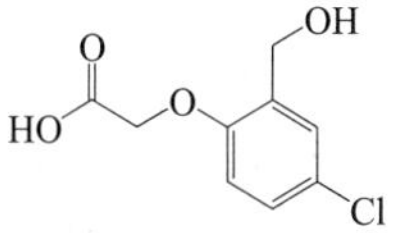

$C_9H_9ClO_4$，216.6，6386-63-6

化学名称 4-氯-2-羟甲基苯氧基乙酸

其他名称 CAPA-Na，CHPA，PCHPA

理化性质 纯品为无色结晶，熔点140.5～142.7℃，蒸气压0.089mPa（25℃）。溶解度（g/L）：水中2，丙酮100，二氧六环125，乙醇91，甲醛125；不溶于苯和氯仿。稳定性：40℃以下稳定，在弱酸、弱碱性介质中稳定，对光稳定。

毒性 雄性和雌性大、小鼠急性经口LD_{50}＞5000mg/kg，雄性和雌性大鼠急性经皮LD_{50}＞5000mg/kg。对大鼠皮肤无刺激性。

作用特点 属芳氧基乙酸类植物生长调节剂，具有类生长素作用。

适宜作物 番茄和茄子。

应用技术 在花期施用，有利于促进番茄和茄子坐果，并使果实大小均匀。

第三章

植物生长延缓剂

植物生长延缓剂，是一种人工合成的能延缓或抑制植物的生理或者生化过程使植物生长减慢的化合物，主要起阻止赤霉素生物合成的作用，对植物有矮化效应或抑制发芽的作用。植物生长延缓剂不影响顶端分生组织的生长，而叶和花是由顶端分生组织分化而成的，因此生长延缓剂不影响叶片的发育和叶片数目，一般也不影响花的发育。由于植物只是茎部亚顶端区域的分生组织的细胞分裂、伸长和生长的速度减慢或者是暂时受到阻碍，经过一段时间以后，受抑制的部分可以恢复正常生长，且这种抑制现象可以用外施生长素使之恢复，如矮壮素（CCC）、丁酰肼（B9）、调节胺等能被赤霉素恢复。

植物生长延缓剂有如下生理作用。

（1）缩短茎节，降低株高，改善群体结构　植物生长延缓剂能使植物茎细胞生长减缓，茎壁厚度、机械组织厚度增加，茎秆内中央维管束数目增多，致使节间缩短，植株矮化。

（2）调节光合产物分配去向　植物生长延缓剂能抑制茎秆伸长，促进光合作用，改善光合产物在植株器官的分配比例，使光合产物更多的输送到地下部分或荚果，从而起到“控上促下”或促进增产的作用。

（3）影响植株的光和特性和生化特性　植物生长延缓剂能使植

物的光和特性得到改变，明显表现是叶片叶绿素含量增加，叶片增厚，光和强度增强。

（4）提高抗逆性　植物生长延缓剂抑制了植物的生长速度，延缓了生长锥的分化，有利于植物进行抗寒锻炼，同时提高了干物质的积累，促进了抗寒性的提高。

在农业生产上植物生长延缓剂常用于控制徒长，培育壮苗；控制顶端优势，促进分蘖或分枝，改善株形，使茎秆粗壮，抗倒伏；诱导花芽分化，促进坐果；延缓茎叶衰老，推迟成熟，增产，改善品质等。

2-甲-4-氯丁酸（MCPB）

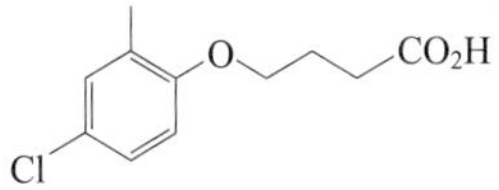

$C_{11}H_{13}ClO_3$，228.7，94-81-5（酸），6062-26-6（钠盐）

化学名称　4-(4-氯邻甲苯氧基）丁酸

其他名称　Bexane，France，Lequmex，Thistrol，Triol，Tropotox，Trotox

理化性质　纯品为无色结晶（工业品为褐色至棕色薄片），熔点 101℃（工业品 95～100℃），沸点＞280℃，蒸气压 0.057mPa（20℃）、0.09837mPa（25℃），分配系数 $K_{ow}\lg P$＞2.37（pH 7）、1.32（pH 7）、0.17（pH 9），密度 1.233g/cm^3（22℃）。溶解性（20℃，g/L）：水 0.11（pH 5）、4.4（pH 7）、444（pH 9）、丙酮 313、二氯甲烷 169、乙醇 150、己烷 0.26、甲苯 8。常用的碱金属盐和铵盐易溶于水，几乎不溶于大多数有机溶剂。稳定性：酸的化学性质极其稳定，在 pH 5～9（25℃）时，对水解稳定，固体对光稳定，溶液降解半衰期为 2.2d，对铝、锡和铁稳定至 150℃。

毒性　纯品大鼠急性经口 LD_{50}：4700mg/kg，大鼠急性经皮 LD_{50}＞2000mg/kg。对眼睛有刺激，对皮肤无刺激。大鼠急性吸入 LC_{50}(4h)＞1.14mg/L 空气。NOEL 数据：大鼠（90d）100mg/kg 饲料。鸟类 LC_{50}＞20000mg/kg 饲料。鱼毒 LC_{50}(48h)：虹鳟鱼 75mg/L，黑头呆鱼 11mg/L。对蜜蜂无毒。

作用特点　通过植物的茎、叶吸收，传导到其他组织。高浓度时刻作为除草剂，低浓度时作为植物生长调节剂，可防止收获前落果。

适宜作物　苹果、梨、橘子。

剂型　20%制剂。

应用技术

苹果　收获前15～20d，以20%制剂6000倍液喷洒2次，用量为3000～6000L/hm^2，防止落果。

梨　收获前7d，以20%制剂6000倍液喷洒2次，用量为2000～3000L/hm^2，防止落果。

橘子　收获前20d，用20mg/L的溶液喷洒，防止落果。

上述处理除防止落果外，还可延长苹果、梨、橘子的贮存时间。

注意事项

(1) 严格按照推荐剂量使用，不能随意增加使用剂量。

(2) 用过本品的喷雾器械要彻底清洗。

矮健素（CTC）

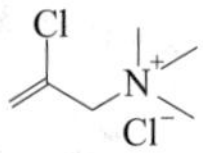

$C_6H_{13}Cl_2N$，170.1，2862-38-6

化学名称　2-氯丙烯基三甲基氯化铵

其他名称　7102

理化性质　矮健素原药为白色结晶，熔点168～170℃，近熔点温度时分解。相对密度1.10。粗品为米黄色粉状物，略带腥臭味，易溶于水，不溶于苯、甲苯、乙醚等有机溶剂。结晶吸湿性强，性质较稳定。遇碱时分解。具有与矮壮素相似的结构和残效，但矮壮素活性高、毒性低、药效期稍长。

毒性　低毒。矮健素小白鼠急性经口LD_{50}为1940mg/kg。

作用特点　矮健素是一种季铵盐型化合物，可经由植物的根、茎、叶、种子进入到植物体内，抑制赤霉素的生物合成，抑制植物细胞生长，控制作物地上部徒长，防止倒伏，可使植物矮化、茎秆增粗、叶片增厚、叶色浓绿、叶片挺立、促进坐果、增加蕾铃、根系发达等。使植株提早分蘖，增加有效分蘖，增强作物抗旱、抗盐碱的能力。

适宜作物 防止棉花徒长和蕾铃脱落；可防小麦倒伏，增加有效分蘖；提高花生、果树坐果率。

剂型 50%水剂。

应用技术

（1）使用方式 浸种、喷施。

（2）使用技术

小麦 用2500～5000mg/kg矮健素溶液浸泡小麦种，或1kg小麦种子用10g矮健素拌种，晾干后播种，幼苗生长健壮，根系生长良好，有效分蘖增多，小麦茎秆粗壮，基部节间缩短，抗倒伏能力提高。经矮健素处理的小麦幼苗，在干旱情况下，由于蒸腾作用降低，因而增加了抗干旱能力。在小麦拔节期，用3000mg/kg矮健素溶液喷洒，可防止小麦倒伏。

棉花 矮健素能控制棉株旺长和徒长。以20～80mg/kg矮健素溶液喷洒棉株，能改善棉花的群体结构，使株形矮化，主茎节间和果枝节间缩短，改善通风透光条件，减少棉花蕾、铃脱落率，提高棉花品质。

蚕豆 用矮健素0.4%浓度浸种24h，可增产。

花生 开花期用40～160mg/L溶液叶面喷雾，可增产。

果树 花期用100mg/L溶液叶面喷雾，增加坐果率。

注意事项

（1）必须掌握适宜的生育期施药，过早施药可抑制生长，过迟施药产生药害，无徒长田块不用药。如发现药害出现时，可以用相当于或低于1/2矮健素浓度的赤霉素来解除药害。

（2）不可与碱性农药和波尔多液等混用，以免分解失效。

（3）若出现药害，可用相当于50%矮健素浓度的赤霉素缓解。

（4）我国开发的商业化品种，国外没有注册。在生产上应用不如矮壮素广，应用中的问题有待从实践中去认识。

矮壮素（chlormequat chloride）

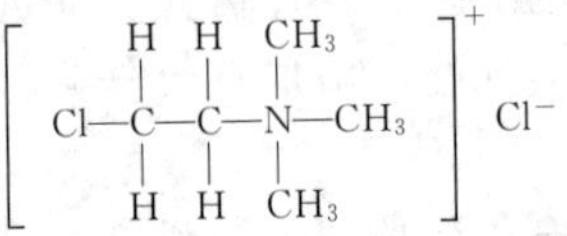

$$\left[\begin{array}{c} \quad H \quad H \quad CH_3 \\ \quad | \quad\ | \quad\ | \\ Cl—C—C—N—CH_3 \\ \quad | \quad\ | \quad\ | \\ \quad H \quad H \quad CH_3 \end{array}\right]^{+} Cl^{-}$$

$C_5H_{13}Cl_2N$，158.1，999-81-5

化学名称 2-氯-*N*,*N*,*N*-三甲基乙基氯化铵，2-氯乙基三甲基物氮化铵

其他名称 氯化氯代胆碱，稻麦立，三西，CCC

理化性质 原药为浅黄色结晶固体，有鱼腥气味。纯品为无色且极具吸湿性的结晶，可溶于低级醇，难溶于乙醚及烃类有机溶剂。在238～242℃分解，易溶于水，常温下饱和水溶液浓度可达80%左右，其水溶液性质稳定，在中性或微酸性介质中稳定，在碱性介质中加热能分解。矮壮素晶体极易吸潮，水溶液中50℃条件下贮存2年无变化。

毒性 属低毒植物生长调节剂，原粉雄性大鼠急性经口 LD_{50} 966mg/kg，雌雄大鼠急性经口 LD_{50} 807mg/kg。大鼠急性经皮 LD_{50} 4000mg/kg，兔急性经皮 LD_{50} >4000mg/kg，大鼠急性吸入 LC_{50}（4h）>5.2mg/L。在两年饲喂试验中，无作用剂量为大鼠50mg/kg，雄性小鼠336mg/kg，雌雄小鼠23mg/kg。实验动物试验表明加入胆碱盐酸盐可降低矮壮素的毒性。对人的ADI为0.05mg/kg体重。小鸡急性经口 LD_{50} 920mg/kg，日本鹌鹑急性经口 LD_{50} 555mg/kg，环颈雉急性经口 LD_{50} 261mg/kg。鱼毒 LC_{50}：大鳞鲤>1000mg/L（72h），水蚤属16.9mg/L（96h），招潮蟹>1000mg/L（96h），虾804mg/kg（96h），牡蛎67mg/L。对土壤中微生物及动物区系无影响。对大鼠经口无作用剂量为1000mg/kg；矮壮素水剂小鼠经皮 LD_{50} >1250mg/kg，在允许使用浓度下对鱼有毒。

作用特点 矮壮素是赤霉素的拮抗剂，可经由叶片、幼枝、芽、根系和种子进入到植物体内，可抑制作物细胞伸长，但不抑制细胞分裂，能有效控制植株徒长，缩短植株节间，使植株变矮，杆茎变粗，促使根系发达，提高植物根系的吸水能力，影响植物体内脯氨酸的积累，提高植物的抗逆性，如抗倒伏、抗旱性、抗寒性、抗盐碱及抗病虫害的能力。同时可使作物的光合作用增强，叶绿素含量增多，叶色加深、叶片增厚，光合作用增强，使作物的营养生长（即根、茎、叶的生长）转化为生殖生长，从而提高某些作物的坐果率，改善品质，提高产量。

适宜作物 可使小麦、玉米、水稻、棉花、黑麦、燕麦抗倒伏；小麦抗盐碱；马铃薯块茎增大；棉铃增加，棉花增产。

剂型 18%～50%水剂，80%可溶性粉剂。混剂产品有30%矮壮素·烯效唑乳剂和18%～45%矮壮素·甲哌鎓水剂等。

应用技术

（1）培育壮苗、抑制茎叶生长，抗倒伏，增加产量

水稻 水稻拔节初期，每亩用50%水剂50～100g，加水50kg喷洒茎叶，可使植株矮壮，防倒伏，增产。

小麦 用于小麦浸种，使用0.3%～0.5%的矮壮素药剂浸泡小麦种子6～8h，能提高小麦叶片叶绿素的含量和光合速率，促进小麦根系生长及干物质积累，增强小麦抗旱能力，提高产量；分蘖末至拔节初期喷施1250～2500mg/L的矮壮素，能有效抑制基部1～3节间伸长，有利于防止倒伏。可使小麦节间短、茎秆粗，叶色深、叶片宽厚，矮壮但不影响穗的正常发育，可增产17%。但要注意，在拔节期以后施用，虽可抑制节间伸长，但影响穗的发育，易造成减产；应用矮壮素还有推迟幼穗发育和降低小麦出粉率等问题。

玉米 用50%水剂80～100倍液浸种6h，阴干后播种，使植株矮化，根系发达，结棒位降低，无秃头，穗大粒满，增产显著。苗期用0.2%～0.3%的药液喷50kg，可起到蹲苗作用，还可抗盐碱和干旱，增产20%左右。

大麦 用0.2%药液在大麦基部第一节间开始伸长时，每亩喷施50kg的药液，矮化植株，防倒伏，增产10%左右。

高粱 用25～40mg/L药液浸种12h，晾干后播种，可使植株矮壮，增产。在播种后35d左右时，用500～2000mg/L药液，每亩喷施50kg的药液，可使植株矮壮，叶色深绿，叶片增厚，抗倒伏，增产。

棉花　抑制徒长，一般用50%水剂5mL，加水62.5kg，喷洒。在有徒长现象或密度较高的棉田，喷洒2次。第一次在盛蕾至初花期，有6～7个果枝时，着重喷洒顶部，每亩用药液25～30kg；第二次在盛花着铃、棉株开始封垄时，着重喷洒果实外围。可改善通风透光条件，多产伏桃、秋桃。前期无徒长现象的棉田，蕾期不可喷药，只在封垄前喷药1次，可起到整枝作用。

大豆　分别于初花期、花期、盛花期用100～200mg/L、1000～2500mg/L、1000～2500mg/L药液喷全株，每亩喷50kg，具有使植株矮壮、增产的效果。

花生　50～100mg/L在花生播后50d喷叶面，矮化植株。

甘蔗　在采收前42d左右用1000～2500mg/L药液喷全株，可矮化植株，增加含糖量。

马铃薯　用50水剂200～300倍液在开花前喷药，提高马铃薯抗旱、抗寒能力。

辣椒　有徒长趋势的辣椒植株，初花期喷洒20～25mg/kg矮壮素溶液，能抑制茎、叶生长，使植株矮化粗壮、叶色浓绿，增强抗旱和抗寒能力，花期用100～125mg/kg喷雾，促进早熟，壮苗。

茄子　花期用100～125mg/kg矮壮素药液喷雾，促进早熟。

番茄　苗期以10～100mg/L淋洒土表，能使植株紧凑、提早开花。以500～1500mg/L于开花前全株喷洒，可提高坐果率。

黄瓜　在3～4片真叶展开时，以100～500mg/L药液喷施叶面，可矮化植株；在黄瓜14～15片叶时，以50～100mg/L药液全株喷雾，可促进坐果、增产。

甜瓜、西葫芦　以100～500mg/L药液淋苗，可壮苗、控长、抗旱、抗寒，增产。

胡萝卜、白菜、甘蓝、芹菜　抽薹前，用4000～5000mg/kg药液喷洒生长点，可有效控制抽薹和开花。

葡萄　500～1500mg/L在葡萄开花前15d全株喷洒，能控制副梢，使果穗齐，提高坐果率，增加果重。

苹果、梨　采收后，用1000～3000mg/L叶面喷施，可抑制秋梢生长，促进花芽形成，增加翌年坐果，并提高抗逆性。

温州蜜柑　夏梢发生期用2000～4000mg/L喷施或用500～1000mg/L药液浇施，可抑制夏梢，缩短枝条，果实着色好，坐果率提高6%以上，增产10%～40%。

(2) 促进块茎生长

马铃薯　现蕾至开花期，用1000～2000mg/L药液，每亩喷40kg，块茎形成时间提前7d，生长速度加快，50g以上的薯块增加7%～10%，单产提高30%～50%。

甘薯　移栽30d后，用2500mg/L的药液，每亩喷50kg，可控制薯蔓徒长，增产15%～30%。

胡萝卜　在胡萝卜地下部分开始增大时，用500～1000mg/L药液全株喷洒，可促使膨大，增加产量。

夏莴笋　苗期喷1～2次500mg/kg药液，可有效防止幼苗徒长；莲座期开始喷施350mg/kg溶液2～3次，7～10d1次，可防止徒长，促进幼茎膨大。

郁金香　在开花后10d以1000～5000mg/L喷叶片，能矮化植株、促进鳞茎膨大。

(3) 延缓生长，提高耐储性

甜菜　每100kg甜菜块根均匀喷洒0.1%～0.3%药液，含糖量降低30%～40%，避免甜菜在窖藏时腐烂。

莴苣　用60mg/L的药液浸叶，具有保鲜、耐贮存作用。

番红花　于傍晚用200mg/L药液均匀喷洒在叶面上，每隔7～10d喷1次，共喷2～3次，可增强耐贮性。

(4) 延缓生长

茶树　于9月下旬喷洒250mg/L药液，使茶树生长提前停滞，有利于茶树越冬，翌年春梢生长好。如果用50mg/L药液喷洒，可使春茶推迟开采3～6d。

枣　在花期不进行开枷管理的圆铃大枣树上，当花前枣吊着生8～9个叶片时用2000～2500mg/L的药液全树喷洒，可有效控制枣头生长。如用500mg/L药液浇灌，可起到相同效果。

墨兰　在墨兰芽出土几厘米后，用100mg/L的药液喷洒叶面，共喷3～4次，间隔期20～30d，可抑制叶片过快生长。

（5）诱导花芽分化

杜鹃　以2000～10000mg/L在杜鹃生长初期淋土表，能矮化植株，促进植株早开花。

杏　在新梢长到15～50cm长时，喷洒3000mg/L的药液，可控制新梢生长，增加开花数，改善果实品质。

矮壮素在其他观赏植物上的应用见表2。

表2　矮壮素在其他观赏植物上的应用

作物名称	施药时期	处理浓度/(mg/L)	用药方式	功效
菊花	开花前	3000～5000	喷洒	矮化植株、提高观赏性
唐菖蒲	分别在播种后第0、28、49天	800	淋土	矮化植株、提高观赏性
水仙	开花期	800	浇灌鳞茎3次	矮化植株、提高观赏性
瓜叶菊	现蕾前	25%水剂2500倍液	浇根	矮化植株、提高观赏性
一品红	播种前	5～20	混土	矮化植株、提高观赏性
百合	开花前	30	土施	矮化植株、提高观赏性
小苍兰	播种前	250	浸泡球茎	矮化植株、提高观赏性
苏铁	新叶弯曲时	1～3	喷洒，共喷3次，间隔期7d	矮化植株、提高观赏性
竹子	竹笋出土约20cm时	100～1000	注入竹腔2～3滴/1～2节，每2d注1次	矮化植株、提高观赏性
蒲包花	花芽15mm时	800	喷叶	矮化植株、提高观赏性
木槿	新芽5～7cm	100	喷洒	矮化植株、提高观赏性
狗牙根	生长期	3000	喷洒	矮化植株、提高观赏性
天堂草、马尼拉草	生长期	1000	喷洒	矮化植株、提高观赏性
匍茎剪股颖	生长期	1000～1500	喷洒	矮化植株、提高观赏性

续表

作物名称	施药时期	处理浓度/(mg/L)	用药方式	功效
盆栽月季	开花前	500	浇灌	提前开花，延长花期
天竺葵	花芽分化前	1500	喷洒	提前开花，延长花期
四季海棠	开花前	8000	浇灌	提前开花，延长花期
竹节海棠	开花前	250	浇灌	提前开花，延长花期
蔷薇	采收前	1000	喷洒	提前开花，延长花期
郁金香、紫罗兰、金鱼草、香石竹、香豌豆等切花	切花	10～15	瓶插液	提前开花，延长花期
唐菖蒲切花	切花	10	瓶插液	提前开花，延长花期
郁金香切花	切花	5000 蔗糖＋300 8-羟基喹啉柠檬酸盐＋50 矮壮素	瓶插液	提前开花，延长花期
香豌豆切花	切花	50 蔗糖＋300 8-羟基喹啉柠檬酸盐＋50 矮壮素	瓶插液	提前开花，延长花期
喇叭水仙切花	切花	60000 蔗糖＋250 8-羟基喹啉柠檬酸盐＋70 矮壮素＋50 硝酸银	瓶插液	提前开花，延长花期
辈菊切花	切花	60000 蔗糖＋250 8-羟基喹啉柠檬酸盐＋70 矮壮素＋50 硝酸银	瓶插液	提前开花，延长花期

注意事项

（1）使用矮壮素时，水肥条件要好，群体有徒长趋势时效果好。若地力条件差，长势不旺时，勿用矮壮素。

（2）严格按照说明书用药，未经试验不得随意增减用量，以免造成药害。初次使用，要先小面积试验。

（3）本品遇碱分解，不能与碱性农药或碱性化肥混用。

（4）施药应在上午 10 点之前，下午 16 点以后，以叶面润湿而不流下为宜，这样既可以增加叶片的吸收时间，又不会浪费。

（5）本品低毒，切忌入口和长时间皮肤接触。使用本品时，应穿戴好个人防护用品，使用后应及时清洗。误食会引起中毒，症状为头晕、乏力、口唇及四肢麻木，瞳孔缩小，流涎、恶心、呕吐，重者出现抽搐和昏迷，严重的会造成死亡。对中毒者可采用一般急救措施对症处理，毒蕈碱样症状明显者可酌情用阿托品治疗，但应防止过量。

丰啶醇（pyripropanol）

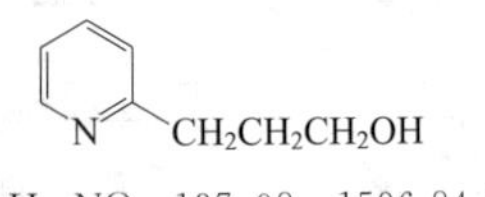

$C_8H_{11}NO$，137.08，1596-84-5

化学名称 3-（α-吡啶基）丙醇

其他名称 大豆激素，增产宝，增产醇，吡啶醇，784-1（PGR-1）

理化性质 纯品丰啶醇为无色透明油状液体，具有特殊臭味，工业品为浅黄色透明液体，贮存过程中会逐渐变为红褐色。熔点 260℃（101.33MPa）。微溶于水（3g/L，16℃），不溶于石油醚，易溶于乙醇、氯仿、丙醚、乙醚、苯、甲苯等有机溶剂。

毒性 中等。丰啶醇原药急性 LD_{50}（mg/kg）：大白鼠（雄）经口 111.5，小白鼠（雄）经口 154.9、（雌）152.1；对动物无致畸、致突变、致癌作用。动物体内易分解，蓄积性弱。对鱼类高毒。

作用特点 植物生长抑制剂。能抑制作物营养生长期，可促进根系生长，使茎秆粗壮，叶片增厚，叶色变绿，增强光合作用；在作物生长期应用，可控制营养生长，促进生殖生长，提高结实率和千粒重。可增加豆科植物的根瘤数，提高固氮能力，降低大豆结荚部位，增加荚数和饱果数，促进早熟丰产。此外还有一定防病和抗倒伏作用。

适宜作物 可用于豆科、芝麻、向日葵、油菜、黄瓜、番茄、水稻、小麦、棉花、果树等作物。

剂型 80%、90%丰啶醇乳油。

应用技术

大豆 用80%乳油4000倍液浸种2h，或每100kg种子用26mL对水1kg拌种，在盛花期用29mL对水30～40kg喷雾，均可使植株矮化、荚多、粒重。

花生 据山东省农科院植物保护研究所试验，用80%乳油3000、5000、7000倍液对花-17品种浸种5h，分别比对照增产15.85%、15.55%、13.56%。或在盛花期用500mg/kg和800mg/kg对花-17品种喷雾，分别比对照增产12.30%和16.15%。另据试验，在花生播种前用100mg/kg浸种，花生的叶斑病比对照减轻61.93%。须注意，在花生始花期和盛花期喷洒效果较好；使用500mg/kg与1000mg/kg增产效果差异不大，因此使用浓度不宜过高；施药田块要求加强肥水管理，促使早花、齐花。

向日葵 同90%乳油3000倍液浸种2h，芝麻用3500～4000倍液浸种4h后播种，可使籽增重、增产。

油菜 在盛花期亩用90%乳油50mL，加水45～50kg喷雾。

黄瓜和番茄 用80%乳油4500～8000倍液浸种4h，晾干后播种；或用8000倍液喷施叶面。可使植株健壮，光合作用增强，有一定抗病和增产作用。

水稻 浸种或浸根，用80%乳油5330～8000倍液浸种24h后播种。用8000倍液浸秧根5min后再移栽。

注意事项

(1) 使用浓度要准确，不宜过高，以免过度抑制。应用前要先试验，然后应用，以免造成损失。

(2) 施药田块要加强肥水管理，防止缺水干旱和缺肥而影响植株的正常生长。

(3) 本剂对鱼类高毒，施药时防止药液流入鱼塘、河流。

(4) 操作时应避免药液溅到眼睛或皮肤上。

调环酸钙（prohexadione-calcium）

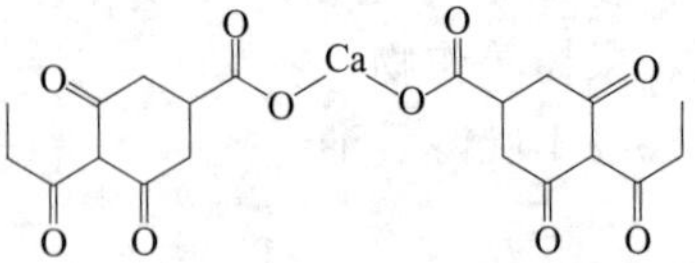

$(C_{10}H_{11}O_5)_2Ca$，462.42，127277-53-6

化学名称 3,5-二氧代-4-丙酰基环己烷羧酸钙

其他名称 立丰灵，KIM-112，KUH833，Viviful

理化性质 钙盐为白色无味粉末，工业品为黄色粉末，熔点>360℃，相对密度1.460。蒸气压1.33×10^{-2}mPa（20℃）。20℃水中溶解度为174mg/L，甲醇1.11mg/L，丙酮0.038mg/L。在水溶液中稳定。

毒性 大、小鼠急性经口LD_{50}>5000mg/L。大鼠急性经皮LD_{50}>2000mg/L。对兔皮肤无刺激性，对兔眼睛有轻微刺激性。大鼠急性吸入LC_{50}（4h）>4.21mg/L。NOEL数据［2年，mg/(kg·d)］：雄大鼠93.9，雌大鼠114，雄小鼠279，雌小鼠351；雄或雌狗（1年）80mg/（kg·d)。对大鼠和兔无致突变和致畸作用。野鸭和小齿鹑急性经口LD_{50}>2000mg/L，野鸭和小齿鹑LC_{50}（4d）>5200mg/kg饲料。鱼毒LC_{50}（96h，mg/L)：虹鳟和大翻车鱼>100，鲤鱼>150。水蚤LC_{50}（48h）>150mg/L。海藻EC_{50}（120h）>100mg/L。蜜蜂LD_{50}（经口和接触）>100μg/只。蚯蚓LC_{50}（14d）>1000mg/kg土壤。未观察到致突变性和致畸作用，对轮作植物无残留毒性，对环境无污染。

作用特点 赤霉素生物合成抑制剂。能缩短植物的茎秆伸长、控制作物节间伸长，使茎秆粗壮，植株矮化，防止倒伏；促进生育，促进侧芽生长和发根，使茎叶保持浓绿，叶片挺立；控制开花时间，提高坐果率，促进果实成熟。还能提高植物的抗逆性，增强植株的抗病害、抗寒冷和抗旱的能力，减轻除草剂的药害，从而改善收获效率。

适宜作物 调环酸钙能显著缩短所有水稻栽培品种的茎秆高度，同时具有促进穗粒发育，提高稻谷产量的效果。低剂量的调环酸钙对水稻、大麦、小麦、日本地毯草、黑麦草等禾谷类的生长调节，具有显著的抗倒伏及矮化性能。另外，对棉花、糖用甜菜、黄瓜、菊花、甘蓝、香石竹、大豆、柑橘、苹果等植物，具有明显的抑制生长的作用。

剂型 5%水剂，25%可湿性粉剂，15%可湿性粉剂，10%可湿性粉剂。

应用技术

（1）提高抗倒伏能力，增加产量

水稻、小麦、大麦 在水稻拔节前5～10d，每亩用有效成分3g叶面喷施，倒6至倒2节间均显著缩短，表明调环酸钙被水稻吸收后，可随生长发育由下向上移动，依次抑制新生节间的伸长，药效长达30d左右。节间缩短，株高降低，弯曲力矩减少，同时显著提高倒5至倒3节间的抗折力，从而显著降低倒伏指数，同时还可显著增加每穗粒数，达到增产的效果。

高粱 在拔节后27～30d，每亩用有效成分3～6g叶面喷施，既能在第1次倒伏发生前有效抑制株高控制第1次倒伏的发生，还由于施药时间的推后使植株出现反弹的时间推后，缩短了生长出现反弹至茎节伸长结束之间的时间，从而能够更加有效地控制植株最终株高，减轻或完全控制高粱倒伏发生。

（2）改善品质、提高产量

苹果、梨、樱桃、李子、山楂、枇杷 在花后10d内，用125～250mg/L叶面喷施，可显著抑制叶和枝条的营养生长，增强果实的光照，改善果实的品质，提高产量，同时对细菌火疫病以及真菌病害有很好的预防作用。

葡萄 葡萄花谢后，用250mg/L叶面喷施，可抑制葡萄的营养生长，提高葡萄汁的色素和酚类化合物，改善葡萄的品质，同时具有一定的增产效果。

糖用甜菜、黄瓜、番茄 每亩用有效成分1.5～3g叶面喷施，可抑制叶和茎的营养生长，增强通风透光，从而改善品质、提高产量。

棉花 在棉花生长中期，每亩用有效成分3g叶面喷施，可抑制叶和枝条的营养生长，显著降低植株高度，增强通风透光，从而改善品质、提高产量。

（3）减少草坪修剪次数

剪股颖、狗牙根、草地早熟禾、黑麦草、日本地毯草、结缕草、高茅草等　每亩用有效成分10～20g叶面喷施，在整个生长季节都可以使用，可降低新生高度50%～90%，显著减少割草次数。其中当用量每亩达到每20g时可完全抑制高茅草的生长，其他草坪的最高用量可达45g，而不会对草坪造成伤害。

（4）减缓衰老

菊花、甘蓝、香石竹等观赏植物　每亩用有效成分1.5～3g叶面喷施，具有矮化植株的作用，保持叶片浓绿，减缓衰老，对叶和花无不良影响。

注意事项　保存于低温、干燥处。

调节胺（DMC）

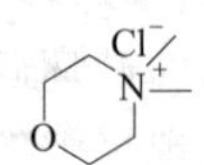

$C_6H_{14}NOCl$，151.0，23165-19-7

化学名称　1,1-二甲基吗啉鎓氯化物

其他名称　田丰安

理化性质　调节胺纯品为无色针状晶体，熔点344℃（分解），易溶于水，微溶于醇，难溶于丙酮及非极性溶剂。有强烈的吸湿性，其水溶液呈中性，化学性质稳定。工业品为白色或淡黄色粉末状固体，纯度>95%。

毒性　中等毒性。雄性大鼠经口LD_{50}为740mg/kg，雌性大鼠经口LD_{50}为840mg/kg；雄性小鼠经口LD_{50}为250mg/kg，经皮>2000mg/kg。28d蓄积性试验表明：雄大鼠和雌大鼠的蓄积系数均大于5，蓄积作用很低。经Ames试验，微核试验和精子畸形实验证明：它没有导致基因突变而改变体细胞和生殖细胞中遗传信息的作用，因而生产和应用均比较安全。由于调节胺溶于水，极易在植物体内代谢，初步测定它在棉籽中的残留<0.1mg/kg。

作用特点 是一种生长延缓剂，能够抑制植物茎、叶疯长，促使提前开花，防止蕾铃脱落。药剂被植物根或叶吸收后迅速传导到作用部位，使节间缩短，减弱顶芽、侧芽及腋芽的生长势，使尚未定型的叶面积减小，叶绿素增加，使已出现的生殖器官长势加强，流向这些器官的营养流增强，从而促进早熟。

适宜作物 调节胺作为一种生长延缓剂，其最大特点是药效缓和、安全幅度大、应用范围广。主要应用于旺长的棉田，调控棉花株形，防止旺长，增强光合作用，增加叶绿素含量，增强生殖器官的生长势，增加结铃和铃重。在玉米、小麦等作物上也有应用效果。

应用技术 中等肥力的棉田，后劲不足，或遇干旱，生长缓慢，可在盛花期以 66.6mg/L 浓度叶面喷洒。

中等肥力的棉田，后劲较足，稳健型长相，可在初花期（开花10%～20%）以 66.6～100mg/L 浓度喷洒。

肥水足的棉田，后劲好或棉花生长中期降水量较多，旺长型长相，第 1 次调控在盛蕾期以 116.6～166.6mg/L 浓度喷洒，第 2 次调控在初花期至盛花期，视其长势亩用 50～83.3mg/L 浓度喷洒。

棉田肥水足，后劲好，降水量多，田间种植密度较大，疯长型长相，第 1 次调控在盛蕾期以 150～183.3mg/L 浓度喷洒，第 2 次在初花期用 50～100mg/L 浓度喷洒，第 3 次在盛花期视其田间长势用 33.3～66.6mg/L 浓度补喷。

注意事项

（1）棉花整个大田生长期内，每亩用药量不宜超过 9g。50～250mg/L 为安全浓度，100～200mg/L 为最佳用药浓度，300mg/L 以上对棉花将产生较强的抑制作用。

（2）喷洒调节胺后，叶片叶绿素含量增加，叶色加深，应防止这种假相掩盖缺肥，栽培管理上应按常规方法及时施肥、浇水。

（3）易吸潮，应贮存在阴凉、通风、干燥处，不可与食物、饲料、种子混放。

（4）施药人员做好安全防护。

丁酰肼（dimethyl aminosuccinamic acid）

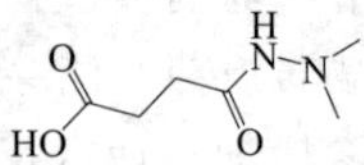

$C_6H_{12}N_2O_2$，160.17，1596-84-5

化学名称　*N*,*N*-二甲基琥珀酰肼酸，*N*-二甲氨基琥珀酰胺酸，*N*-二甲氨基琥珀酸

其他名称　比久，B9，刑康，阿拉（Alar），SADH，B_{995}，Kylar（Uniroyal），N-DMASA，Alar-85，Daminozide，Kylar-85

理化性质　属琥珀酸类化合物。带有微臭的白色结晶，熔点158～162℃，易溶于水，能溶于丁丙酮、乙醇、二甲苯等，不溶于一般碳氢化合物。在25℃时每100g溶剂中的溶解度，水中为10g，丙酮中为2.5g，甲醇为5g。蒸气压22.7mPa（23℃）。在pH 5～9范围内较稳定，粉剂在室温下可贮存4年以上，在酸、碱中加热分解。

毒性　低毒。大白鼠急性经口 LD_{50} 为8400mg/kg，家兔急性经皮 $LD_{50}>5000$mg/kg，85%丁酰肼产品对鹌鹑急性经口 $LD_{50}>5620$mg/kg。对鱼低毒，鳟鱼 LC_{50} 是149mg/L（96h）。施喂兔、犬与猫试验中，尚未发现有不良反应。用含工业品3000mg/L丁酰肼随饲料连续喂大白鼠和狗两年，没有发现不良影响。

作用特点　丁酰肼为植物生长延缓剂，具有杀菌作用，应用效果广泛，可用作矮化剂、坐果剂、生根剂与保鲜剂。处理植物后通常经由茎、叶吸收进入植物体内，随营养传导到作用部位，抑制其内源赤霉素生物合成，也可抑制其内源生长素合成。主要表现在：①延缓植物营养生长，使叶片浓绿，且小而厚，植株紧凑粗壮，根系发达，增加根系干重，缩小冠根比例，有利于控制徒长或花芽分化；②增加作物叶绿素含量，延缓叶绿体衰老，使生长速度减慢，光合净同化率高，有利于增加干物质积累，提高果实品质、硬度与坐果率，促使果实成熟期集中；③使植物细胞内糖含量增加，能量消耗降低，减少蒸腾等，这可能与丁酰肼提高植物对不良环境抗性有关，有利于减少生理病害；④促进花青素的生物合成，有利于改善果实的色泽，防止果实在贮存期脱色。丁酰肼在土壤中能很快被微生物分解。

适宜作物 菊花等花卉及苗木，通常用于果树、马铃薯、甘薯、花生、番茄、草莓、菊花、人参等作物，代替人工整枝，同时有利于花芽分化。增加开花数和坐果率。还可用于水稻、胡萝卜、花生等作物防止徒长，促进苹果花芽分化，还可用于葡萄、桃、李、扁桃、樱桃等多种作物。

值得注意的是，自1987年以来的一些实验结果表明，丁酰肼对人类有毒，能引起癌症，经过多位学者从多方面进行对比研究、讨论、争议之后，确定其是国际上公认的致癌物质，自1990起禁止在果树、花生等上施用。1992年世界卫生组织（WHO）进行第二阶段评估，认为产品中的偏二甲基肼＜30mg/kg，可以使用。但需要注意的是，勿食用刚处理过的果实及蔬菜等。

应用技术 丁酰肼在农业生产中用作矮化利、坐果剂、生根剂及保鲜剂等。

水稻 幼穗分化期用4500～7000mg/L丁酰肼溶液叶面喷洒，可矮化植株，抗倒伏，增加抗旱等抗逆能力。

马铃薯 开花初期用3000mg/L溶液全株喷洒，可抑制茎徒长，使薯块膨大。

番茄 分别于1叶和4叶期，各喷洒2500mg/L 1次，可抑制茎徒长。

苹果 盛花后21d，用1000～2000mg/L溶液全株喷洒1次，可控制新梢生长，有利于坐果。采收前45～60d，用2000～4000mg/L的药液再喷洒1次，可防采前落果延长贮存期。

葡萄 在新梢6～7片叶时，用1000～2000mg/L溶液全株喷洒1次，可控制新梢生长，促进坐果。采收后以1000～2000mg/L溶液浸泡3～5min，可防止落粒，延长贮存期。

蘑菇 采收后，将蘑菇放在10～100mg/kg丁酰肼溶液中浸泡10min，取出晾干后，用塑料薄膜包装，保存在5～20℃下，可延缓蘑菇褐变与变质，保鲜1周左右。

龙须菜 收获后用125mg/kg丁酰肼溶液浸泡草茎，可延缓褪绿。

金鱼草　金鱼草作商品切花，必须在花穗仅有少许小花开放时切下，离体的花穗由于发育不健全，往往引起颈部小花褪色，影响插瓶寿命与观赏价值。将切下的金鱼草茎浸入含有10～50mg/kg丁酰肼与8-羟基喹啉柠檬酸酯和蔗糖的保鲜剂内，可以促进未发育的小花开放，并能保持原有的色泽。丁酰肼能减少瓶内微生物的生长。

香石竹等　将切花浸在含有100～500mg/kg丁酰肼溶液的保鲜溶液中，可以增加花的直径，延缓花瓣衰花，延长插瓶花寿命，对月季、菊花、唐菖蒲都有保鲜作用。

菊花　移栽后7～14d，用3000mg/L的药液全株喷洒2～3次，可矮化植株，使花增大。

甘薯　秧苗移栽前，用2500mg/L的药液浸5～8min，可促进生根，提高成活率。

人参　叶片展开后，用2000～3000mg/L溶液喷洒1次，可促使地下部分生长。

梨　盛花后2周及采前3周各用1000～2000mg/L溶液喷洒1次，可防止幼果及采前落果。

花生　下针初期用1000～1500mg/L溶液全株喷洒1次，可矮化植株，增产。

草莓　移植后用1000mg/L溶液全株喷洒2～3次，可促进坐果，增加产量。

桃　在成熟前以1000～2000mg/L溶液喷洒1次，可增色，促使早熟。

樱桃　盛花2周时以2000～4000溶液喷洒1次，可增色，促使早熟。

甜瓜　为雌雄同株异花植物，用5000mg/kg丁酰肼溶液浸种24h，或在苗期处理，可有效地使性别转向雌性，增加雌花数。

南瓜　幼苗1片真叶时，用5000mg/kg丁酰肼溶液喷洒，可推迟雄花的出现期，增加雌花比例。

观赏植物　用5000～10000mg/L丁酰肼溶液浸泡菊花、一品红、石竹、茶树等插条基部15～20s，促进生根，提高扦插的成活率。

日本女贞　用1%～2%（10000～20000mg/kg）丁酰肼溶液处理，可有效控制灌木或乔木的营养生长，使株形矮壮，提高观赏价值。如日本女贞，以2500～5000mg/kg丁酰肼溶液处理（在春季出芽后1～2周，或修剪后进行），可抑制植株伸长，控制侧枝生长，改善株形。

木本苗木　200mg/kg丁酰肼溶液处理生长旺盛的木本苗木，如苹果、梨、樱桃、李子等，能延缓长高，诱导顶芽生长，对树干直径没有影响，处理后一年，苗木生长正常，可避免过旺生长，达到销售标准。

盆栽落地生根　在落地生根短日照开始后3～5周，叶面喷洒丁酰肼溶液，过4～5周后进行第二次处理，也可在打尖后，侧枝生长达4～5cm时处理。丁酰肼的使用浓度为500mg/kg。经处理后可形成生长均匀、株形理想的落地生根，但盛花期被推迟约1周。

八仙花　八仙花为灌木，用作盆栽须矮化。株高3～5cm时，用5000～7000mg/kg丁酰肼溶液叶面喷洒，2～3周后做第二次处理，矮化效果明显。

花坛植物　用2500～5000mg/kg丁酰肼溶液喷洒矮牵牛、紫菀、鼠尾草、百日草、金鱼草、金盏花、藿香蓟、龙面花等幼苗，均可使株形矮化。药效夏秋不如冬春好，多次处理效果比1次处理好。

波斯菊　盆栽波斯菊摘心后，用5000mg/kg丁酰肼溶液喷洒叶片，每10～14d1次，共喷5～6次，至现蕾止，可降低株高，提高观赏价值。

彩叶草　盆栽彩叶草摘心后，当侧枝展开1～2对新叶时，用5000mg/kg丁酰肼溶液喷洒，每7～10d1次，共喷3～4次，可降低株高，使株形紧凑，耐观赏。

金鱼草　为防止盆栽金鱼草小苗徒长，移栽后，选择生长一致、株高6～10cm的植株，用5000mg/kg丁酰肼溶液喷洒植株，每10d1次，共喷2～3次，至现蕾止，可明显提高观赏价值。

藿香蓟　选择健壮的盆栽植株，为防止徒长，用3000mg/kg丁酰肼溶液喷施6～10cm高的种苗，每10～14d处理1次，共喷4～5次，至现蕾止，可明显地使植株矮化，提高观赏价值，且便于运输。

紫鹅绒　当盆栽植株生长到5～7cm高时，经摘心后待新枝长出、新叶展开后，用5000mg/kg丁酰肼溶液均匀地喷施在植株中上部，每7～10d处理一次，共喷施3～5次，可有效地控制枝条生长，提高观赏效果。

菊芋　当盆栽菊芋小苗高度为5～6cm时，经过摘心，新叶展开后，可用5000mg/kg丁酰肼溶液喷洒植株叶片，每7～10d喷洒1次，共喷5～6次，至现蕾止，可明显降低株高。

龙胆花　用5000mg/kg丁酰肼溶液处理摘心后的盆栽植株，可有效地控制株高，形成株形紧凑的龙胆花。

金苞花　为防止盆栽金苞花徒长，对修剪后新枝开始抽生的植株，用5000mg/kg丁酰肼溶液喷洒植株，每7～10d处理一次，共喷4～6次，至现蕾时止，可明显地控制株高，提高观赏价值。

福禄考　为避免福禄考盆栽植株在大规模生产中因浇水过多而引起的徒长，用5000mg/kg丁酰肼溶液，于株高达到6～10cm时，喷洒在植株中上部，每7～10d处理一次，至现蕾止，可有效地控制株高。

白兰花　用5%多效唑和0.1%丁酰肼混合剂，土施和喷洒相结合，对盆栽白兰花，可降低株高，增加分枝，花期明显延长，提高观赏价值。

莴苣　莴苣地下部分开始生长时，用4000～8000mg/kg丁酰肼溶液喷洒植株，每5d处理1次，共2～3次，可以抑制抽薹，增加食用部分茎的粗度。若采收后用10mg/kg丁酰肼溶液浸泡叶片，取出晾干后，贮存在10～20℃下，可延缓莴苣衰老，保持质量。

甘蓝　用2500～5000mg/kg丁酰肼在甘蓝3片叶时，进行叶面喷洒，可提高甘蓝的抗寒性。

草莓　植株在入冬前用2000mg/kg丁酰肼溶液叶面喷洒，可提高草莓抗寒性。

矮牵牛　开花前用2500～5000mg/kg丁酰肼溶液叶面喷洒，可提高矮牵牛对臭氧与二氧化硫的抗性。

球根秋海棠　球根秋海棠块茎生长时期，正是花朵凋谢以后，为培育健壮的球根，用5000mg/kg丁酰肼溶液，在植株开花后喷洒茎叶表面，每7～10d处理1次，共喷2～3次，可提高球根品质。

晚香玉　为促进晚香玉鳞茎生长，抑制地上部分茎叶生长，用5000mg/kg丁酰肼溶液在植株长出8～10片叶时，进行叶面喷洒，每7～10d1次，处理4～6次，可有效地提高鳞茎品质。

注意事项

(1) 药液应随配随用，不可久藏，发现药液变成红褐色就不能再用。

(2) 不能与波尔多液、硫酸铜等含铜药剂混用或连用，也不能和铜器接触，以免发生药害。同时不能与湿展剂、碱性物质、油类混用。

(3) 丁酰肼与氮、磷肥料混用，对花生有明显增产作用，对长势好的花生，仅与磷肥混用，不宜加氮肥；对长势差的花生，只与氮肥混用，不加磷肥。

(4) 水肥条件越好，使用丁酰肼的效果越明显。在水肥严重不足的情况下使用，可能会导致大幅度减产。丁酰肼的作用温和，当使用浓度成倍提高时，只会增加对茎叶生长的抑制程度，不会有杀死的危险。

(5) 丁酰肼一般为叶面喷洒，由于叶片表面的角质层会影响药剂吸收，可以加入0.1%中性洗衣粉或展着剂（吐温-20），以利于植物充分吸收，充分发挥药效。如处理后6h内下雨，需要重喷。植物处于不良条件（如旱、涝、寒等）下，应暂不处理。

(6) 操作时避免药液接触皮肤与眼睛，操作后用肥皂与清水洗净手、脸后再用餐。

(7) 丁酰肼是当前国内外应用较为广泛的植物生长调节剂，由于其在矮化、坐果方面与乙烯利、甲萘威（西维因）、6-BA 混用，在生根方面与一些生根剂混用，使用效果一直比较平稳。

20 世纪 80 年代中期，人们怀疑丁酰肼有致畸作用，有些国家曾禁用或限制使用。1992 年世界卫生组织（WHO）进行第二阶段评估，认为产品中的偏二甲基肼＜30mg/kg，可以进行使用。勿食用刚处理的果实。

多效唑（paclobutrazol）

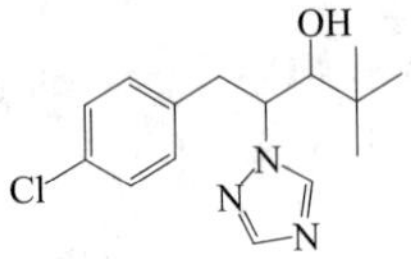

$C_{15}H_{20}ClN_3O$，293.65，76738-62-0

化学名称　(2*RS*，3*RS*)-1-(4-氯苯基)-4,4-二甲基-2-(1*H*-1,2,4-三唑-1-基) 戊-3-醇

其他名称　PP_{333}，氯丁唑，Boxzi，Clipper，Culter，MET，Parlay，Smarect

理化性质　纯品多效唑为无色结晶白色固体，工业品为淡黄色。熔点 165～166℃，密度 1.22g/cm^3，难溶于水，可溶于乙醇、甲醇、丙酮、二氯甲烷等有机溶剂，溶解性：水 35mg/L，甲醇 150g/L，丙二醇 50g/L，丙酮 110g/L，环己酮 180g/L，二氯甲烷 100g/L，二甲苯 60g/L。纯品在常温下存放 2 年以上稳定，50℃下至少 6 个月内不分解，稀溶液在 PH4～9 范围内及紫外线下，分子不水解或降解。

毒性　为低毒植物生长调节剂。多效唑原药急性 LD_{50}（mg/kg）：大鼠经口 2000（雄）、1300（雌），小鼠经口 490（雄）、1200（雌），大鼠和兔经皮＞1000。对大鼠和兔皮肤和眼睛有一定的刺激作用。以 250mg/kg 剂量饲喂大鼠两年，未发现异常现象，对动物无致畸、致突变、致癌作用。

作用特点　多效唑是 20 世纪 80 年代研制成功的三唑类高效低毒的植物生长延缓剂，易为植物的根、茎、叶和种子吸收，通过木质部进行传导，是内源赤霉素合成的抑制剂。其在农业上的应用价值在于它对作物生长的控制效果上，主要是通过抑制赤霉素的合成，减缓植物细胞的分裂和伸长，从而抑制新梢和茎秆的伸长或植株旺长，缩短节间，促进侧芽（分蘖）萌发，增加花芽数量，提高坐果率，增加叶片内叶绿素含量、可溶性蛋白和核酸含量，降低赤霉素和吲哚乙酸的含量，提高光合速率，降低气孔导度和蒸腾速率，使植株矮壮，根系发达，提高植株抗逆性能，如抗倒、抗旱、抗寒及抗病等抗逆性，增加果实钙含量，减少储存病害。在多种果树上施用，能抑制根系和营养体的生长，使叶绿素含量增加，抑制顶芽生长，促进侧芽萌发和花芽的形成，增加花蕾数，提高着果率，改善果实品质及提高经济效益，被认为是迄今为止最好生长延缓剂之一。

适宜作物 用于水稻、小麦、玉米等作物防止徒长，用于水稻秧田，还可抑制秧田杂草的生长；用于柑橘、苹果、梨、桃、李、樱桃、杏、柿等果实可控制植株的高度；用于菊花、山茶花、百合花、桂花、杜鹃花、一品红、水仙花等观赏植物，可使株形紧凑、小型化；对盆栽椰榆、紫薇、九里香、扶桑、山指甲、福建茶和驳骨丹等绿篱植物新梢的伸长也有明显的抑制作用；还可矮化草皮，减少修剪次数。

剂型 15%可湿性粉剂，25%乳油，15%悬浮剂，5%高渗乳油。

应用技术

（1）控制生长、抗倒伏

水稻　于水稻1叶1心期放干秧田水，每亩喷施100μL/L的多效唑药液100kg，或播后5～7d，放干水田，将120mL 25%乳油对水100L，均匀喷雾。多效唑对连作晚稻秧苗具有延缓生长速度，控制茎叶伸长，防止徒长，促进根系生长，增加分蘖，增强光合作用，有利培育多蘖壮秧，加大秧龄弹性，防止秧苗移栽后“败苗”等功能。

使用时须注意，水稻秧苗喷施多效唑后，要作移栽处理，不可拔秧留苗，秧田要翻耕后再插秧，以免影响正常抽穗；按规定的用量和浓度施用；应用多效唑的秧田，播种量不能过高。杂交稻秧田播种可以提早1～2d；要在秧田无水（有水层的要提前排水）或水稍干后喷雾，第二天再上水或过跑马水湿润育秧；喷施后3h内下大雨要重喷；使用多效唑育秧的秧田，第二年不可连作秧田，要轮换。

玉米　在播种前浸种10～12h，1kg种子加15%多效唑可湿性粉剂1.5g，加水100g，3～4h搅拌一次。

小麦　在麦苗1叶1心期、小麦起身至拔节前每亩用15%多效唑可湿性粉剂40g，加水50kg喷施。

油菜　提高油菜产量田。于油菜进入越冬前几天，喷洒75～300mg/kg的多效唑药液，能使菜苗矮壮，叶色加深，叶片加厚，有效防止早抽薹，增强植株抗冻耐寒能力，使油菜冻害率降低30%以上，冻害指数降低15%以上，产量明显增加。也可于春后油菜初薹期，用浓度为40mg/kg的多效唑药液处理提高产量。

另外，也可在油菜苗2叶期和栽后15d，施硼肥7.5kg/hm^2，加15%多效唑可湿性粉剂150g，加水40kg喷洒。处理后，明显增加根颈粗、单株鲜重和干重，提高叶片净光合速率，增产14.4%左右。

防止甘蓝型优质油菜倒伏。对于易倒伏的油菜品种，在现蕾期用150mg/kg的多效唑药液喷洒，可降低成株株高17.2cm和一次分枝的高度13.9cm，增加单株有效分枝数和角果数，有效防止倒伏，提高产量14.3%。

快速繁殖油菜。在油菜组培的生根培养基中加入0.1mg/kg浓度的多效唑药液，可抑制试管苗的徒长，使茎秆矮化，叶色深绿，叶片厚实，根多粗壮。假植和直接移栽的成活率均高于90%，且后效活力强。如甘蓝型油菜隐性核不育系117A的试管苗移栽后，成熟时植株高达148cm，主茎有效角果数达471.7个/株，单株产量达17g。

抑制油菜三系制种中微粉的产生。南方油菜三系制种，有微粉产生会干扰甚至造成生产不能使用；春播制种产量低、质量差，无法大面积推广。多效唑虽然不能对微粉产生直接作用，但能通过延缓生长发育、推迟生育期，使小孢子发育处于温敏发育后无微粉。另据贵州的试验，对油菜雄性不育系陕2A，于抽薹盛期用300mg/kg的多效唑药液喷洒1次（喷前抽薹1.6cm左右），能降低株高和一次有效分枝高度，增加一次分枝个数。可提早10～15d播种，植株健壮无微粉，又可提高制种产量和质量。

防止油菜苗床的“高脚苗”。在播种量较大，气温偏高或肥足雨多的情况下，油菜苗的叶柄和株高容易生长过快，出现“高脚苗”，导致移栽后发根慢、成活率低、产量低。可在油菜3叶期，用15%多效唑可湿性粉剂150mg/kg的药液，按600～750L/hm^{2}喷洒。喷后4～5d，叶色加深，新生叶柄的伸长受到抑制，幼苗矮壮，茎根粗壮，移栽成活率高，增产10%～20%。

棉花　中期每亩用50g 15%多效唑可湿性粉剂对水50kg喷施。

花生　调控花生生长发育。用50～100mg/L的多效唑药液拌种，用量以浸湿种子为度，1h后晾干播种。可以调控花生的生长发育，表现为使茎基部节间缩短，株高降低，分枝增多，根系发达，根系活力增强；叶片叶绿素含量和光合速率明显提高。对花生中后期的健壮生长，降低结果部位和果针入土非常有利。但由于拌种后下胚轴缩短较多，故播种不宜过深，以免影响出苗或推迟出苗。

多效唑在花生上的应用浓度和施药量因花生生长势而定。在肥力高、栽培密度过大的地块，植株长势猛，施药量需大一些，或浓度高一些，甚至可以施用两次，才能抑制徒长，取得高产；对于肥力、栽培密度适中的地块，施用药液浓度可低一些，施药量一般即可；而在肥力差、栽培密度较稀或雨水不足的地块，植株生长势较差，则不宜施用多效唑，否则减产。

另外，多效唑在花生上的施药时期也是影响花生产量的一个关键因素。施药过早，会减产，施药过迟，无增产作用。最适施药时期是大量果针入土时期，春花生的下针期在始花后26～29d，秋花生的下针期在始花后14～20d。这个时期，施用多效唑，既可抑制茎叶徒长，不致遮阳、倒伏，还可将光合产物集中分配到幼荚，增加饱果数和果重，增加产量。

提高花生的抗逆能力。用100～200mg的多效唑原药喷洒5～6叶期的花生植株，可促进根系生长，提高根系吸水、吸肥能力；叶片贮水细胞体积增大，蒸腾速率下降，叶片含水量增多，提高花生的抗旱能力。

大豆　试验表明，于大豆初花期叶面喷施100～200mg/L的多效唑，可以明显增加种子中的蛋白质含量。原因是多效唑增加了叶片叶绿素含量和硝酸还原酶活性，促进根部吸收和利用硝态氮。春大豆于封行期使用，夏大豆于花期用100～200mg/L的多效唑。若土壤肥沃，植株徒长可适当加大浓度，但不宜超过300mg/L。

须注意掌握正确喷药时间，过早、过晚都影响喷施效果；对生长较差的田块少用或不用，有倒伏趋势的田块，亩用量可增加至250g，浓度为400mg/kg；喷药后不要因叶色较深而放松水肥管理。

甘薯　扦插后50～70d，每亩用50～100mg/kg的多效唑稀释液50kg叶面喷施，可控制地上部分茎叶的旺长，使地上与地下部分的生长趋于比较合理协调，促进有机物向块根运转，使薯块产量增加，而藤蔓产量下降。经测定，藤蔓产量下降4%左右，藤蔓每减少1kg甘薯鲜重可增加约7kg，一般可增产15%～30%。在早期喷施多效唑还有提高薯苗抗逆性和成活率的作用。

须注意掌握使用浓度，一般以50～100mg/kg为宜，浓度过高，抑制过分将影响产量；根据薯苗生长势决定是否用药，一般在生长旺盛、藤蔓盖满畦面时用药，否则不宜使用。

马铃薯　于马铃薯株高25～30cm时，使用250～300mg/kg的多效唑药液，每亩叶面喷雾50kg，可抑制茎秆伸长，促进光合作用。改善光合产物在植株器官的分配比例，起到“控上、促下”的作用，促进块茎膨大，增加产量。于现蕾初花期，使用2000～2500mg/kg的药液，每亩叶面喷雾50kg，以叶面全部湿润为止，可使块茎形成的时期提前1周，生长速度加快，单株产量提高30%～50%，同时使50g以上的大薯块增加7%～10%。马铃薯植株外形表现为节间缩短，株形紧凑，叶色浓绿，叶片变厚。

番茄　番茄经多效唑处理后，可防止徒长。对出现徒长的番茄苗，在5～6片真叶时，用10～20mg/kg的多效唑叶面喷洒，用药量为35～40kg/亩，药后7～10d即可控制徒长，同时出现叶色加深、叶片加厚、植株和叶片硬挺、腋芽萌生等现象。经多效唑处理的番茄苗，移栽大田之后，在肥水充足的条件下，能使多效唑得以缓解，植株生长迅速加快，与不使用多效唑的处理无差异。

须注意，番茄苗使用多效唑时，必须严格掌握浓度，同时喷雾点要细，喷施要均匀，且不能重复喷，防止药液大量落入土壤。避免灌根或施土，以防在土壤中残留。

茄子　当茄子秧苗开始出现徒长时，用多效唑处理秧苗，可明显控制徒长现象，植株表现矮壮，叶色浓绿，叶片硬挺。在植株有5～6片真叶时，用10～20mg/kg的多效唑叶面喷洒，用药量为20～30kg/亩，喷施时雾点要细、均匀，不能重复喷。一般整个秧苗期喷洒1次即可，最多不超过2次，否则秧苗受抑过重，影响生长。

须注意严格掌握用药浓度，茄子秧苗使用的适宜浓度为10～20mg/kg，若超过20mg/kg以上，易使秧苗受抑过重。

辣椒　在秧苗6～7cm时，用10～20mg/L药液喷施。

西瓜　育苗时，对西瓜叶喷50～100mg/L的药液，或在伸蔓至60cm左右时，对生长过旺植株喷施药液，可起到控旺的作用。

西葫芦　在3～4片真叶展开后，用4～20mg/L药液喷洒，可使节间缩短，叶片增厚，增加抗寒、抗病性能。

（2）控梢　在苹果、梨、桃、樱桃等树木上，可做土壤处理、涂树干和叶面喷雾。

苹果　秋季枝展下每株用15～20g 15%多效唑可湿性粉剂土施，或新梢长至5～10cm时用15%多效唑可湿性粉剂500～700倍液隔10d喷一次，共3次。

梨　新梢长至5～10cm时用15%多效唑可湿性粉剂500～700倍液隔10d喷一次，共3次。

桃、山楂　秋季或春季枝展下，每株用15%多效唑可湿性粉剂10～15g土施。

樱桃　每株用15%多效唑可湿性粉剂4～6g土施。

葡萄　在盛花末期叶面喷施1000～2000mg/L药液，可抑制主梢和副梢的徒长，提高产量。

芒果　5月上旬，每株用15%多效唑可湿性粉剂15～20g加水15～20kg，开环形沟施。

荔枝　11月中旬，用15%可湿性粉剂750倍液叶面喷洒。

枣树　花前8～9叶时，用2000～2500mg/L药液全树喷洒，可提高坐果率，提高产量。

板栗　如果板栗旺长，可在7月份用300mg/L的药液全株喷洒，起控梢促花的作用。

烟草　5～7叶期每亩用15%多效唑可湿性粉剂60g加水50kg喷施。

(3) 观赏植物整形

油橄榄　于油橄榄落叶前（9月5日左右），叶面喷洒200mg/L的多效唑溶液，能提高叶片超氧化物歧化酶活性，降低叶片超氧自由基的产生速率，延缓叶片衰老，把叶片脱落始期和高峰期都推迟了15d，从而有利于开花和果实发育。

桂花　每年春季抽梢前，用800mg/L的多效唑溶液叶面喷施1次，可使新叶变小变厚，节间缩短，植株紧凑，观赏价值提高。

丁香　扦插定植7d后，用20mg/L的多效唑溶液浇灌土壤，30d后再浇第2次，可促使侧枝生长，美化树形。

玫瑰　新枝条长到5～10cm时，用300mg/L的多效唑溶液浇灌土壤，可防止枝条徒长。

文竹　用20mg/L的多效唑溶液喷洒文竹，可使植株矮化，叶色浓绿。

大丽花　盆栽大丽花摘顶后，用200mg/L的多效唑溶液喷施，可抑制新梢伸长，使植株矮化，枝条粗壮，花期一致。

金鱼草　用200～500μg/g溶液在金鱼草叶面喷施，可以明显抑制高生长，使植株低矮、粗壮，株形紧凑，叶色增加，叶片加厚，提高观赏价值。

一串红　用500mg/L的多效唑溶液喷洒叶面，可矮化植株，提高观赏价值。

注意事项

（1）本品应在阴凉干燥处保存。不得与食物、饲料、种子混放。

（2）多效唑在土壤中残留时间较长，施药田块收获后，必须经过耕翻，以防对后茬作物有抑制作用或来年在该基地上种植出口蔬菜易造成药物残留超标。

（3）一般情况下，使用多效唑不易产生药害，若用量过高，对作物生长产生过度抑制现象时，可增施氮或喷施赤霉素来解救。

（4）多效唑的矮化效果受气温高低的影响，高温季节药效高。因此，随着气温的降低，要想达到高温时相同的药效，就必须逐渐加大药的浓度。

（5）蔬菜对多效唑的反应比较敏感，使用浓度应根据天气不同、作物种类、不同生育时期、采用有效范围内的低浓度；喷洒时以植株茎叶喷湿欲滴，但不下滴为度，不重喷；可叶面喷施的尽量叶面喷施，不土施，以避免对后季作物、土壤带来不良影响；一般情况只喷一次即可。

（6）多效唑属低毒植物生长延缓剂，无专用解毒药剂，若误服引起中毒，应催吐，并立即送医院对症治疗。

氟节胺（flumetralin）

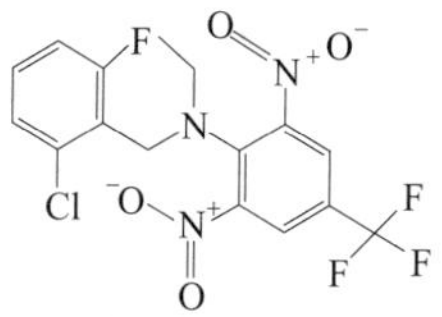

$C_{16}H_{12}ClF_4N_3O_4$，421.73，62924-70-3

化学名称　*N*-（2-氯-6-氟苄基）-*N*-乙基-*α*，*α*，*α*-三氟-2，6-二硝基对甲苯胺

其他名称　抑芽敏

理化性质　纯品为黄色至橙色无臭晶体，熔点101～103℃

（工业品 92.4～103.8℃），分配系数 K_{ow} lg$P$＝5.45（25℃）。相对密度 1.54，蒸气压 0.032mPa。溶解度（25℃，g/L）：水中 0.00007，甲苯 400，丙酮 560，乙醇 18，正辛醇 6.8，正己烷 14。稳定性：在 pH 5～9 时对水解稳定，250℃以下稳定。

毒性 低毒。原药大鼠急性经口 LD_{50}＞5000mg/kg 体重，大鼠急性经皮 LD_{50} 为 2000mg/kg，对皮肤和眼睛有刺激作用。制剂乳油（150g/L）对兔皮肤中等刺激性，对兔眼睛强烈刺激性。大鼠急性吸入 LC_{50}＞2.13g/m^3 空气。NOEL 数据（2 年）：大、小鼠 300mg/kg 饲料，在试验剂量内对动物无致畸和致突变作用。ADI 值：0.17mg/kg。山齿鹑和绿头鸭急性经口 LD_{50}＞2000mg/kg。山齿鹑和绿头鸭饲喂试验 LC_{50}＞5000mg/L 饲料。蓝鳃翻车鱼和鳟鱼 LC_{50} 分别为 18μg/L 和 25μg/L。水蚤 LC_{50}（48h）＞66μg/L。海藻 EC_{50}＞0.85mg/L。对蜜蜂无毒。蚯蚓 LC_{50}＞1000mg/kg 土壤。

作用特点 氟节胺为二硝基苯胺类化合物，属接触兼局部内吸性高效烟草侧芽抑制剂，经由烟草的茎、叶表面吸收，有局部传导性能。进入烟草腋芽部位，抑制腋芽内分生细胞的分裂、生长，从而控制腋芽的萌发。为接触兼局部内吸型植物生长延缓剂。被植物吸收快，作用迅速，主要影响植物体内酶系统功能，增加叶绿素与蛋白质含量。抑制烟草侧芽生长，施药后 2h，无雨可见效，对预防花叶病有一定效果。

适宜作物 氟节胺是烟草上专用的抑芽剂。适用于烤烟、明火烤烟、马丽兰烟、晒烟、雪茄烟。

剂型 25%乳油。

应用技术

在生产上，当烟草生长发育到花蕾伸长期至始花期时便要进行人工摘除顶芽（打顶），但不久各叶腋的侧芽会大量发生，通常须进行人工摘侧芽 2～3 次，以免消耗养分，影响烟叶的产量与品质。氟节胺可以代替人工摘除侧芽，在打顶后 24h，每亩用 25%乳油 80～100mL 稀释 300～400 倍，可采用整株喷雾法、杯淋法或涂抹法进行处理，都会有良好的控侧芽效果。从简便、省工角度来看，顺主茎往下淋为好，从省药和控侧芽效果来看，是用毛笔蘸药液涂抹到侧芽上。当药液稀释倍数低时（100倍），效果更佳，但成本较高。药液浓度低于600倍时，有时不能抑制生长旺盛的高位侧芽。在山东、湖北等烟区，施用500倍的药液也获得良好的效果。

注意事项

（1）对侧芽长已超过2.5cm长时抑芽效果欠佳，甚至控制不住，因此要在侧芽刚萌发时处理。

（2）对人畜皮肤、眼、口有刺激作用，防止药液飘移，操作时注意保护，器械用后洗净。误服本药可服用医用活性炭解毒。但不要给昏迷患者喂食任何东西，无特殊解毒剂，需对症治疗。

（3）避免药雾飘移到临近的作物上。避免药剂污染水塘、水沟和河流，以免对鱼类造成危害。

（4）本品在0～35℃条件下存放。贮存在远离食品、饲料和避光、阴凉的地方。

（5）勿与其他农药混用。

甲哌鎓（mepiquat chloride）

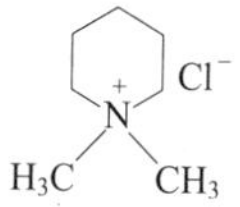

Cl^- N^+ H_3C CH_3

$C_7H_{16}ClN$，149.66，24307-26-4

化学名称 1，1-二甲基哌啶鎓氯化物

其他名称 壮棉素，缩节胺，助壮素，棉长快，增棉散，调节啶

理化性质 纯品为无味白色结晶体，熔点285℃（分解），蒸气压小于1×10^{-7} mPa（20℃）。20℃时在下列溶剂中的溶解度(g/mL)：水＞100，乙醇16.2，氯仿1.1，丙酮、乙醚、乙酸乙酯、环己烷、橄榄油均＜0.1。对热稳定，在潮湿的空气中易吸湿，含有效成分90%的原粉外观为白色或灰白色结晶体，相对密度1.87（20℃），熔点～223℃，不可燃，不爆炸。50℃以下贮存稳定

期两年以上。含有效成分97%的原粉外观为白色或浅黄色结晶体，水分含量<3%。常温贮存稳定期两年以上。

毒性 甲哌鎓属于低毒植物生长调节剂。99%原粉对大鼠急性经口LD_{50} 490mg/kg，急性经皮LD_{50} 7800mg/kg，急性吸入LC_{50} 3.2mg/L。对兔眼睛和皮肤无刺激作用。在动物体内蓄积性较小。在试验条件下，未见致突变、致畸和致癌作用。大鼠三代繁殖试验结果未见异常。大鼠两年慢性饲喂试验无作用剂量为3000mg/kg。按规定剂量使用，对鱼类、鸟、蜜蜂无害。在土壤中易分解成二氧化碳和氮，对土壤微生物无害。

作用特点 甲哌鎓对植物生长有延缓作用，可通过植物叶片和根部吸收，传导至全株，可降低植物体内赤霉素的活性，从而抑制细胞伸长，使芽长势减弱，控制株形纵横生长，使植株节间缩短，株形紧凑，叶色深厚，叶面积减少，并增强叶绿素的合成，可控制植株旺长，推迟封行等。对于棉花主要功能在于抑制棉株主茎的生长，不仅对棉株主茎的生长有抑制作用，而且还对棉株果枝的横向生长也有抑制作用，减少蕾铃脱落，使开花铃集中，伏前桃与伏桃增加，尤其对棉株徒长的地段，增产效果更为明显。甲哌鎓能提高细胞膜的稳定性，增加植株抗逆性。

适宜作物 甲哌鎓为内吸性植物生长延缓剂，能抑制赤霉素的生物合成，抑制细胞伸长，延缓营养体生长，使植株矮化，株形紧凑，并能增加叶绿素含量，提高叶片同化能力。

主要用于抑制棉花生长，防止蕾铃脱落；用于小麦、玉米防倒伏；用于葡萄、柑橘、桃、梨、枣、苹果等果树防止新梢过长，提高钙离子浓度；用于番茄、瓜类和豆类可提高产量、提早成熟。

剂型 97%原药，50%水剂，25%水剂，5%水溶液剂。

应用技术

(1) 棉花 主要用于棉花生长调节，由棉花的叶子吸收而起作用。不仅抑制棉株的高度，而且对果枝的横向生长有抑制作用，可在棉花生长全程使用。棉花应用甲哌鎓后3～6d棉花叶色浓绿，能协调营养生长与生殖生长的关系，延缓纵向生长和横向生长，使得株形紧凑，减少蕾铃的脱落，集中开花结铃，增加伏前桃与伏桃比例，衣分、衣指、籽指、铃重及籽棉产量都有增加，对皮棉质量无不良影响。生产上采用系统化控，一般每亩使用甲哌鎓原药8～10g，可增产棉花10%以上。

促进种子萌发　应用甲哌鎓浸种，可以促进棉籽发芽，出苗整齐；提早和增加侧根发生，增强根系活力；实现壮苗稳长，增加棉花幼苗对干旱、低温等不良环境的抵抗能力；促进壮苗，减少死苗，增加育苗移栽成活率。处理方法为：经硫酸脱绒的种子，按1～2g甲哌鎓原药加水10kg，配成100～200mg/kg的药液，加入种子，搅匀后浸泡6～8h。未经脱绒的种子，处理药液浓度需200～300mg/kg，其他同脱绒种子。浸种期间翻搅2～3次，以使浸种均匀。如果用温水浸种，时间可短些。浸种完毕及时捞出种子，晾干后播种。种子包衣可在晾干后进行，也可用含有甲哌鎓的种衣剂加工。

培育壮苗　在棉花移栽时，使用甲哌鎓可促进棉苗健壮，防止形成高脚苗和弱苗。可以在播种前浸种，也可以在棉花出苗后，用50mg/kg甲哌鎓药液叶面喷洒。

在苗蕾期使用甲哌鎓，能促进根系发育，实现壮苗稳长，塑造合理株形，促进早开花，增强棉花对干旱、涝害等逆境的抵抗力，协调水肥管理，避免因早施肥、浇水而引起徒长。方法为在春棉8～10叶期至4～5个果枝期，短季棉在3～4叶期至现蕾期用甲哌鎓原药4.5～12g/hm^2，加水150～225L喷洒。

控制棉花徒长　甲哌鎓的典型作用是“缩节”，就是延缓棉花主茎和果枝伸长，缩短节间，防止徒长。一般在棉花始花期到盛花期容易徒长，用97%的甲哌鎓原药150～300mg/hm^2，加水15～25kg叶面喷洒。如仍然旺长，可在间隔15～20d，按上述浓度重喷1次。

(2) 大豆　甲哌鎓与胺鲜酯混用后可以改善大豆物质代谢，优化物质分配，促进叶片和根系生理活性，提高大豆叶绿素含量和叶片光合速率，也能提高叶片蛋白质含量并改善氨基酸组分，提高叶片中硝酸还原酶、肽酶活性和硝态氮含量，有利于延长籽粒充实期的叶片功能并促进氮素的转化，同时提高大豆根系氧化还原能力，促进根系的结瘤固氮能力。大豆应用胺鲜酯与甲哌鎓混剂后，能降低大豆株高，防止倒伏，提高大豆荚数、粒数、粒重，产量增加幅度10%～15%，籽粒品质略有改善。也有甲哌鎓与多效唑混用用于大豆生长调节的产品。

(3) 小麦　针对多效唑在旱地上代谢较慢，容易引起后茬作物残留药害，生产是通常使用烯效唑，或者利用多效唑与甲哌鎓进行复配降低多效唑的使用剂量。甲哌鎓和多效唑混用后无论是浸种还是拌种，均能提高麦苗根系的生长发育和活力，培育冬前壮苗、提高麦苗适应环境的能力；还可加快小麦叶片的分化和出叶速度，增加越冬期前主茎展开叶数，使叶片长度缩短、单叶面积下降、叶色加深，有利于达到冬前壮苗标准。生产上推荐使用3～6mL/10kg种子进行拌种即可。

在小麦拔节始期，使用200mg/kg的缩节胺稀释液于叶面均匀喷施，对降低株高、增加茎秆强度、防止小麦旺长与倒伏、提高结实率、增加千粒重和产量均有较好的作用。据报道，小麦喷施缩节胺后，株高比对照矮24.9cm，节间长缩短5.6cm，单产增加13.64%。

在返青拔节前（3～4叶期）每亩用25～30mL 20.8%甲哌鎓烯效唑微乳剂进行叶面喷施处理后能降低茎基部1～3节间长度，增加单位长度干物质重，提高了茎秆的质量。植株重心降低，茎秆质量提高，增强抗倒伏、弯的能力。第4、5节间的“反跳”，有利于旗叶光合作用和利用茎秆干物质再分配。单位面积穗数、穗粒数、千粒重协调增加，增产8%～13%。甲哌鎓与烯效唑混用，效果更佳。

(4) 花生　在花生下针期和结荚初期喷洒150mg/L的甲哌鎓药液，可提高根系合成氨基酸的能力，促进根系对无机磷的吸收以及调节糖类物质的利用和转化，因而可以提高根系活力，延缓根系的衰老。能使荚果数增加，饱果数增加，荚果发育快，单果重和体积增加，产量平均增加10%～40%。与胺鲜酯混用后，在花生生长至开花下针期，可控制花生植株生长，使花生株形矮化，提高单株饱荚数，增加饱荚重，对花生品质无影响。

（5）玉米　在玉米大喇叭口期，使用500～800mg/L甲哌鎓进行茎叶喷雾，可抑制玉米细胞伸长，缩节矮壮，有利于培育壮苗。

（6）薯类　甘薯茎叶喷施200～300mg/L的甲哌鎓溶液，施用两次（间隔15d），甘薯的营养生长受到抑制，藤蔓的增长明显减缓，浓度越高，蔓长增长越慢；甲哌鎓处理促进甘薯光合作用向生殖器官转移，能显著增加甘薯的大块茎个数和产量，对甘薯品质无不良影响。甲哌鎓也可以用在甘薯的调节生长。于蕾期至现花期，使用50mg/kg的甲哌鎓药液叶面喷洒，能促进有机养分向地下部转移，促进块茎肥大，提高产量。

（7）油菜　在油菜抽薹期喷洒40～80mg/kg的甲哌鎓溶液，能使油菜结果枝紧凑，封行期推迟，延长中下部叶片的光合作用时间，提高群体光合速率，使产量提高17.2%～30.4%，防止倒伏。

注意事项

（1）施用甲哌鎓要根据作物生长情况而定，对土壤肥力条件差、水源不足、长势差的田块，不宜施用。对喷洒甲哌鎓的田块，要加强肥水管理，防止干旱或缺肥。对易早衰的作物品种，应在生长后期喷洒尿素进行根外追肥。喷雾点雾滴要细，喷施要均匀。

（2）须掌握使用剂量和施药时期，根据规定剂量施药。施药时间不宜过早，以免影响植株正常生长，但施药过迟会引起药害。如引起药害，可喷洒赤霉素减缓药害程度。

（3）施用甲哌鎓应选择晴天，喷药后3h内如遇中等以上降雨，会影响药效。不能与碱性农药混用，也不可与磷酸二氢钾混用，但可与乐果、久效磷等农药混用，混合后要立即施用。如施用后出现抑制过度现象，可喷洒500mg/L的赤霉素缓解。棉田施药后24h内降雨影响药效。

（4）要避免溅入眼睛，防止人、畜误食。不要与食物、种子、饲料混放。

（5）甲哌鎓易吸湿，甚至可以成水状，故须保存在避光、密封、干燥容器中。潮解后可在100℃左右烘干。

（6）可与多种杀虫剂、杀菌剂混用。

抗倒胺（inabenfide）

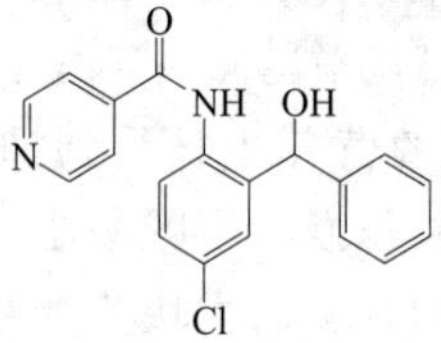

$C_{19}H_{15}ClN_2O_2$，338.79，82211-24-3

化学名称　*N*-［4-氯-2-(羟基苄基）苯基］吡啶-4-甲酰胺，4-氯-2-(*α*-羟苄基）异烟酰替苯胺

其他名称　依纳素，Seritard，CGR-811

理化性质　纯品抗倒胺为淡黄色至棕色结晶固体，熔点210～212℃；溶解性（30℃，g/kg）：难溶于水，丙酮3.6，乙酸乙酯1.43，氯仿0.59，DMF 6.72，乙醇1.62，甲醇2.35。对光稳定，对碱稍不稳定。

毒性　大、小鼠（雄、雌）急性经口 LD_{50} 15g/kg，腹腔注射 LD_{50}＞5g/kg，急性经皮 LD_{50}＞5g/kg，急性吸入 LC_{50}（4h）0.46mg/L（空气大鼠）。对兔皮肤和眼睛无不良影响，对豚鼠无过敏性。对大鼠和狗饲喂6个月和2年的亚慢性和慢性试验研究中，无明显异常反应。对大鼠的生殖研究（3代繁殖）和对大鼠和兔的致畸试验中，未发现明显异常。复原突变试验（Ames试验）、微生物的复原试验（染色体畸变）和修复试验均为阴性，鱼毒 LC_{50}（48h）：鲤鱼30mg/L，白眼棱鱼11mg/L，鲮鱼26mg/L，鲻鱼11mg/L。水蚤 LC_{50}（3h）30mg/L。抗倒胺具有一定的毒性，根据美国和欧盟等农药分级标准，其属于毒性较高农药。因此，很多国家都制定了粮谷中抗倒胺的最大允许残留限量，日本规定抗倒胺在大米中的最大允许残留量为0.05mg/kg。

作用机制和特点　本品能延缓植物生长，抑制水稻赤霉素的生物合成。对水稻有很强的选择性抗倒伏作用，在稻株体内、土壤和水中易代谢，无残留。主要通过根吸收。

适宜作物 对水稻有很强的抗倒伏作用。

剂型　5%、6%颗粒剂，50%可湿性粉剂。

应用技术

水稻　在水稻抽穗前40～50d，每亩用80g原药处理水稻，即用可湿性粉剂180g，对水50L喷洒。经抗倒胺处理后，水稻抗倒伏效果好，增产幅度为14%～20%。此外，对穗分化和子实饱满度等方面的效应都优于多效唑，且无药害。

在漫灌条件下，以每公顷施抗倒胺1.5～2.4kg/hm^2于土壤表面。可使稻秆节间缩短，矮壮，上部叶片狭短，提高水稻抗倒伏能力。并能促进谷粒成熟，提高千粒重，但每穗粒数略有减少。

大豆　用60～120mg/L的抗倒胺溶液喷洒于大豆第一节间生长期的幼苗，大豆幼苗株高明显受抑制，基部节间缩短，根系鲜重、干重、根管比值、根系活力和叶片中叶绿素含量均提高。药剂浓度越高，作用越强，具有良好的壮苗作用。

花生　于花生出苗后第10d，喷施60～120mg/L的抗倒胺，幼苗株高明显受到抑制，基部节间缩短，一分枝数、二分枝数、地上部鲜重、干重减少，根系鲜重、干重、长度、活力和叶片叶绿素含量均增加。药剂浓度愈高，其作用愈强，壮苗作用良好。

注意事项

药品应贮存于低温、干燥、通风处。

四环唑（tetcyclacis）

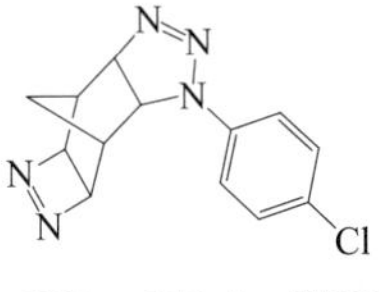

$C_{13}H_{12}ClN_5$，273.7，77788-21-7

化学名称　（1*R*，2*R*，6*S*，7*R*，8*R*，11*S*)-5-(4-氯苯基)-3，4,5,9,10-五氮杂环[5.4.1.$0^{2,6}$.$0^{8,1}$]十二-3,9-二烯

其他名称　Ken byo，BAS 106 W

理化性质　本品为无色结晶，熔点190℃。溶解度（20℃，mg/kg)：水中3.7，氯仿42，乙醇2。在阳光下和浓酸中分解。

毒性　大鼠急性经口LD_{50} 261mg/kg，大鼠急性经皮LD_{50}>4640mg/kg。

作用特点 本品抑制赤霉素的合成。

适宜作物 水稻。

剂型 SP（10g/kg）。

应用技术

在水稻抽穗前3～8d起，每周喷施1次，以出穗前10d使用效果最好。

烯效唑（uniconazole）

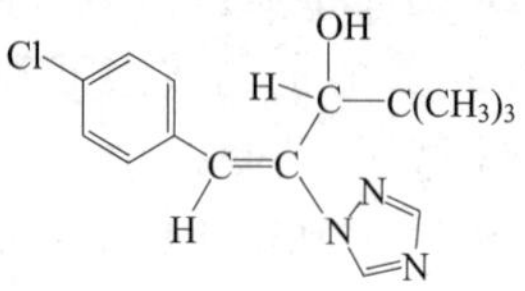

$C_{15}H_{18}ClN_3O$，291.78，83657-17-4

化学名称 （E）-（RS）-1-（4-氯苯基）-4，4-二甲基-2-（1H-1，2，4-三唑-1-基）戊-1-烯-3-醇

其他名称 高效唑，特效唑，优康唑，S-3307，Sumgaic，Prunit，Sumiseven

理化性质 纯品为无色结晶，20℃蒸气压8.9mPa，熔点159～160℃，微溶于水，易溶于丙酮、乙酸乙酯、氯仿和二甲基甲酰胺等常用有机溶剂，21℃溶解度（g/L）：水0.014，丙酮74，乙醇92，二甲苯10，β-羟基乙醚141，环己酮173，乙酸乙酯58，乙腈19，氯仿185，二甲亚砜348，二甲基甲酰胺317，甲基异丁基甲酮52。有四种异构体，分子在40℃下稳定，在多种溶剂中及酸、中性、碱水液中不分解。但在260～270nm短光波下易分解。

毒性 低毒。烯效唑原药急性LD_{50}（mg/kg）：大鼠经口2020（雄）、1790（雌），经皮＞2000。小白鼠急性经口LD_{50}为4000mg/kg（雄）、2850mg/kg（雌）；亚急性毒性，大白鼠混入饲料最大无作用剂量2.30mg/kg（雄）、2.48mg/kg（雌）；无致突变、致畸、致癌作用；对兔眼有短期轻微反应，但对皮肤无刺激作用，荷兰猪皮肤（变态反应）为阴性；鱼毒：鲤鱼TLM（48h）6.36mg/L，蚤（鱼虫）TLM（3h）＞10mg/L。

作用特点 烯效唑是三唑类广谱植物生长调节剂，是赤霉素合成抑制剂，并且有一定杀菌作用。对草本或木本单子叶或双子叶植物均有强烈的抑制生长作用。主要抑制节间细胞的伸长。烯效唑可经由植物的根、茎、叶、种子吸收，被植物的根吸收，可在体内进行传导，茎叶喷雾时，可向上内吸传导，但没有向下传导的作用。作用机理与多效唑相同，具有控制营养生长，抑制细胞伸长，缩短节间，矮化植株，促进侧芽生长和花芽形成，增加抗逆性的作用。其活性多效唑的6～10倍以上，使用浓度一般比多效唑低5～10倍，在土壤中的残留量仅为多效唑的1/10，因此对后茬作物影响小。

适宜作物 可用于大田作物水稻、小麦，增加分蘖，控制株高，提高抗倒伏力；用于果树和灌木，减少营养生长，控制营养生长的树形；用于观赏植物降低高度，促进花芽形成，增加开花。

剂型 主要有单剂5%可湿性粉剂，5%、10%乳油，0.08%颗粒剂。

应用技术 可用喷雾、土壤处理、种芽浸渍等方法施药。

观赏植物以10～200mg/L喷雾，以0.1～0.2mg/盆浇灌，或于种植前以10～100mg/L浸根（球茎、鳞茎）数小时。对于水稻，以10～100mg/L喷雾，以10～50mg/L进行土壤处理。小麦、大麦以10～100mg/L溶液喷雾。草坪以0.1～1.0kg/hm^2进行喷雾或浇灌。施药方法有根施、喷施及种芽浸渍等。具体应用如下。

(1) 增加分蘖、控制株高、增加抗倒伏力

水稻 经烯效唑处理的水稻，具有控制促蘖效应和增穗增产效果。早稻浸种浓度以500～1000倍液为宜；晚稻的常规粳稻、糯稻等与杂交稻浸种以833～1000倍液为宜，种子量和药液量比为1∶(1～1.2)。浸种36～48h，或间歇浸种，整个浸种过程中要搅拌两次，以便使种子受药均匀。

小麦 用烯效唑拌（闷）种，可使分蘖提早，年前分蘖增多（单株增蘖0.5～1个），成穗率提高。一般按每公顷播种量150kg计算，用5%烯效唑可湿性粉剂4.5g，加水22.5L，用喷雾器喷到麦粒上，边喷雾边搅拌，手感潮湿而无水流，经稍摊晾后直接播种。或于容器内堆闷3h后播种，如播种前遇雨，未能及时播种，

即摊晾伺机播种，无不良影响，但不能耽误过久。播种后注意浅覆土。也可在小麦拔节前10～15d，或抽穗前10～15d，每公顷用5%烯效唑可湿性粉剂400～600g，加水400～600L均匀喷雾。

大豆　于大豆始花期，用50mg/L的药液30～50L/亩均匀喷雾，对降低大豆花期株高、抗倒伏，增加结荚数和提高产量有一定效果。种子或根部吸收烯效唑后可往植株的地上部运输，土壤残留低，安全。还可用烯效唑溶液直接拌种、闷种或混入种衣剂中进行种子包衣，均能使大豆幼苗矮化，增加茎粗、叶绿素含量、分枝数、开花株数、结荚数、粒数和粒重。使用剂量为0.2～1.2g(a.i)/亩，拌种浓度不超过1200mg/L。

用10mg/L烯效唑拌种或在子叶张开时喷苗，能明显降低苗高，增加茎粗、根长和须根数，根冠比大幅度提高。但在移栽后，株高、叶片数、成活率和茎粗增加，根冠比仍然超过对照。

油菜　3叶期，每亩用5%可湿性粉剂20～40g，对水50kg喷雾，可使油菜叶色深绿、叶片增厚、根粗、根多、茎秆粗壮、矮化、多结荚、增产。

花生　初花期，喷5%可湿性粉剂1000倍液，可矮化植株，多结果。

甘薯和马铃薯　在初花期即薯块膨大时，常规喷5%可湿性粉剂1000～1600倍液，可控制地上部旺长，促进薯块膨大。

棉花　用20～50mg/L的药液初花期喷施，可矮化植株，增加产量。

元胡　用20mg/L的药液于营养生长旺盛期喷施，可促进地下部分膨大，增加产量。

油茶　油茶成年树的开花结果主要靠春梢，发育健壮的春梢易发育成结果枝。因此，控制春梢生长对花序及果实形成有直接的影响。据试验，当油茶的春梢长到一定时期（4月20日前后），喷洒500mg/L烯效唑溶液，可以协调营养生长与生殖生长，减少来年春梢长度29.1%，增加春梢数44.5%，叶片数、叶片厚度、总叶绿素、可溶性糖及蛋白质含量、坐果率明显增加，落果率降低，单果鲜重增加26.4%，单株产量增加98.7%。

（2）控制株形、促进花芽分化和开花　以10～200mg/L的药液喷雾，以0.1～0.2mg/L药液喷灌，或在种植前以10～100mg/L药液浸根（球茎、鳞茎等）数小时，可控制株形，促进花芽分化和开花。

注意事项

（1）一般情况下，使用烯效唑不易产生药害。要根据作物品种控制用药浓度，以免浓度过高长过头，相反浓度过低达不到理想效果。若用药量过高，作用受抑制过度时，可增施氮肥或用赤霉素解救。

（2）不同品种的水稻因其内源赤霉素、吲哚乙酸水平不同，生长势也不相同。生长势较强的品种用药量要偏高，而生长势弱的品种用药量要少。烯效唑浸种降低发芽势，随剂量增加更明显，浸种种子发芽推迟8～12h。另外温度高时，用药量要大，温度低时则要少用。

（3）使用时按一般农药标准进行安全防护。

（4）本品应贮存于阴凉干燥处，注意防潮、防晒。不得与食物、种子、饲料混放。

（5）一般地，由于烯效唑在土壤中的半衰期短，且使用浓度一般只有多效唑的1/10，对土壤和环境比较安全，所以应用范围正在扩大，作为坐果剂使用时，有时造成果多、果变形的问题，因此要注意与其他试剂混合施用，如在农作物上使用时，注意与生根剂、钾盐混用，尽量减少用量，减轻对环境的影响；在果树上应用时，尽量与细胞激动素等科学地混用或制成混剂使用，经试验示范后再加以推广。

环丙嘧啶醇（ancymidol）

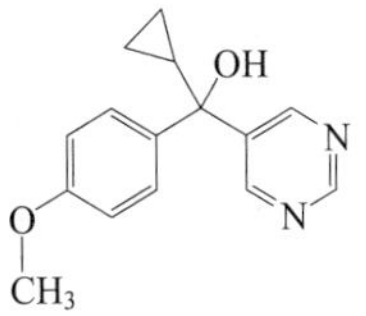

$C_{15}H_{16}N_2O_2$，256.3，2771-68-5

化学名称 α-环丙基-α-(4-甲氧苯基)-5-嘧啶甲醇

其他名称 嘧啶醇、A-抑制剂、氯苯嘧啶醇、三环苯嘧醇、醇草啶。

理化性质 白色结晶，能溶于水，熔点110～111℃，易溶于丙酮、甲醇等。

毒性 对植物无毒。小白鼠急性经口 LD_{50} 为5 000mg/kg。对皮肤无刺激性，但对眼睛稍有刺激作用。

作用特点 可被根系或叶片吸收，抑制植物节间伸长，使叶色浓绿。对大多数观赏植物均有控制株形的作用。抑制植物体内赤霉素的生物合成，有延缓营养生长、促进开花的效果。

适宜作物 用于控制观赏植物株形。盆栽植物与花坛植物，可叶面喷洒或土壤浇灌；对温室花卉，如菊花、一品红、大丽花、郁金香、百合等，控制株形的效果良好。

应用技术

(1) 增抗性 用25～200mg/kg环丙嘧啶醇溶液在鸡冠花、一串红、万寿菊、长春花苗期叶面喷洒，可使其在生长期一直保持良好的观赏效果。定植在庭院的，每3～4周喷1次。能增强植物抗性，提高植物对夏季炎热、大风、干旱及空气污染等不良环境的忍受力。

(2) 苗床控株高 凤仙花、百日草、鸡冠花在苗床中培育时，用25～250mg/kg环丙嘧啶醇溶液叶面喷洒，可有效地控制株高。

(3) 盆栽促矮化 可使盆栽观赏植物矮化，抑制植株长高。

(4) 菊花 植株高5～15cm时，或在打尖后2周，用50mg/kg环丙嘧啶醇溶液土壤浇灌，效果较好。

(5) 百合 植株高5～15cm时，用环丙嘧啶醇0.25～0.5mg/盆（10cm直径）处理，可得矮壮的植物，或在百合种植前用50mg/kg环丙嘧啶醇溶液浸泡球茎12h，矮化效果更显著。

(6) 一品红、杜鹃花 一品红打尖后4周、杜鹃花定植后2周，用环丙嘧啶醇0.1～0.25mg/盆处理也有效。

(7) 郁金香 促成栽培前1周，当盆栽球茎移到温室后1～2d，每盆栽有4～6个球茎，用50mg/kg环丙嘧啶醇溶液土壤浇灌

200mL，或0.5～0.25mg/盆直接施于土中，能控制株形。

（8）天竺葵　具有5～7片真叶时，用0.02%环丙嘧啶醇溶液喷叶，至喷湿为止，效果显著。

（9）五色椒　新枝生长到5～8cm高时，每盆用0.15～0.3mg环丙嘧啶醇土壤浇灌，效果良好。

注意事项

（1）避免与皮肤或食物接触，操作后用肥皂与清水将手洗净。

（2）使用浓度过量，会过度控制植物生长，延缓开花1～2d。但对花的发育没有影响。

（3）不要用松树皮或类似物质作基质与土壤混合在一起，否则将减弱嘧啶醇土壤浇灌的效果。

（4）处理时避免将药液喷到其他植株上。

第四章 植物生长抑制剂

植物生长抑制剂是抑制植物的顶端生分组织的细胞分裂及伸长，或抑制某一生理生化过程，使茎伸长停顿和顶端优势破坏，侧枝多，叶小，生殖器官也受影响的一类化合物。在高浓度下这种抑制是不可逆的，不为赤霉素、生长素所逆转而解除；在低浓度下也没有促进生长的作用。多用于抑制萌芽、催枯、脱落、诱导雄性不育等。

植物生长抑制剂的主要生理作用有：使植物节间缩短，茎粗短，增加叶绿素的合成，使叶色浓绿，叶片变厚，叶绿素含量增多，增强光合作用，增加坐果率，改善品质，提高产量；能抑制细胞和节间生长，抑制果树枝梢的萌发和生长，降低植株需水量，增强果树的抗旱、抗寒、抗盐碱及抗某些病虫害的能力；有抑制植物生长，阻碍赤霉素生物合成功能，是赤霉素的拮抗剂，药效持续时间长。

氨氯吡啶酸（picloram）

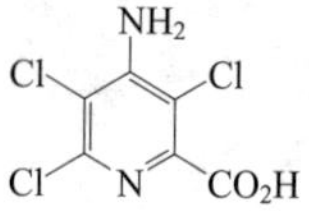

$C_6H_3Cl_3N_2O_2$，241.5，1918-02-1

化学名称 4-氨基-3,5,6-三氯吡啶-2-羧酸

其他名称 Tordon，毒莠定

理化性质 浅棕色固体，带氯的气味，熔化前约190℃分解。蒸气压 8×10^{-11} mPa（25℃）。分配系数 K_{ow} $\lg P=1.9$（20℃，0.1mol/L HCl，即中性介质），相对密度0.895（25℃）。饱和水溶液pH值为3.0（24.5℃），溶解度（20℃，g/100mL）：水0.056，丙酮1.82，甲醇2.32，甲苯0.013，已烷小于0.004。在酸碱溶液中很稳定，但在热的浓碱中分解。其水溶液在紫外线下分解，DT_{50}为2.6天（25℃）。pK_a为2.3（22℃）。

毒性 急性经口LD_{50}（mg/kg）：雄大鼠>5000，小鼠2000～4000，兔约2000，豚鼠3000，羊大于100，牛大于100。兔急性经皮LD_{50}>4000mg/kg，对兔眼睛有中毒刺激，对兔皮肤有轻微刺激。大鼠吸入LC_{50}>0.035mg/L空气。NOEL数据[mg/（kg·d），2年]：大鼠20。ADI值：0.2mg/kg。小鸡急性经口LD_{50}约6000mg/kg。饲喂试验绿头鸭、山齿鹑LC_{50}均>5000mg/kg饲料。蓝鳃翻车鱼LC_{50}（96h）：14.5mg/L，虹鳟鱼LC_{50}（96h）：5.5mg/L。羊角月牙藻EC_{50}：36.9mg/L，粉虾LC_{50}：10.3mg/L。蜜蜂LD_{50}>100μg/只。对蚯蚓无毒。对土壤微生物的呼吸作用无影响。

作用特点 为吡啶羧酸类除草剂，为内吸、选择性除草剂，且有植物生长调节作用。可被植物茎、叶、根系吸收传导。

大多数禾本科植物耐药，而大多数双子叶植物（十字花科除外）、杂草、灌木都对该试剂敏感。在土壤中半衰期为1～12个月。可被土壤吸附集中在0～3cm土层中，在湿度大、温度高的土壤中消失很快。主要与2,4-D等混用，用于麦田、玉米田以及林地除草。

适宜作物 用于防除麦类、玉米、高粱地、林地的大多数双子叶杂草和灌木类杂草，对十字花科杂草效果差。

剂型 24%、25%水剂（盐）等。

应用技术

麦田 每亩用25%水剂30～60mL，对水30～45L，喷施茎

叶。对小麦株高有一定影响，但不影响产量。

玉米　在玉米2～5叶期，每亩用25%水剂90mL，对水35～45L，喷施叶面。

林地　在杂草和灌木生长旺盛时进行叶面喷雾处理。

注意事项

（1）对大多数阔叶作物有害，使用时避免与其接触。尽量避开双子叶植物地块，大风或下风头对阔叶作物切勿施药，应在无风天气施药。

（2）喷药工具使用后要彻底清洗，最好是专用。

（3）多余药液应注意保存，不要乱放，以防和其他农药、肥料、种子混合，造成事故。

（4）光照和高温有利于药效发挥。豆类、葡萄、蔬菜、棉花、果树、烟草、甜菜对该药敏感，轮作倒茬时要注意。施药后2h内遇雨会使药效降低。

草甘膦（glyphosate）

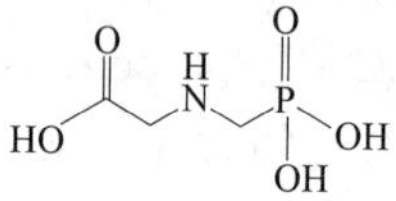

$C_3H_8NO_5P$，169.08，1071-83-6

化学名称　*N*-膦酰基甲基甘氨酸，*N*-膦酰基甲基氨基乙酸

其他名称　草干膦，膦甘酸，镇草宁，农达，农民乐

理化性质　白色晶体，蒸气压1.31×10^{-2}mPa（25℃），密度0.5g/L，熔点200℃（不降解），无挥发性，强极性，难溶于无水乙醇、乙醚、苯等有机溶剂，是一种有机酸，在水中的溶解度低，25℃时草甘膦在水中的溶解度为12g/L，纯品水溶液pH值为1～1.9。熔点与所用溶剂有关：从丙酮溶液中沉淀出来的粉末为224～226℃（并分解）；从强酸中沉淀出来的粉末为230℃（并分解）；从水中结晶出来的固体为314℃（并分解），有较强的络合能力。

毒性　草甘膦属低毒除草剂，原粉大鼠急性经口LD_{50}为4300mg/kg，兔急性经皮LD_{50}为5000mg/kg。对兔眼睛和皮肤有轻度刺激作用，对豚鼠皮肤无过敏和刺激作用。草甘膦在动物体内不蓄积。在试验条件下对动物未见致畸、致突变、致癌作用。对鱼和水生生物毒性较低，对蜜蜂和鸟类无毒害，对天敌及有益生物较安全。对人畜毒性低。对鱼低毒。

作用特点 有良好的内吸传导性能，其除草的主要机理是抑制只有在绿色植物中才能产生的5-烯醇丙酮莽草酸-3-膦酸盐合成酶的活性。草甘膦喷于植物茎叶后，即被植株吸收，并能迅速传导到整个植株及其根部，可将植物斩草除根，对防除那些靠根系繁殖的多年生杂草及一些小灌木也有良好的效果，对其他生物则无负面影响。由于植物对酸的吸收差，高剂量，特别是低喷液量时草甘膦易沉淀，通常以草甘膦酸为基础将其加工成盐或酯。草甘膦易被土壤吸附直到其降解，不易被雨水淋溶进入地表水和运移污染到地下水，不同性质的土壤间有很大区别。由于草甘膦水溶性较差，工业品通常制成钠盐、铵盐、异丙铵盐和二甲铵盐等制剂。

剂型 原药，50%可湿性粉剂，水剂（分别为5%钠盐、10%铵盐、15%铵盐）。

适宜作物 广泛用于橡胶园、咖啡、可可、油棕等南方种植园以及剑麻园、果园、茶园、森林、苗圃、路树带、防火道开设、城市园林庭院、非耕地、免耕及荒地耕前除草；也适用于作物播种前、发芽或收割后除草；也可用于甘蔗、玉米、棉花等地除草。

应用技术

（1）草甘膦陆地除草：一般植物受作用后，24～28h内即传导到根部、叶部，一年生杂草在2～4d，多年生杂草在7～10d显示出受害症状：失绿、发黄、枯萎和死亡。

（2）草甘膦水体除草：草甘膦以高于推荐用药量3～4倍的剂量于鱼塘，当日水中残留量为6.286mg/L，药后一天下降达90%左右，第六日降至0.003mg/L，半衰期（$T_{1/2}$）61d。在水中消失迅速，鱼塘沉淀物中的残留量以施药后1d达到峰值（2.835mg/kg），为水中浓度5倍以上，随后逐渐下降，其半衰期约为1d。

（3）甘蔗增糖：在甘蔗收割前10～15d，喷洒低剂量草甘膦。

（4）作物干燥与催熟：主要用于小麦、玉米、大豆与棉花等作物，通常在收割期前 10～15d 喷药；小麦、玉米用量 0.25～0.85kg/hm^2，棉花用量 0.85～4.0kg/hm^2；喷洒草甘膦有助于解决“水苞米”现象。

（5）抑制牧草生长，改进饲料品质：应用草甘膦可抑制禾本科牧草剪股颖（*Agrostis* spp.）抽穗及降低顶端休眠，提高可食性以及干物质与蛋白质含量；抑制草地早熟禾（*Poa pratensis*）、羊茅（*Festuca ovina*）、狗牙根（*Cynodon dactylon*）等生长。提高饲料品质，通常用量 0.15～0.20kg/hm^2。

注意事项

（1）草甘膦与金属离子有较强的络合能力，因此，其成品在贮藏过程中尽量避免接触金属离子。

（2）易光解，应避光保存。

（3）灭生性除草剂，施药时切忌污染作物，以免造成药害。

（4）草甘膦具有酸性，贮存与使用时应尽量用塑料容器。

（5）对多年生恶性杂草，如白茅、香附子等，在第一次用药后1个月后再施一次药，才能达到理想防治效果。

（6）在药液中加适量柴油或洗衣粉，可提高药效。

（7）在晴天，高温时用药效果好，喷药后 4～6h 内遇雨应补喷。

促生酯

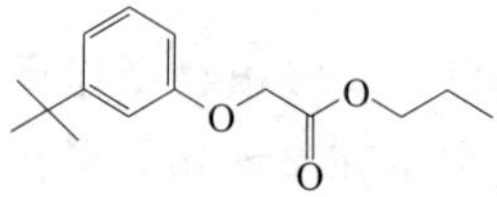

$C_{15}H_{22}O_3$，250.3，66227-09-6

化学名称 3-叔丁基苯氧基乙酸丙酯

其他名称 特丁滴，M&B25105

理化性质 无色透明液体，带有特殊臭味，沸点 162℃（2.67kPa），微溶于水（0.05%）。

毒性 大鼠急性经口 LD_{50} 为 1800mg/kg，急性经皮 LD_{50} > 2000mg/kg。日本鹌鹑急性经口 LD_{50} 为 2162mg/kg。对兔皮肤和眼睛刺激中等，对蜜蜂和蚯蚓无毒。

作用特点 本品为植物生长调节剂，通过吸收进入植物体内，暂时抑制顶端分生组织生长，促进苹果和梨未结果幼树和未经修剪幼树侧生枝分枝，而不损伤顶枝。

适宜作物 苹果树、梨树等。

剂型 75%乳油。

注意事项

采用一般防护，处理农制剂时要戴橡胶手套。本品无专用解毒药，中毒时作对症治疗。

调呋酸（dikegulac）

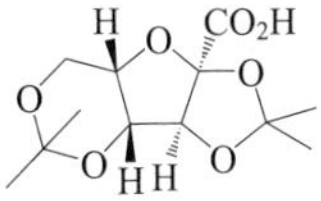

$C_{12}H_{18}O_7$，274，18467-77-1

化学名称 2,3：4,6-二-*O*-异亚丙基-2-酮基-L-古罗糖酸钠，2,3：4,6-双-*O*-(1-甲基亚乙基)-α-L-二甲氧-2-己酮五环糖酸钠

其他名称 二凯古拉酸钠，二凯古拉酸钠糖酸钠，古罗酮糖，Ro 07-6145，Atrinal，Cutlass，Off-shoot

理化性质 调呋酸钠为无色结晶，无臭，熔点＞300℃，蒸气压＜1300nPa（25℃）。溶于水、甲醇、乙醇等。溶解度（25℃，g/L)：水中590，丙酮、环己酮、二甲基甲酰胺、己烷＜10，氯仿63，乙醇230。K_{ow}很低，在室温下密闭容器中3年内稳定；对光稳定；在pH 7～9介质中不水解。商品为每千克中含167g二凯古拉酸钠盐的液体。

毒性 调呋酸钠大鼠急性经口LD_{50}（mg/kg)：雄性31000、雌性18000，大鼠急性经皮LD_{50}＞2000mg/kg。其水溶液对豚鼠皮肤和兔眼睛无刺激性。在饲喂试验中，大鼠接受2000mg/（kg·d）及狗接受3000mg/（kg·d）未见不良影响。日本鹌鹑、绿头鸭和雏鸡饲喂试验LC_{50}(5年)＞50000mg/kg饲料。鱼毒LC_{50}(96h)：蓝鳃翻车鱼＞10000mg/L，虹鳟鱼＞5000mg/L。对蜜蜂无毒，LD_{50}经口和局部处理＞0.1mg/只。

作用特点 调呋酸钠是内吸型植物生长调节剂，能抑制生长素、赤霉酸和细胞分裂素的活性；诱导乙烯的生物合成。能被植物吸收并运输到植物茎端，从而打破顶端优势，促进侧枝的生长。主要用于促进观赏植物、林木侧枝和花芽的形成和生长，抑制绿篱和木本观赏植物和林木的纵向生长。

适宜作物 观赏植物、林木。

剂型 悬浮剂（1.67SC）。

应用技术

（1）树篱植物打尖 调呋酸钠可代替人工打尖，对所有树篱都有效，是优良的打尖剂。一般在春季修剪后2～5d进行，用4000～5000mg/kg溶液喷施全株，连续处理3年，可使树篱植物伸长缓慢，全株叶片丰满，生长旺盛。不同种类的树篱植物，使用浓度不同，常见树篱植物的使用浓度如下：松柏类600～2000mg/kg；金银花600～800mg/kg；香柏800mg/kg；女贞1000mg/kg；山楂1500mg/kg；冬青、小蘗、老鸦嘴、丝棉木2000mg/kg；山毛榉、火棘、玫瑰4000mg/kg；鹅耳枥5000mg/kg。

（2）盆栽观赏植物打尖、整形 对于盆栽观赏植物，使用后有打尖和整形的效果。一般施用浓度为2000～6000mg/kg。

对于需要大规模生产的观赏植物，如常绿杜鹃和矮生杜鹃，一般在春季修剪后2～5d，花分化前4周左右，用4000～5000mg/L药液叶面喷洒，可使它们在整个生长季节，茎的伸长延缓，侧枝多发，株形紧凑。

海棠、叶子花：在花芽分化前，用600～1400mg/L药液叶面喷洒全株，既能起到整形作用，又不影响开花。

注意事项

（1）不要与杀虫剂或肥料混合使用。

（2）容器使用后要用肥皂水洗净。

（3）注意在生长条件好，生长健壮的植物上施用，效果更好。使用时需加入表面活性剂。

（4）不需要专门防护措施，但勿将药液喷溅到地上。

（5）注意防冻结冰。

调嘧醇（flurprimidol）

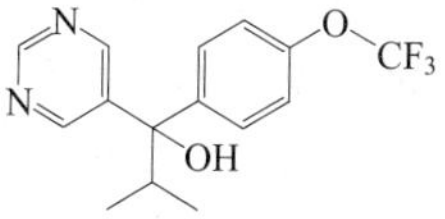

$C_{15}H_{15}F_3N_2O_2$, 312.3，56425-91-3

化学名称　（*RS*）-2-甲基-1-嘧啶-5-基-1-（4-三氟甲氧基苯基）丙-1-醇

其他名称　EL-500

理化性质　本品为无色结晶，熔点 93.5～97℃，沸点 264℃，蒸气压 4.85×10^{-2} mPa（25℃）。分配系数 $K_{ow}\lg P=3.34$（pH 7，20℃），相对密度 1.34（24℃），溶解度（20℃，mg/L）：水中 114（蒸馏水）、104（pH 5），114（pH 7），102（pH 9）。溶解度（20℃，g/L）：正己烷 1.26，甲苯 144，二氯甲烷 1810，甲醇 1990，丙酮 1530，乙酸乙酯 1200。稳定性：在 pH 4、7 和 9（50℃）时，5d 水解率＜10%。室温下至少能稳定存在 14 个月。在水中见光分解，DT_{50} 约 3h。

毒性　急性经口 LD_{50}（mg/kg）：雄大鼠 914，雌大鼠 709，雄小鼠 602，雌小鼠 702。兔急性经皮 LD_{50}＞500mg/kg，大鼠急性吸入 LC_{50}＞5mg/L 空气。NOEL 数据：狗（2 年）7mg/(kg·d)；大鼠（2 年）4mg/kg，小鼠（2 年）1.4mg/（kg·d）。ADI 值：未在食用作物上使用。以每天 200mg/kg 剂量饲养大鼠或者每天 45mg/kg 剂量饲养兔均无致畸作用。Ames 试验，DNA 修复，大鼠原初肝细胞和其他体外生测试验均为阴性。鹌鹑和绿头鸭急性经口 LD_{50}＞2000mg/kg，饲喂试验鹌鹑 LC_{50}（5d）560mg/kg 饲料，绿头鸭 LC_{50}（5d）1800mg/kg 饲料。LC_{50}（96h）蓝鳃翻车鱼 17.2mg/L，虹鳟 18.3mg/L 水；蚤 LC_{50}（48h）11.8mg/L；海藻（*Selenastrum capricornutum*）EC_{50} 0.84mg/L；蜜蜂 LD_{50}（接触，48h）＞100μg/只。

作用特点　调嘧醇属嘧啶醇类植物生长调节剂，赤霉素合成抑制剂。通过根、茎吸收传输到植物顶部，其最大抑制作用在性繁殖阶段。

适宜作物　改善冷季和暖季草皮的质量，减缓生长和减少观赏植物的修剪次数，抑制大豆、禾本科、菊科的生长，减少早熟禾本科草皮的生长，用于2年生火炬松、湿地松的叶面表皮部，能降低高度，而且无毒性；对水稻具有生根和抗倒伏作用。

剂型　50%可湿性粉剂，1%颗粒剂。

应用技术

水稻　对水稻具有生根和抗倒伏作用，在分蘖期施药，主要通过根吸收，然后转移至水稻植株顶部，使植株高度降低，诱发分蘖，增进根的生长；在抽穗前40d施药，提高水稻的抗倒伏能力，不会延迟孕穗或影响产量。

大豆、菊花　以0.45kg/hm^2喷于土壤，可抑制大豆、菊花的生长。

草坪草　以0.5～1.5kg/hm^2施用，可改善冷季和暖季草坪的质量。以每公顷0.84kg调嘧醇＋0.07kg伏草胺桶混施药，可减少早熟禾混合草坪的生长，与未处理对照相比，效果达72%。

观赏植物　可注射树干，减缓生长和减少观赏植物的修剪次数。

火炬松和湿地松　本品用于2年生火炬松和湿地松的叶面和皮部，能降低高度，而且无毒性。当以水剂作叶面喷洒或以油剂涂于树皮时，均能使1年生的生长量降低到对照树的一半左右。

注意事项

（1）本品应贮存于干燥阴凉处。

（2）本品对眼睛和皮肤有刺激性，应注意防护。无专用解毒药，对症治疗。

氟磺酰草胺（mefluidide）

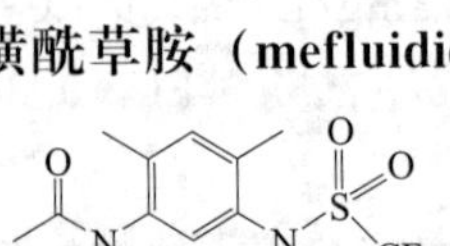

$C_{11}H_{13}F_3N_2O_3S$，342.2，53780-34-0

化学名称　5-(1,1,1,-三氟甲基磺酰基氨基）乙酰-2,4-二甲苯胺

其他名称　Embark，MBR-12325

理化性质　纯品为无色无臭结晶体，熔点183～185℃，蒸气压＜10mPa（25℃）。分配系数 K_{ow} lg$P$=2.02（25℃）。溶解度（23℃，g/L），水中0.18，丙酮350，苯0.31，二氯甲烷2.1，甲醇310，正辛醇17。本品对热稳定，在酸或碱性溶液中回流则乙酰氨基基团水解，水溶液在紫外线照射下降解。

毒性　急性经口 LD_{50}（mg/kg）：大鼠4000，小鼠1920。兔急性经皮 LD_{50}＞4000mg/kg。对兔皮眼睛有中等刺激，对兔皮肤没有刺激。NOEL数据（90d）：大鼠6000mg/kg饲料，狗1000mg/kg饲料。无致突变、致畸作用。对鼠伤寒沙门杆菌没有致突变性。绿头鸭和山齿鹑急性经口 LD_{50}＞4620mg/kg。绿头鸭和山齿鹑饲喂试验 LC_{50}＞10000mg/kg饲料。虹鳟鱼和蓝鳃翻车鱼 LC_{50}（96h）＞100mg/L。对蜜蜂无毒。

作用特点　经由植物的茎、叶吸收，抑制分生组织的生长和发育。作为除草剂，在草坪、牧场、工业区等场所抑制多年生禾本科杂草的生长及杂草种子的产生。作为生长调节剂，可抑制观赏植物和灌木的顶端生长和侧芽生长，增加甘蔗含糖量。

适宜作物　主要为草坪、观赏植物、小灌木的矮化剂。

剂型　0.24%、0.48%液剂。

应用技术　一般用量为300～1100g/hm^2。在甘蔗收获前6～8周，用600～1100g/hm^2喷洒，可增加含糖量。另外，也可作为烟草腋芽抑制剂。

抗倒酯（trinexapac-ethyl）

$C_{13}H_{16}O_5$，252.26，95266-40-3

化学名称　4-环丙基（羟基）亚甲基-3,5-二氧代环己烷羧酸

乙酯

其他名称 挺立，CGA163935，Modus，Primo，Vision，O-mega

理化性质 纯品抗倒酯为无色结晶固体，熔点36℃，沸点>270℃，蒸气压1.6mPa（20℃）。20℃时，溶解度为：水中pH为7时27g/L，pH 4.3时为2g/L；乙腈、环己酮、甲醇>1g/L，己烷35g/L，正辛醇180g/L，异丙醇9g/L。三酮呈酸性，pK_a4.57。

毒性 低毒。抗倒酯原药大鼠急性经口LD_{50}>4460mg/kg，急性经皮LD_{50}>2000mg/kg，急性吸入LC_{50}（4h）>5.69mg/L；对家兔眼睛和皮肤有轻度刺激作用；豚鼠皮肤变态反应（致敏性）试验结果为无致敏性。大鼠90d亚慢性喂养毒性试验最大无作用剂量为500mg/kg饲料36mg/（kg·d）；致突变试验：Ames试验、小鼠微核试验、小鼠体外淋巴细胞基因突变试验、大鼠体外染色体畸变试验等多项致突变试验结果均为阴性，未见致突变作用。抗倒酯250g/L乳油大鼠急性经口LD_{50}>5000mg/kg，急性经皮LD_{50}>4000mg/kg；对家兔皮肤、眼睛无刺激性；豚鼠皮肤变态反应（致敏性）试验结果为有中度致敏性。抗倒酯原药和250g/L乳油均为低毒植物生长调节剂。

抗倒酯原药对虹鳟鱼LC_{50}（96h）为68mg/L；蜜蜂急性接触LD_{50}（48h）115.4μg/只，急性经口LD_{50}（48h）293.4μg/只。250g/L乳油对虹鳟鱼LC_{50}（48h）为24mg/L；对蜜蜂急性接触LD_{50}（48h）为69.9μg/只，急性经口LD_{50}（48h）>107μg/只。抗倒酯可溶剂对家蚕LC_{50}（96h）>5000mg/kg桑叶。抗倒酯对鱼、鸟、蜜蜂、家蚕均为低毒。

作用特点 本品属环己烷羧酸类植物生长调节剂，为赤霉素生物合成抑制剂，通过降低赤霉素的含量，控制作物旺长。可被植物茎、叶迅速吸收，根部吸收很少。减少节间伸长。

适宜作物 可在禾谷类、油料作物、甘蔗、蓖麻、水稻、向日葵和草坪等多种植物上使用，明显抑制生长。主要功效为抗倒伏（用于水稻），促进成熟（用于甘蔗）。

剂型 121g/L可溶液剂和250g/L乳油。

应用技术 使用剂量通常为100～500g（a.i.）/hm^2。

小麦等禾谷类作物与冬油菜 出苗后，以100～300g（a.i.）/hm^2施用于禾谷类作物与冬油菜，能有效降低小麦等禾谷类植物的株高，防止倒伏，改善收获效率。

草坪 以150～500g/hm^2施用于草坪，减少修剪次数。

甘蔗 以100～250g/hm^2用于甘蔗，可促进成熟。

注意事项

勿将抗倒酯乳油用于受不良气候（干旱、冰雹）影响和受到严重病虫害危害的作物。

氯苯胺灵（chlorpropham）

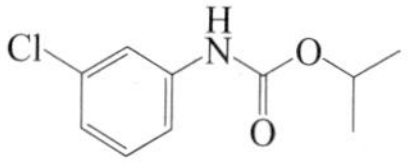

$C_{10}H_{12}ClNO_2$，164.20，101-21-3

化学名称 间氯苯氨基甲酸异丙酯

其他名称 氯普芬，土豆抑芽粉，马铃薯抑芽剂，3-氯苯氨基甲酸异丙酯

理化性质 属低熔点固体，熔点41.4℃，相对密度d^{30} 1.180，折射率n_D^{20}（过冷却的）1.5395。25℃时在水中的溶解度为89mg/L，在石油中溶解度中等（在煤油中10%），可与低级醇、芳烃和大多数有机溶剂混溶。工业产品纯度为98.5%，熔点38.5～40℃。它在低于100℃时稳定，但在酸和碱性介质中缓慢水解。

毒性 对大鼠经口LD_{50}为5000～7500mg/kg（原药为4200mg/kg），兔经皮LD_{50}>2000mg/kg。对眼睛稍有刺激性，对皮肤无刺激性。动物试验未见致畸、致突变作用，大鼠慢性毒性试验和致癌作用试验无作用剂量为每天30mg/kg。

作用特点 本品既是植物生长调节剂又是除草剂。具抑制β-淀粉酶活性，抑制植物RNA、蛋白质合成，干扰氧化磷酸化和光合作用，破坏细胞分裂，因而能显著地抑制马铃薯贮存时的发芽力。也可用于果树的疏花、疏果，同时氯苯胺灵是一种高度选择性苗前或苗后早期除草剂，药剂被禾本科杂草芽鞘吸收，以植物的根部吸收为主，也可被叶片吸收，在体内向上、向下双向传导，有效防除作物地中一年生禾本科杂草和部分阔叶草。

适宜作物 能有效防除小麦、玉米、苜蓿、向日葵、马铃薯、甜菜、大豆、水稻、菜豆、胡萝卜、菠菜、莴苣、洋葱、辣椒等作物地中一年生禾本科杂草和部分阔叶草。用于防除的杂草主要有生禾苗、稗草、野燕麦、早熟禾、多花黑麦草、繁缕、粟米草、荠菜、苋、燕麦草、田野菟丝子、萹蓄、马齿苋等。

应用技术

(1) 用于马铃薯抑芽，在收获后待损伤自然愈合（约14d以上）和出芽前使用，将药剂混细干土均匀撒于马铃薯上，使用剂量为每吨马铃薯用0.7%粉剂1.4～2.1kg（有效成分9.8～14.7g）；或用2.5%粉剂400～600g（有效成分10～15g）。

(2) 在作物播后苗前进行土壤处理，用0.7%粉剂157～425kg/hm^2单用或混用，可防除敏感杂草。

三碘苯甲酸（triiodobenzoic acid）

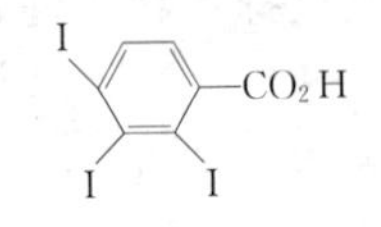

$C_7H_3I_3O_2$，499.81，88-82-4

化学名称 2,3,5-三碘苯甲酸

其他名称 Regmi-8，FloratOHe

理化性质 纯品为白色无定形粉末，熔点224～226℃，不溶于水，常温下在水中的溶解度为1.4%，微溶于煤油或柴油，易溶于乙醇、乙醚、苯、甲苯。其铵盐溶于水。

毒性 低毒。经口急性毒性LD_{50}大鼠为813mg/kg体重，小鼠2200mg/kg体重。对鱼低毒，对鲤鱼48h的TLm>40mg/kg。

作用特点 三碘苯甲酸是一种弱生长素，也是一种生长素传导抑制剂，可降低植物体内生长素的浓度，抑制生长素向根、茎运输，抑制茎顶端生长，阻碍节间伸长，使植株矮化、叶片增厚、叶色深绿、顶端优势受阻。对植株有整形和促使花芽形成的作用，还能促进早熟、增产。高浓度时抑制植物生长，低浓度时促进生根和生长，在适当浓度下促进开花和诱导花芽形成，增加开花数和结实数。

适宜作物 可用于水稻、小麦防止倒伏，增产；用于大豆、番茄促进花芽形成，防止落花、落果；用于苹果幼树整形整枝。

剂型 98%粉剂，2%液剂。

应用技术

(1) 使用方式 原药先加少量乙醇溶解，再加适量水稀释喷雾。

(2) 使用方法

大豆 三碘苯甲酸阻碍生长素在植物体内的运输，抑制茎部顶端生长，叶色变绿，叶片增厚，促进腋芽萌发，株矮分枝多且粗壮，增加荚数、实粒数和产量。在生长旺盛的中熟、晚熟品种或与玉米间作的大豆上使用，增产效果显著；长势弱或极早熟品种不宜使用该药。在大豆初花至盛花期，一般用三碘苯甲酸原药每亩3～5g，初花期3g，盛花期5g。

花生 盛花期用200mg/L药液喷洒1次，促进结荚，提高质量。

甘薯 用150mg/L三碘苯甲酸药液喷洒1次，可抑制地上部分徒长，促进块根生长。

马铃薯 现蕾期用100mg/L三碘苯甲酸药液喷洒1次。

苹果 是国光和红玉苹果的脱叶剂。在采收前30d，用450mg/L三碘苯甲酸药液全株或在着果枝附近喷洒1次，可促进落叶，使果实着色。在苹果盛花期使用，有疏果作用。

对于尚未结果的一二年生苹果树，在早春叶面开始生长时，或者对于已结果的苹果树，在苹果落花后2周或在盛花后1个月，用25mg/L的药液喷洒叶面，可诱导花芽的形成，提高下一年的开花率，使直立生长的主枝改变为向斜面开张，改善侧枝角度。

桑树 在桑树生长旺期用300～450mg/L的药液喷洒1～2次，可增加分枝和叶数。

注意事项

(1) 要掌握好使用浓度、施药次数和施药时期，以免产生不良影响。本品用于大豆可增产和提高大豆蛋白质含量，但要注意不能用于作饲料的豆科植物上。

（2）本品由于使用效果不稳定，影响了它的扩大应用。与一些叶面处理的生长调节剂配合使用，特别是与能够扩大它的适用期、提高其生物活性的物质配合使用，有利于发挥它的应用效果。

（3）加入表面活性剂，如平平加等，会增加其应用效果。

芴丁酸（flurenol）

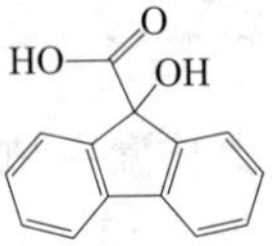

$C_{14}H_{10}O_3$，226.2，467-69-6

化学名称 9-羟基芴-9-羟酸

其他名称 IT 3233

理化性质 熔点71℃，蒸气压3.1×10^{-2}mPa（25℃），分配系数$K_{ow}\lg P=3.7$，pK_a1.09。溶解度：水中36.5mg/L（20℃）；甲醇1500g/L，丙酮1450g/L，苯950g/L，乙醇700g/L，氯仿550g/L，环己酮35g/L（20℃）。在酸碱介质中水解。

毒性 急性经口LD_{50}：大鼠＞6400mg/kg，小鼠＞6315mg/kg。大鼠急性经皮LD_{50}＞10000mg/kg。NOEL数据：大鼠（117d）＞10000mg/kg饲料；狗（119d）＞10000mg/kg饲料。鳟鱼LC_{50}（96h）318mg/L。水蚤LC_{50}（24h）86.7mg/L。

作用特点 芴丁酸通过被植物根、叶吸收而抑制植物生长，但它主要用于与苯氧链烷酸除草剂一起使用，起增效作用，可防除谷类作物中的杂草。

剂型 12.5%乳油。混剂：50%芴丁酸·2甲4氯（1∶4）乳油。

芴丁酸胺（FDMA）

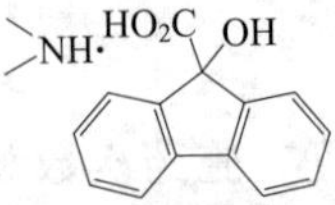

$C_{16}H_{17}NO_3$，271.3，10532-56-6

化学名称 9-羟基芴-9-羧酸二甲胺盐

理化性质 是略带氨气味的五色结晶体。熔点 160～162℃。相对密度 1.18。溶解度（20℃，g/100mL）：水 3.3，丙酮 0.248，甲醇 25。

毒性 芴丁酸胺相对低毒。急性经口 LD_{50}（mg/kg）：大鼠 6400，小鼠 6315。大鼠急性经皮 LD_{50} 10000mg/kg，对兔皮肤和眼无刺激作用。

作用特点 芴丁酸胺由植物茎、叶吸收，传导到顶部分生组织，抑制顶部生长，促进侧枝生长，矮化植株。

应用技术 芴丁酸胺主要用来矮化植株，还可与 2,4-D 混用作为麦田和水稻田除草剂。

抑芽唑（triapenthenol）

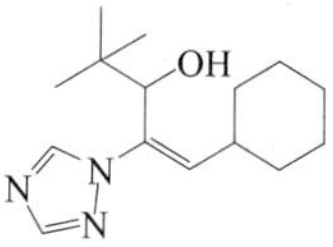

$C_{15}H_{25}N_3O$，263.38，76608-88-3

化学名称 (*E*)-(*RS*)-1-环己基-4,4 二甲基-2-(1*H*-1，2,4 三唑-1-基）戊 1-烯-3-醇

其他名称 抑高唑

理化性质 无色晶体，熔点 135.5℃，蒸气压 4.4×10^{-6} Pa（20℃）。20℃时溶解度为：二甲基甲酰胺 468g/L，甲醇 433g/L，二氯甲烷＞200g/L，异丙醇 100～200g/L，丙酮 150g/L，甲苯 20～50g/L，己烷 5～10g/L，水 68mg/L。

毒性 低毒。大白鼠急性经口 LD_{50}＞5000mg/kg，小鼠急性经口 LD_{50} 为 4000mg/kg，大鼠急性经皮 LD_{50}＞5000mg/kg。大鼠慢性无作用剂量为每天 100mg/kg。对鸟类低毒，日本鹌鹑急性经口 LD_{50}＞5000mg/kg。对鱼低毒，鲤鱼 LC_{50}（96h）为 18mg/L，鳟鱼为 37mg/L（96h）。对蜜蜂无毒。

作用特点 本剂为唑类植物生长调节剂，是赤霉素生物合成抑制剂，主要抑制茎秆生长，并能提高作物产量。在正常剂量下，不抑制根部生长，无论通过叶或根吸收，都能达到抑制双子叶作物生长的目的。对单子叶植物，必须通过根吸收，叶面处理不能产生抑制作用。还可使大麦的耗水量降低，单位叶面积蒸发量减少。使油菜植株鲜重/干重比值增加，每株植物的总氮量没有变化，但以干重计时则氮含量增加。如施药时间与感染时间一致时，具有杀菌作用。

适宜作物 主要用于油菜、豆科作物、水稻、小麦等作物抗倒伏。

剂型 70%抑芽唑可湿性粉剂，70%抑芽唑颗粒剂。

应用技术

水稻 在水稻抽穗前12～15d用药，每公顷用70%可湿性粉剂500～720g，对水750kg，均匀喷雾，防止水稻倒伏。

油菜 油菜现蕾前施药，每公顷用70%可湿性粉剂720g，对水750kg，均匀喷雾，控制油菜株形，防止油菜倒伏，增荚。

大豆 始花期施药，每公顷用70%可湿性粉剂500～1428g，对水750kg，茎、叶均匀喷雾，降低植株高度，增荚、增粒。

注意事项

(1) 抑芽唑控长，防止倒伏，适用于水肥条件好的作物，健壮植物上效果明显。

(2) 应先进行试验，取得经验后再推广应用。

(3) 注意防护，避免药液接触皮肤和眼睛。误服时饮温开水催吐，送医院治疗。

(4) 药品保存在阴凉、干燥、通风处。

增糖胺 (fluoridamid)

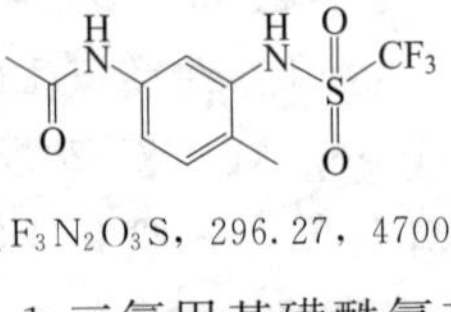

$C_{10}H_{11}F_3N_2O_3S$，296.27，47000-92-0

化学名称 3′-(1,1,1-三氟甲基磺酰氨基)乙酰对甲苯胺

其他名称 撒斯达，MBR-6033，sustar

理化性质 纯品为白色结晶固体，熔点175～176℃。溶于甲

醇和丙酮。水中溶解度 130mg/L。

毒性 低毒。其二乙醇胺盐对大鼠急性经口 LD_{50} 为 2576mg/kg，小鼠 1000mg/kg。对皮肤无刺激性。

作用特点 增糖胺作为植物生长调节剂，可作为矮化剂，还可作为除草剂。

适宜作物 本品作甘蔗催熟剂，在收获前 6～8 周喷施，可以增加甘蔗含糖量，也可作为草坪与某些观赏植物的矮化剂。

剂型 一般使用其二乙醇胺盐。

应用技术 抑制草坪草茎的生长及盆栽植物的生长。剂量 1～3kg/hm^2。也可用于甘蔗上，在收获前 6～8 周，以 0.75～1kg/hm^2 剂量整株施药，可加速成熟和提高含糖量。

注意事项 按照一般农药的要求处理，要避免药液与皮肤和眼睛接触；勿吸入药雾。本品无专用解毒药，应按照出现中毒症状做对症治疗。

正癸醇（*n*-decanol）

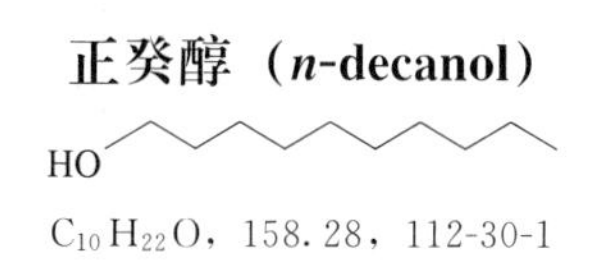

$C_{10}H_{22}O$，158.28，112-30-1

化学名称 癸-1-醇

其他名称 1-癸醇，癸醇，癸烷-1-醇，壬基甲醇，第十醇，正十碳醇，Agent 148，Sucker Agent 504，Alfol-10，Fair-85，Royaltac M-2，Royaltac 85，Sellers 85

理化性质 黄色透明黏性液体，具有强折光性，凝固时成叶状或长方形板状结晶。6.4℃固化形成长方形片状体，沸点 232～239℃（93.3kPa），107～108℃（0.93kPa），相对密度 0.8297（20/4℃），折射率 1.4371，闪点 82℃，黏度 13.8mPa·s。微溶于水，水中溶解度 2.8%（质量），溶于冰醋酸、乙醇、苯、石油醚，极易溶于乙醚。

毒性 大鼠急性经口 LD_{50} 为 18000mg/kg，小鼠急性经口 LD_{50} 为 6500mg/kg。对皮肤和眼睛有刺激性。吸入、摄入或经皮肤吸收后对身体有害。有强烈刺激作用，接触后可引起烧灼感、咳嗽、喉炎、气短、头痛、恶心和呕吐。接触时间长能引起麻醉作用。

作用特点 本品为接触性植物生长抑制剂，用以控制烟草腋芽。

适宜作物 在农业方面，可用作除草剂；作为植物生长调节剂，主要用以控制烟草腋芽。

剂型 63%、79%、85%溶液剂，78.4%、85%乳油。

应用技术 561L水中加浓液剂16.8～22.5L可喷$1hm^2$。施药时间为烟草拔顶约1周或拔顶后2d进行，在第1次喷药后7～10d，再喷第2次，一般在施药后30～60min即可杀死腋芽。

注意事项

(1) 采取一般防护，避免药液接触皮肤和眼睛，勿吸入药雾。如药液溅到皮肤和眼睛，要用肥皂水冲洗。脱下的工作服需经洗涤后再用。

(2) 药品贮存于低温、干燥、通风处，远离热源、食物及饲料。误服后可大量饮用牛奶、蛋白或白明胶水溶液，催吐，勿饮酒类，并迅速送医院。

青鲜素 (maleic hydrazide)

O=⟨环⟩=O 或 HO—⟨环⟩—OH
HN—NH　　N—N

$C_4H_4N_2O_2$, 112.09，123-33-1

化学名称 顺丁烯二酸联胺，1,2-二羟-3,6-哒嗪二酮，6-羟基-3-(2*H*)-哒嗪酮

其他名称 马来酰肼，抑芽丹，木息，顺丁烯二酸酰肼，失水苹果酰肼，MH-30，slo-gro，Su-ck-er-stuff，sprout-stop，Regulox，Retard，Malazide，Desprout，Birtoline

理化性质 纯品为无色结晶体，熔点296～298℃，难溶于水，在水中的溶解度为2000mg/kg，其钠盐、钾盐和铵盐易溶于水，易溶于醋酸、二乙醇胺或三乙醇胺，稍溶于乙醇，在乙醇中的溶解度为2000mg/kg，而难溶于热乙醇。商品为棕色液体，含量为

25%～35%的青鲜素钠盐水剂。稳定性很强，耐贮藏，使用时可直接用水稀释，通常加0.1%～0.5%表面活性剂，以提高青鲜素活性。

毒性　低毒。大白鼠急性经口LD_{50}为3800～6800mg/kg，钠盐为6950mg/kg，钾盐为3900mg/kg，二乙醇胺盐为2340mg/kg。无刺激性。对大白鼠用含钠盐的饲料在50000mg/kg剂量下饲喂2年，未出现中毒症状。不致癌。

作用特点　是一种暂时性生长抑制剂。青鲜素经植物吸收后，能在植物体内传到导到生长活跃部位，并积累在顶芽里，但不参与代谢。青鲜素在植物体内与巯基发生反应，抑制植物的顶端分生组织细胞分裂，破坏顶端优势，抑制顶芽旺长。使光合产物向下输送到腋芽、侧芽或块茎、块根里。能抑制这些芽的萌发，或延长萌发期。青鲜素的分子结构与尿嘧啶类似，是植物体内尿嘧啶代谢拮抗物，可渗入核糖核酸中，抑制尿嘧啶进入细胞与核糖核酸结合。主要作用是阻碍核酸合成，并与蛋白质结合而影响酶系统。在生产中用于延缓植物休眠，延长农产品贮藏期，控制侧芽生长等。

适宜作物　可用于马铃薯、洋葱、大蒜、萝卜等在贮藏期防止发芽；也可用于棉花、玉米杀雄；对山桃、女贞等可起到打尖修顶的作用；对烟叶抑制侧芽。青鲜素与2,4-D混合配制，可作除草剂，用于抑制草坪、树篱和树的生长。

剂型　90%原药，25%钠盐水剂，30%、40%乙醇胺盐水剂，35.5可湿性粉剂。一般制成二乙醇胺盐，配成易溶于水的溶液使用。

应用技术

(1) 抑制萌芽，延长农产品贮藏期

马铃薯、洋葱、大蒜　在收获前2～3周，叶片尚绿时，用2000～3000mg/kg青鲜素溶液叶面喷施，可延缓贮藏期发芽与生根，减少养分消耗，避免因长途运输或贮藏期间变质而造成损失。利用青鲜素处理可做到马铃薯全年上市，缓和蔬菜供应淡旺季节的矛盾。用2000～3000mg/kg青鲜素溶液，每亩用50kg药液叶面喷施马铃薯，可以防止马铃薯块茎在贮藏期间发芽，呼吸下降，淀粉水解减少。

糖用甜菜　在收获前15～30d，用500mg/kg青鲜素溶液喷洒叶下根茎部1次，可抑制甜菜后期叶片生长，增加块根糖分积累，减少贮存中糖分的损失，防止空心或发芽。

甘薯　收获前2～3周，用2000mg/kg青鲜素溶液叶面喷洒一次，可防止甘薯生根和发芽。

抑制烟叶侧芽　烟叶侧芽萌发始期用30%胺盐600倍稀释液每亩喷洒50kg，隔7d左右喷1次，共喷3～4次，可有效抑制侧芽生长，促进叶色变黄，叶质增厚。

虽然青鲜素价格低廉、效果较好，但对人畜不够安全，故生产上将青鲜素与抑芽敏混合使用，在腋芽刚萌发时，将两种抑芽剂按照1∶（1～4）的比例混合，不但提高了抑芽的效果，还扩大了适用期，减少了青鲜素的残留。

（2）抑制抽薹开花

胡萝卜、萝卜　对二年生或萝卜和萝卜，在采收前1～4周，用1000～2000mg/kg青鲜素溶液叶面喷洒一次，可抑制抽薹，减少养分消耗，保持原有色泽与品质。

甘蓝、结球白菜、芹菜、莴苣　甘蓝或结球白菜，在采收前2～4周用2500mg/kg青鲜素溶液叶面喷洒，可抑制花芽分化和抽薹开花，促进叶片生长和叶球形成。用50～100mg/kg青鲜素溶液喷洒，可防止芹菜和莴苣抽薹。

甜菜　花芽分化初期，用3000mg/kg青鲜素溶液叶面喷洒，可抑制甜菜在越冬期间抽薹，延长生长期，提高块根的产量和含糖量。

甘蔗　甘蔗开花会影响植株糖分的积累，在甘蔗穗分化初期用3000～5000mg/kg青鲜素溶液喷洒顶部，可抑制开花，增加糖含量。

芦苇　是造纸原料之一，在造纸工艺过程中，易把芦苇花穗上的护颖带入纸浆，严重影响纸的质量，不利于印刷。用青鲜素可抑制芦苇开花。芦苇幼穗分化期，用3000mg/kg青鲜素溶液喷洒

2次，间隔2周，可抑制开花，或使小花不育，增加植株纤维含量。第一次处理时，药剂中加入100mg/L赤霉素，效果更好。

(3) 化学整株

烟草　摘心后，用2500mg/kg青鲜素溶液喷洒上部5～6片叶，能控制顶芽与腋芽生长，代替人工掰杈。对防治烟草赤星病有一定效果。烟草早花期或抽芽期，用500mg/kg青鲜素溶液喷洒2次，间隔4天，可抑制花序发育，使花粉发育不良，产生空的子房，促进叶片增大，改善品质。

草莓　移栽后，以1000mg/kg青鲜素溶液喷洒草莓植株，可减少匍匐枝的发育，使果实增大。

柠檬树　打顶是生产上常用的整枝方法，用500～1000mg/kg青鲜素溶液喷洒，可抑制茶树新枝形成和发芽，减少冬季的冻伤和落叶，改善茶叶品质。

豇豆　用200～400mg/kg青鲜素溶液喷洒，可抑制豇豆顶芽生长，促进侧芽生长，增加开花结荚数，提高种子产量。

糖用甜菜 留种株在盛花期或种子形成期，用100～500mg/kg青鲜素溶液喷洒，可代替人工去芽，增加种子产量。

绿篱植物　往往需要人工打尖或整修，抑制生长过旺与新梢形成，以改善株形。用青鲜素1000～5000mg/kg溶液处理绿篱植物，如黄杨、鼠李、榔榆、山楂、女贞、日本荚蒾、火棘、毡毛栒子、夹竹桃等，可代替人工修剪，节省劳力。一般在春季人工整修后用青鲜素溶液全株喷洒，可抑制顶芽生长，促进侧枝生长，使株形密集，提高观赏价值。青鲜素一般使用两个月后被降解，不会影响再生长。长期使用，对树木的寿命也没有不良影响。

松树　松柏类植物对青鲜素耐药力比较大，用1000～2500mg/kg青鲜素处理常绿松树，可控制新芽的过度生长，有效期达4个月。

行道树　行道树的树冠往往会由于生长过旺，影响交通安全，以及遮挡夜间照明等。用1000～5000mg/kg青鲜素溶液在春季行道树腋芽开始生长时喷洒全株，由于新发育的叶片比长成的叶片更易吸收青鲜素，可使叶片吸收部位附近的顶芽生长受到抑制。在

2～3月天气晴朗、树身干燥时，对白蜡树、栎树、白杨、榆树等用1500～3000mg/kg青鲜素溶液喷洒，可控制疯杈和枝条生长，使用浓度和效果与植物品种和年龄有关，一般在修剪之后或春季腋芽开始生长时使用效果最好。处理时如空气湿度较高，有利于增加植株对青鲜素的吸收量。

(4) 诱导雄性不育

棉花　现蕾后与接近开花期，以800～1000mg/kg青鲜素溶液喷洒2次，可杀死棉花雄蕊。

玉米　在生长出6～7片叶时，用500mg/kg青鲜素溶液，1周1次，共3次，可去雄。

瓜类　青鲜素能诱导增加雌花。黄瓜幼苗期，用100～200mg/kg青鲜素溶液喷洒，隔10d喷洒1次，共喷洒2次，可提高雌花比例，增加坐果。西瓜在2叶1心期，以100mg/kg青鲜素溶液喷洒，间隔1周1次，共喷2次，可提高早期产量和总产量。苦瓜、甜瓜1～2叶阶段，用青鲜素处理有同样效果。

(5) 切花保鲜

月季、香石竹、菊花　在含糖（糖3.5%，硫酸铝100mg/kg，柠檬酸1000mg/kg，硫酸合联氨700mg/kg）保鲜液中，加入2500mg/kg青鲜素，对月季、香石竹、菊花、金鱼草等切花有良好的保鲜效果。

金鱼草、羽扇豆、大丽花　用250～500mg/kg青鲜素溶液在切花贮存前进行处理，可延长贮藏期，保持质量。

注意事项

(1) 青鲜素当除草剂使用时，可抑制耕地杂草和灌木的生长，如每亩用25%青鲜素1.2～2L加水50L喷雾，可控制多年生杂草3～4个月，也可抑制灌木生长。

(2) 在块茎作物上喷洒青鲜素，要视收获后贮藏与否，若在收获后不需贮藏，则不要喷洒，以免农药残留量过大，影响食品安全。必须严格控制使用浓度，原则上，使用浓度越高，抑制萌芽的效果越明显，但也越使果蔬腐烂。通常青鲜素使用浓度在1000～4000mg/kg之间。青鲜素处理，一定要掌握好采收前喷洒的时间、部位和浓度。喷洒过早，如在叶子生长旺盛时期处理，会抑制块根块茎的膨大生长，影响产量，且抑制萌芽的效果反而差；若喷洒过迟，叶子已经枯黄，就失去了吸收和运转的能力，起不到应有的效果。青鲜素必须在果蔬采收前，喷洒在果蔬叶面，而不能于采后处理。处理过的马铃薯不能留种用，不要处理因缺水或霜冻所致生长不良的马铃薯。

（3）容器用后要洗净，如有残留将影响其他作物。不要让药剂接触皮肤与眼睛。操作人员在使用后，要用清水洗手后再用餐。喷过药的作物、饲料勿喂饲牲畜，喷药区内勿放牧。无专用解毒药，若误服，需做催吐处理，进行对症治疗。贮存在阴凉干燥处。

（4）青鲜素在土表和植物茎叶表面不易消解，也不易在土壤中淋失。因此，应尽量避免在直接食用的农作物上使用，只能用于留种的作物。在收获后不需贮藏的块茎作物上，不可喷洒青鲜素，以免过量残留，对食用不安全。对某些作物需在生长前期使用时，必须经过残留试验后方能推广。植物吸收青鲜素较慢，如施用24h内下雨，将降低药效。使用时加入乳化剂效果更好。

（5）作为烟草控芽剂的最适浓度较窄，较低时效果差，较高时易产生药害，应严格控制使用浓度。

（6）在酸性、碱性和中性溶液中均稳定，在硬水中析出沉淀。但对氧化剂不稳定，遇强酸可分解出氮。对铁器有轻微腐蚀性。

杀木膦（fosamine-ammonium）

$C_3H_{11}N_2O_4P$，170.11，25954-13-6

化学名称 氨基甲酰基膦酸乙酯铵盐

其他名称 膦胺素，蔓草膦，调节膦，安果磷，安果，膦胺

理化性质 工业品纯度大于95%。纯品为白色结晶，熔点173～175℃，蒸气压0.53mPa（25℃）。相对密度1.24。溶解度（g/kg，25℃）：水中＞2500，甲醇158，乙醇12，二甲基甲酰胺1.4，苯

0.4，氯仿0.04，丙酮0.001，正己烷<0.001。稳定性：在中性和碱性介质中稳定，在稀酸中分解，pK_a 9.25。

毒性 低毒。大鼠急性经口 LD_{50} >5000mg/kg，兔急性经皮 LD_{50} >1683mg/kg。对兔皮肤和眼睛没有刺激。对豚鼠皮肤无致敏现象。雄大鼠急性吸入 LC_{50} > 56mg/L 空气（制剂产品）。1000mg/kg 饲料喂养大鼠 90d 未见异常。绿头鸭和山齿鹑急性经口 LD_{50} >10000mg/kg。绿头鸭和山齿鹑饲喂试验 LD_{50}：5620mg/kg 饲料。鱼毒 LC_{50}（96h）：蓝鳃翻车鱼 590mg/L，虹鳟鱼 300mg/L，黑头呆鱼>1000mg/L。水蚤 LC_{50}（48h）：1524mg/L。蜜蜂 LD_{50} >200mg/只（局部施药）。调节膦可被土壤微生物迅速降解，半衰期 7～10d。

作用特点 低浓度的调节膦是植物生长调节剂，主要经由茎、叶吸收，进入叶片后抑制光合作用和蛋白质的合成，进入植株的幼嫩部位抑制细胞的分裂和伸长，使植株株形矮化，抑制新梢生长。调节膦还能增强植物体内过氧化物酶和吲哚乙酸氧化酶的活性，加快内源生长素的分解，抑制营养生长，保证生殖生长对营养的需要，从而提高坐果率和增加产量，并具有整枝、矮化、增糖、保鲜等多种生理作用。

高浓度的调节膦（15000～60000mg/L）是一种除草剂，因为它可抑制光合反应过程中的光合磷酸化，因而使植物因缺乏能量而死亡。可防除森林中的杂灌木和缠绕植物。

剂型 40%、41.5%水剂。

适宜作物 适用于柑橘等果树控制夏梢，增加结实，用作观赏植物化学修剪及花卉保鲜等，柏树、油松、云杉、红松、樟子松等幼林地灭灌除草。防治灌木和萌条包括胡枝子、榛材山丁子、杞柳、佛头花、荚莲、连翘、醋栗、山杏、接骨木、鼠李、刺槐、山楂、山麻黄、悬钩子、柳树、楸树、野蔷薇以及蒙古柞、桦、杨、榆树的萌条和某些蕨类、水蒿等杂草。

应用技术

使用方式：具有整枝、矮化、增糖、保鲜等多种生理作用。使用时，将药液由植物顶端由上向下喷洒，施药剂量、时间视施药对象、施药环境而定。

使用技术

(1) 防除和控制杂草及灌木生长　调节膦可以防除和控制多种杂草及灌木生长，以促进目的树种的生长发育。用药量 2.4～7.2kg/hm^2，秋季落叶前 2 个月，用 150～300L/hm^2 的药量喷雾。有效控制时间 2～3 年。

(2) 控制柑橘夏梢生长　用作植物生长调节剂，它可以控制柑橘夏梢，减少刚结果柑橘的“6 月生理落果”，在夏梢长出 0.5～1.0cm 长时，以 500～750mg/L 喷洒 1 次就能有效地控制住夏梢的发生，增产 15%以上。

(3) 促进坐果，提高果实含糖量

葡萄　浆果开始膨大后，即成期前 30d，用 500～1000mg/L 的药液全株喷施 1 次。

番茄　在番茄旺盛生长时期用 500～1000mg/L 药液喷洒一次，可促进坐果，提高果实含糖量。

(4) 矮化、整枝　在 1～2 年龄橡胶树于顶端旺盛生长时用 1000～1500mg/L 喷洒 1 次，促进侧枝生长，起矮化橡胶树的作用。

(5) 增加产量　在花生下针期用 500～1000mg/L 喷洒一次，能有效地控制花生后期无效花，减少养分消耗，增产 10%以上，使花生叶片增加厚度，上、中部叶片尤其明显。在结荚中期喷洒浓度为 500mg/L，喷液量为 750 L/hm^2，则明显促进荚果增大，饱果数多，百果重及百仁重均增加。

(6) 用于延长玫瑰、月季保鲜时间。

(7) 防除根桩萌条　用 5%水溶液处理刚砍伐的根桩截面即可。

注意事项

(1) 高浓度的调节膦是一种除草剂，当使用浓度为 1000～5000mg/kg 时，可抑制植株生长；15000～60000mg/kg 时，可抑制植物光合作用，杀灭植物。故在作为植物生长调节剂使用时，必须严格掌握剂量，以免发生药害。

（2）配药时，要用清洁水稀释药液，切勿用浑浊河水，以免降低药效。喷后药液进入植物体内一般需要 24h，如喷后 6h 内下雨须补喷，但要注意避免过量喷药。使用时，将药液由植物顶端开始自上而下喷洒。被处理的灌木一般不宜超过 1.5m，过高地面喷洒有困难。落叶前 20d 最好不要喷药，以免延长植物的休眠期。

（3）因调节膦是铵盐，对黄铜或铜器及喷雾器零件易腐蚀，因此药械使用后应立即冲洗干净。

（4）注意安全防护，勿让药液溅到眼内，施药后用肥皂水清洗手、脸。若误服中毒，应立即送医院诊治，采用一般有机磷农药的解毒和急救方法。

（5）果树只能连续 2 年喷洒调节膦，第三年要改用其他调节剂，以免影响树势。

（6）调节膦可与少量的草甘膦、赤霉素、整形素或萘乙酸混用，有增效作用。但不能与酸性农药混用。

调果酸（doporp）

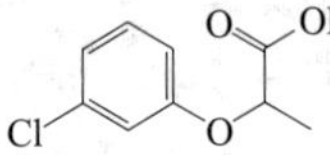

$C_9H_9ClO_3$，200.62，101-10-0

化学名称　2-(3-氯苯氧基）丙酸

其他名称　坐果安

理化性质　纯品为无色无臭结晶粉末，原药略带酚味，熔点 117.5～118.1℃，在室温下无挥发性。溶解性（22℃）：在水中为 12g/L，丙酮中为 790.9g/L，二甲亚砜中为 2685g/L，乙醇中为 710.8g/L，甲醇中为 716.5g/L，异辛醇中为 247.3g/L；24℃在苯中溶解度为 24.2g/L，氯苯中为 17.1g/L，甲苯中为 17.6g/L；24.5℃在二甘醇中溶解度为 390.6g/L，二甲醛胺中为 2354.5g/L，二甲烷中为 789.2g/L。

毒性　剧毒、高毒农药。在小鼠（1.88 年）6g/kg 饲料、大鼠（2 年）5g/kg 饲料的饲喂试验中，无致突变作用。雄大鼠急性经口 LD_{50} 为 3360mg/kg，雌大鼠急性经口 LD_{50} 为 2140mg/kg，兔

急性经皮 LD_{50} ＞2g/kg。野鸭和鹌鹑的 LC_{50} (8d) ＞5.6g/kg 饲料，鱼毒：虹鳟 LC_{50} (96h) 21mg/L，蓝鳃 LC_{50} (96h) 118mg/L。

作用特点 调果酸是应用较为专一的植物生长调节剂，主要用于抑制菠萝冠芽叶的生长，增加果实大小，同时对根或茎易生长赘芽的作物也可以起到抑制的作用。

适宜作物 菠萝、李属植物。

应用技术 使用调果酸可增加菠萝重量，在收获前 15 周即最后一批花凋谢、花冠长 3～5cm 时，以 240～700g/hm^2 对水 1000kg 喷于冠顶，可推迟成熟期，抑制冠部，增加菠萝（凤梨）果径。还可用于某些李属的果树。

注意事项

(1) 要对症下药，并掌握用药时期、施药次数和用药量。

(2) 要选好施药器械，禁止在蔬菜、果树、茶叶、草药材上使用。

(3) 要有适当的防护措施。如施药时应穿长衣裤，戴好口罩及手套，尽量避免农药与皮肤及口鼻接触，施药时不能吸烟，喝水和吃食物；一次施药时间不宜过长，最好在 4h 内；接触农药后要用肥皂清洗，包括衣物；药具用后清洗要避开人畜饮用水源；农药包装废弃物要妥善收集处理，不能随便乱扔。

(4) 农药应封闭贮藏于背光、阴凉和干燥处，远离食品、饮料、饲料及日用品等。

(5) 孕妇、哺乳期妇女及体弱有病者不宜施药。如发生农药中毒，应立即送医院抢救治疗。

抑芽醚 (naphthalene)

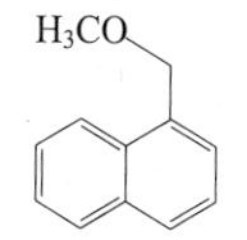

$C_{12}H_{12}O$，172.1，5903-23-1

化学名称 1-萘甲基甲醚

理化性质 无色液体，沸点106～107℃（400Pa）。无色无臭液体，折射率n_D^{20} 1.6037，相对密度d_4^{20} 1.0830。性质较稳定，不易皂化。由萘氯甲基化后与甲醇在碱性条件下反应生成。

作用特点 是一种植物生长调节剂，能抑制马铃薯在贮藏期发芽。

应用技术 主要用于抑制马铃薯发芽，用量为1kg薯用6%粉剂2g，处理过的薯仍可作种薯用。

注意事项

（1）药品贮于干燥通风库房，勿让儿童进入，勿与食物、饲料共贮。

（2）使用时须戴面具和着工作服，慎勿吸入药雾。无专用解毒药，出现中毒可对症治疗。

仲丁灵（butralin）

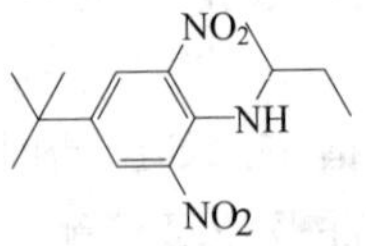

$C_{14}H_{21}N_3O_4$，295.33，33629-47-9

化学名称 *N*-仲丁基-4-叔丁基-2,6-二硝基苯胺

其他名称 止芽素，地乐胺，比达宁，硝苯胺灵，双丁乐灵，A-820，Amchem70-25，AmchemA-820，TAMEX

理化性质 略带芳香味橘黄色晶体，熔点60～61℃，沸点134～136℃(66.7Pa)，蒸气压1.7mPa(25℃)，溶解度水中1mg/L(24℃)，丁酮9.55kg/kg，丙酮4.48kg/kg，二甲苯3.88kg/kg，苯2.7kg/kg，四氯化碳1.46kg/kg（24～26℃），265℃分解，光稳定性好，贮存3年稳定，不宜在低于－5℃下存放。

毒性 对人畜低毒，大鼠急性经口LD_{50}为2500mg/kg，急性经皮LD_{50}为4600mg/kg，急性吸入LC_{50}为50mg/kg（空气）。对黏膜有轻度刺激作用。

作用特点 仲丁灵为选择性芽前土壤处理的除草剂，其作用与氟乐灵相似，药剂进入植物体后，主要抑制分生组织的细胞分裂，从而抑制杂草幼芽及幼根生长。亦可作植物生长调节剂使用，控制烟草腋芽生长。

适宜作物 适用于大豆、茴香、胡萝卜、西红柿、青椒、茄子、韭菜、芹菜、菜豆、萝卜、大白菜、黄瓜、蚕豆、豌豆、牧草、棉花、水稻、玉米、向日葵、马铃薯、花生、西瓜、甜菜、甘蔗、烟草等作物田中防除稗草、牛筋草、马唐、狗尾草等1年生单子叶杂草及部分双子叶杂草。对大豆田菟丝子也有较好的防除效果。亦可用于控制烟草腋草生长。

应用技术

（1）播种前或移栽前土壤处理。大豆、茴香、胡萝卜、育苗韭菜、菜豆、蚕豆、豌豆和牧草等在播种前每亩用48%地乐胺200～300mL对水作地表均匀喷雾处理。西红柿、青椒和茄子在移栽前每亩用48%乳油200～250mL对水均匀喷布地表，混土后移栽。

（2）播后苗前土壤处理。大豆、茴香、胡萝卜、芹菜、菜豆、萝卜、大白菜、黄瓜和育苗韭菜、在播后出苗前，每亩用48%乳油200～250 mL对水作土表均匀喷雾。花生田在播前或播后出苗前每亩用48%仲丁灵乳油150～200mL对水均匀喷布地表，如喷药后进行地膜覆盖效果更好。

（3）苗后或移栽后进行土壤处理。水稻插秧后3～5d用48%仲丁灵乳油125～200mL拌土撒施。

（4）茎叶处理。在大豆始花期（或菟丝子转株危害时），用48%仲丁灵乳油100～200倍液喷雾（每平方米喷液量75～150mL），对菟丝子及部分杂草有良好防治效果。

（5）烟草抑芽。烟草打顶后24h内用36%乳油对水100倍液从烟草打顶处倒下，使药液沿茎而下流到各腋芽处，每株用药液15～20mL。

注意事项

（1）使用仲丁灵一般要混土，混土深度3～5cm可以提高药效。在低温季节或用药后浇水，不混土也有较好的效果。

（2）防除菟丝子时，喷雾要均匀周到，使缠绕的菟丝子都能接触到药剂。

（3）作烟草抑芽及使用时，不宜在植株太湿，气温过高，风速太大时使用。

（4）避免药液与烟草叶片直接接触。已经被抑制的腋芽不要人为摘除，避免再生新腋芽。

（5）施药时注意安全防护。

第五章 乙烯释放剂

乙烯释放剂是指人工合成的释放乙烯的化合物，可催促果实成熟。乙烯是一种植物内源激素，如叶、茎、根、花、果实、块茎、种子及幼苗在一定条件下都会产生乙烯，它是植物激素中分子最小者。乙烯的生理功能主要是促进果实、籽粒成熟，促进叶、花、果脱落，也有诱导花芽分化、打破休眠、促进发芽、抑制开花、矮化植株及促进不定根生成等作用。一般认为，乙烯促进果实成熟，是因为乙烯能增加细胞膜作用，特别是液泡膜的透性，引起大量水解酶外渗，导致呼吸作用加强，果肉组织内的有机物迅速转化，最后达到成熟。乙烯还是控制叶片脱落的主要激素，它能促进细胞壁降解酶——纤维素酶的合成，加速离层细胞的成熟，导致叶片、花和果实等器官的脱落。

乙烯利是最为广泛应用的一种乙烯释放剂。乙烯利在 pH 值为 4 以下是稳定的，当植物体内 pH 值达 5～6 时，它慢慢降解，释放出乙烯气体。

乙烯利（ethephon）

HO O P HO Cl

$C_2H_6ClO_3P$，144.5，16672-87-0

化学名称 2-氯乙基膦酸

其他名称 乙烯灵，乙烯磷，一试灵，CEPA，Ethrel

理化性质 纯品为长针状无色结晶，熔点74～75℃，极易吸潮，易溶于水、乙醇、乙醚、丙酮、甲醇，微溶于苯和二氯乙烷，不溶于石油醚。制剂为棕黄色黏稠强酸性液体，pH值1左右。在常温、pH值3以下比较稳定，几乎不放出乙烯，在pH值4以上会分解出乙烯，乙烯释放速度随温度和pH值升高而加快。乙烯利在碱性沸水浴中40min会全部分解，放出乙烯和氯化物及磷酸盐。

毒性 低毒。原药大鼠急性经口LD_{50}为4299mg/kg，兔急性经皮LD_{50}为5730mg/kg。小白鼠急性经皮LD_{50}为6810mg/kg体重。对人皮肤、黏膜、眼睛有刺激性，无致突变、致畸和致癌作用。乙烯利与酯类有亲和性，故可抑制胆碱酯酶的活力。对鱼低毒，对蜜蜂低毒，对蚯蚓无毒。

作用特点 是促进植物成熟的生长调节剂，易被植物吸收，进入植物的茎、叶、花、果实等细胞中，并在植物细胞液微酸性条件下分解释放出乙烯，与内源激素乙烯所起的生理功能相同。几乎参与植物的每一个生理过程，具有促进果实成熟，促进叶片、果实脱落，促进雌花发育，诱导雄性不育，打破种子休眠，减少顶端优势，增加有效分蘖，使植株矮壮等作用。

适宜作物 乙烯利主要应用于棉花、水稻、玉米、高粱、大麦、番茄、西瓜、黄瓜、苹果、梨、柑橘、山楂等作物催熟；也用于水稻，控制秧苗徒长，增加分蘖；增加橡胶乳产量和小麦、大豆等的产量。

剂型 85％原药，60％原油，40％水剂，40％醇剂。

应用技术

（1）催熟

玉米　心叶末期每亩用40％乙烯利50mL对水15kg喷施，可矮化植株，抗倒伏，增产，成熟期提前3～5d。

棉花　棉花属无限生长习性，但是受气候条件制约，特别是随着夏播棉的发展，部分晚期棉铃不能自然成熟，甚至不能开裂吐絮。乙烯利直接增加棉花的乙烯生成，从而引起叶片脱落和棉铃开裂，但一般情况下，乙烯利的催熟效果优于脱叶效果。用乙烯利催熟棉花，大多数需要催熟的棉铃达到铃期的70%～80%时，药液浓度一般在500～800mg/L。目前我国使用较多的是40%乙烯利水剂，每亩用100～150mL，对水量可根据使用的喷雾方法调整，手动喷雾时用水20～30kg，机动喷雾时可用水15～20kg。用乙烯利催熟处理后，早熟棉花10月上中旬吐絮率可达92.9%～98.2%，比对照增加11.6%，同时中熟棉花吐絮达79.2%～81.1%，比对照增加24.2%～34.4%，中熟品种的催熟效果更显著。乙烯利还可以与除草剂百草枯进行复配，在催熟棉铃的同时促进叶片脱落，以利于机械辅助收获。使用时通常使用390～487.5g/hm^2（乙烯利和百草枯的配比为10∶3），对水450kg进行叶面喷雾。百草枯与乙烯利混用可大大促进棉铃开裂吐絮过程，吐絮率一般提高15%～20%，霜前花率提高10%～20%。

梨　用200～400mg/L的乙烯利药液喷洒植株可疏花疏果；用25～250mg/L的乙烯利药液喷洒可催熟，改善果实品质。

樱桃、枣　用200～300mg/L的乙烯利药液浸果可催熟。

山楂　在果实正常采收前1周，用40%乙烯利水剂800～1000倍稀释液喷雾全株，可促使山楂果脱落，脱落率可达90%～100%，采收省工可提高好果率。

李子　用50～100mg/L的乙烯利药液喷洒植株，可催熟，改善果实品质。

葡萄　在果实膨大期，喷40%乙烯利水剂888～1333倍液，每隔10d喷施一次，连续喷2次，果实可提前10d左右成熟。

果梅　用250～350mg/L的乙烯利药液喷洒植株，可催熟。

柿子　用300～800mg/L的乙烯利药液喷洒植株或浸果，可催熟，脱涩。

银杏　用500～700mg/L的乙烯利药液喷洒植株，可促进果实脱落。

菠萝　用25～75mg/L的乙烯利药液叶腋注射，可催芽；每株灌入30～50mL 250～500mg/L的乙烯利药液，可控制开花结果；果实成熟度达七成以上时使用，可催熟。

香蕉　用800～1000mg/L的乙烯利药液浸果，可催熟。

烟草　乙烯利催熟烟叶可以在生长后期茎叶处理或采后处理烟片。茎叶处理：一般采用全株喷洒的方法。对于早、中烟，在夏季晴天喷施500～700mg/L乙烯利，每亩用40％乙烯利水剂62.5～87.5mL，加水50～100kg，3～4d后烟株自下向上约2～4台叶（每台2片）既能由绿转黄，和自然成熟一样；对晚烟，浓度要增加到1000～2000mg/L，5～6d后浅绿色的叶片转黄。也可以用15％乙烯利溶液涂于叶基部茎的周围，或者把茎表皮纵向拨开约1.5cm×4.0cm，然后抹上乙烯利原液，3～5d，抹药部位以上的烟叶即可褪色促黄，乙烯利在烟草上药效持续期为8～12d，也可在烟草生长季节，针对下部叶片和上部叶片使用两次。有研究表明对达到生理成熟的上部烟叶，高温快烤前提前2d喷施浓度为200mg/L的乙烯利溶液能使烤后烟叶成熟度提高，化学成分含量的适宜性和协调性得到改善。乙烯利处理的高温快烤可提高上等烟和上、中等烟比例，较未使用乙烯利处理的提高15.66％。

番茄　番茄在采收前期应用乙烯利处理，不仅可促进早熟、增加早期产量，而且对后期番茄的成熟也十分有利。对于贮藏加工番茄品种，为了便于集中加工，都可应用乙烯利加工处理，其茄红素、糖、酸等的含量与正常成熟的果实相似。使用方法如下。

涂抹法。当番茄的果实由青熟期即将进入催色期时，可用小毛巾或纱手套等的4000mg/kg的乙烯利溶液中浸湿后，在番茄果实上揩一下或摸一下即可。经处理的果实可提早6～8d成熟，且果实光泽鲜亮。

浸果法。也可将进入催色期的番茄采摘下来再催熟，可采用2000mg/kg的乙烯利溶液对果实进行喷施1min或喷洒，再将番茄置于温暖处（22～25℃）或室内催熟，但用这种方法催熟的果实不如在植株上催熟的果实鲜艳。

大田喷果法。对于一次性采收的大田番茄，可在生长后期，大部分果实已转红色但尚有一部分青果不能用作加工时，为了加速果实成熟，可全株喷施1000mg/kg乙烯利溶液，使青果加快成熟。对于晚季栽培的秋番茄或高山番茄，在生长后期气温逐渐下降，为防霜冻可用乙烯利喷洒于植株或果实，促进果实提早成熟。

但须注意，应用乙烯利促进番茄早熟，要严格掌握乙烯利的浓度。在番茄的正常生长季节，不能用乙烯利喷施植株，因为植株经乙烯利，特别是较高浓度的乙烯利处理后，会抑制植株的生长发育，并使枝叶迅速转黄，将严重影响产量。

西瓜　用100～300mg/L喷洒已经长足的西瓜，可以提早5～7d成熟。

但要注意，乙烯利催熟瓜果时，某些瓜果风味欠佳，如西瓜，除施足底肥外，还应配合使用有关增甜剂，才能达到既早熟风味又好的效果。或者与某些生长抑制剂混用，结合高效水肥条件则更理想。

平菇　用500mg/L的乙烯利药液喷洒3次，可促进现蕾，早出菇，增产。

金针菇　用500mg/L的乙烯利药液喷洒，可促进早出菇，出齐菇。

(2) 调节生长，增加产量，改善品质

水稻　连作晚稻秧苗生长期，由于播种量较大，气温高，生长速度快，植株普遍细长，适时喷施乙烯利溶液后，能在植物体内释放出乙烯，引起水稻幼苗矮化。在水稻秧田期使用乙烯利处理后，能起到提高秧苗素质、控制秧苗高度等生理作用。主要表现在如下方面。①提高秧苗素质，秧苗出叶速度加快，叶色深绿，单叶光合效率明显高于对照。移栽前和移栽后，根系吸收能力强，单株发根能力强，根量多，返青快。②控制后季稻秧苗的高度，秧苗高度比对照下降25%左右。③减轻拔秧力度。④促进栽秧后早发。⑤提早抽穗。⑥增加产量，增产率达5%～10%。用40%乙烯利800～1600倍液喷雾，每亩喷50kg，在秧苗四叶期、六叶期各喷1次。

需要注意的是，乙烯利促进秧苗发育，常发生“早穗”，只有掌握在拔秧前15d左右使用才能免除这一副作用。

玉米　在玉米拔节初期，一般品种在有6～10片展开叶时，用乙烯利60～90g对水450kg进行叶面喷雾，能有效降低下部节间长度，降低株高，防止倒伏；生产上将乙烯利和胺鲜酯、羟烯腺嘌呤、芸薹素内酯等促进型植物生长调节剂进行复配使用。30%胺鲜酯·乙烯利水剂（福建浩伦生物工程技术有限公司首家登记）在生产上推广应用有较好的表现，除了保留乙烯利降低株高、防止倒伏的同时，加入的胺鲜酯组分促进了源器官光合产物的制造能力，表现出穗粒数增加、千粒重提高、减小了“秃尖”长度，大幅度提高了玉米产量，同时增强了玉米植物对大风、干旱等不良环境的抵抗能力。

大麦　乙烯利在大麦抽穗初期施用，使大麦株高降低，成熟期提前，千粒重略有增加，具有一定的增产效果，而对大麦穗长、每穗实粒数无明显影响。乙烯利对大麦生长发育无明显不良影响，安全性较好。应用乙烯利防止大麦倒伏、催熟，每亩用乙烯利20～24g进行叶面喷雾为宜，掌握在大麦破口抽穗期施药。

高粱　用250mg/L的乙烯利药液喷洒叶面，可矮化植株，抗倒伏，增产。

大豆　乙烯利被植物吸收后，在体内释放乙烯，引起生理变化，促进果实成熟，使大豆植株矮壮，提高产量。在大豆9～12叶片时，用40%水剂配制成0.3～0.5g/L的乙烯利溶液，每亩喷稀释液30～40L。

花生　开花多，结荚少，秕果多，饱果少，所以要设法控制后期花，使之少开花或不开花，以减少养分消耗，为多结荚、结饱荚创造条件。据王永露等（2011）的试验结果表明，对初花期花生叶面喷施6种浓度的40%乙烯利水剂，可使植株矮化，抑制花生地上部分的生长，使主茎和分枝长比对照缩短，但分枝数较多；提高单位叶面积鲜重、干重及植株鲜重、干重；提高植株的单株结荚数、饱果率和产量。其中以浓度为200mg/L的处理效果最好，花生的经济性状和产量最高，适宜在生产中推广。另据葛建军等（2008）报道，不同浓度的乙烯利能够明显提高花生功能叶叶绿素含量和光合速率，有利于功能叶光合产物的合成和累积以及籽粒产量和品质的提高；有利于花生功能叶中的氮素向籽粒库转运，不同浓度的各处理功能叶中全氮、蛋白氮含量的减少量均高于对照；且能够明显提高花生结荚前期功能叶硝酸还原酶、谷氨酰胺合成酶和转化酶活性及结荚中、后期功能叶中蛋白水解酶活性；能明显提高花生籽粒全氮、蛋白氮的含量，且以150mg/L浓度最合理。

橡胶树　用乙烯利处理橡胶树时，以15年生长以上的实生树为宜。先将橡胶割线下部刮去4cm的死皮，然后涂药液，浓度为30%以下，涂药后20h胶乳分泌量急剧上升，药效期可达1.5～3个月，药效消失后可再涂。应采用半树围隔日割胶，每月割次应控制在15刀以下，过多时将会影响产胶潜力。

漆树、安息香树、松树、印度紫檀等，经乙烯利处理后，可促进分泌乳液和油脂。

(3) 调节花期、提高两性花比例

小麦　用40%乙烯利水剂200～400倍液于抽穗初期到末期使用，可使雄性不育。

水稻　用1%～2%乙烯利溶液在花粉母细胞减数分裂时喷洒，可使花粉母细胞发育不全。

棉花　用1000～2000mg/L的乙烯利溶液喷洒植株，可使雄蕊发育不全。

花生　用2000mg/L的乙烯利溶液在开花后25d喷洒植株，可控制开花。

杏树　用50～200mg/L的乙烯利溶液喷洒植株，可延迟开花，增产。

芒果　用100～200mg/L的乙烯利溶液喷洒植株，可促进开花。

黄瓜　用200～300mg/L的药液在苗龄1心1叶时各喷一次药，有增产效果，雌花增多，节间变短，坐瓜率提高。

西葫芦　用150～200mg/L的乙烯利药液于3叶期喷洒植株，以后每隔10～15d喷洒1次，共喷洒3次，可使雌花数增加，增加早期产量15%～20%，提早7～10d成熟。

甜瓜　用100mg/L的乙烯利溶液喷洒植株，可提高两性花比例。

甜菜　用4000～8000mg/L的乙烯利溶液喷洒植株，可杀雄，但也有使甜菜不易抽穗的副作用。

牡丹　用500mg/L的乙烯利溶液喷洒植株，可促进开花。

菊花　用200mg/L的乙烯利溶液喷洒植株，可抑制花芽形成，推迟花期。

水仙　用1000～2000mg/L的乙烯利溶液浇灌，可促进开花。

叶子花　用75mg/L的乙烯利溶液喷洒植株，可促进开花。

(4) 增加分枝、促进生长

玫瑰、杜鹃花、天竺葵　插枝生根后，用500mg/L的乙烯利溶液喷洒苗基部，间隔2周再喷1次，可促进侧枝生长。

香石竹　用500mg/L的乙烯利溶液喷洒4次，可增加分枝，促进生长。

(5) 提高抗逆性

马铃薯　在马铃薯移植5周后，叶面喷洒200～600mg/L的乙烯利溶液，可控制马铃薯巧克力斑点病。

茶树　10月下旬至11月上旬，每亩用40%乙烯利水剂125mL，对水150kg喷洒花蕾，可促使落花落蕾，节省茶树养料，有利于翌年春茶增产及增强茶树抗寒性。

注意事项

(1) 乙烯利原液稳定，但经稀释后的乙烯利水溶液稳定性变差。生产上使用时应随配随用，放置过久会降低使用效果。

(2) 乙烯利活性强，不可随意使用，否则将产生药害。缺少使用经验的地方要先试验，然后再扩大面积使用。

(3) 使用乙烯利要配合其他农业技术措施，尤其要施足基肥和增加追肥。遇天旱、肥力不足、作物生长矮小时，应降低使用浓度；雨水过多，肥力过剩，气温偏低，作物不能正常成熟时，应增加使用剂量。

(4) 乙烯利宜在晴天使用，至少在用后4～5h内无雨，否则药效减弱，需补充用药。施用本品的气温最好在16～32℃，当温度低于20℃时要适当加大使用浓度。如遇天旱、肥力不足，或其他原因植株生长矮小时，使用该药剂应予小心，降低使用浓度，并做小区试验。相反，如果土壤肥力过大，雨水过多，气温偏低，不能正常成熟时，应适当加大使用浓度。作为使用乙烯利后要及时收获，以免果实过熟。

(5) 配制乙烯利溶液的酸度在 pH 值 4 以下时可直接使用，若酸度在 pH 值 4 以上时，则需要加酸使药液调至 pH 值等于 4。

(6) 使用乙烯利时温度宜在 20℃以上。温度过低，乙烯利分解缓慢，使用效果降低。

(7) 乙烯利虽是低毒制剂，但对人的皮肤、眼睛有刺激作用。0.5%乙烯利能刺激眼睛，20%乙烯利能刺激皮肤，故使用时应尽量避免与皮肤接触，特别注意不要将药液溅入眼内。如不慎皮肤接触原液或溅入眼内，应迅速用水和肥皂水冲洗，必要时请医生治疗。

(8) 乙烯利具有强酸性，原液与金属容器会发生反应放出氢气，腐蚀金属容器、皮肤及衣物，因此应戴手套和眼镜作业，作业完毕后应立即充分清洗喷雾器械。当遇碱时会放出可燃易爆气体乙烯，在清洗、检查或选用贮存容器时，务必注意这些性能，以免发生危险。贮存过程中勿与碱金属的盐类接触。

放线菌酮 (cycloheximide)

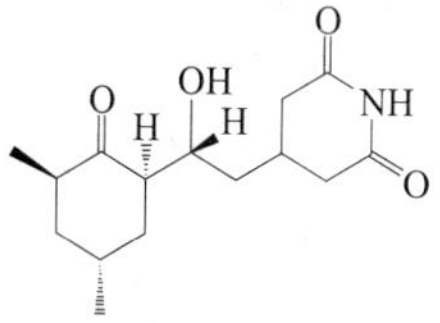

$C_{15}H_{23}NO_4$，281.36，66-81-9

化学名称 3-[2-(3,5-二甲基-2-氧代环己基)-2-羟基乙基]-戊二酰胺

其他名称 环己酰亚胺，农抗 101，内疗素，柑橘离层剂，Actidione，Acti-Aid

理化性质 纯品为无色、薄片状的结晶体，熔点 119～121℃。相对密度 0.945 (20℃)。其稳定性与 pH 有关。在 pH 4～5 最稳定，pH 5～7 较稳定，pH>7 时分解。在 25℃条件下，丙酮中溶解度 33%，异丙醇 5.5%，水中 2%，环己胺 19%，苯<0.5%。

毒性 急性经口 LD_{50}：小鼠 2mg/kg，大鼠 13365mg/kg，豚

鼠 65mg/kg，猴子 60mg/kg。

作用特点 放线菌酮为抗生素，能杀死酵母和真菌，作为杀菌剂，对细菌无效。同时又是良好的植物生长调节剂，田间应用后，大多保存在果皮上。低浓度诱导果实内源乙烯产生，迅速输送到果柄，促使离层区酶形成，使果实脱落。同时还可促进老叶片脱落，但不影响翌年产量。

适宜作物 柑橘、橙、柚、油橄榄。

应用技术

柑橙、橙、柚、油橄榄 当果实趋于正常成熟时，用 2～25mg/L 放线菌酮喷洒，处理后 3～7d，果柄离层充分发育，收获时果实容易从茎秆上摘取。用 1000mg/L 放线菌酮超剂量喷雾效果更好。可以促进油橄榄叶片脱落，但效果不如乙烯利好。

柑橘 促进柑橘果实采收前脱落，一般浓度为 10～20mg/L 喷洒，也可将放线菌酮（1～5mg/L）与甲氯硝吡唑（50～100mg/L）混合后处理，效果更好。

注意事项

（1）放线菌酮对皮肤有刺激性，可使嘴唇周围发红、瘙痒，操作后用肥皂水洗净手、脸。如不慎进入眼睛，需用清洁流水冲洗 15min。反应轻时外擦甘油即可，严重时注射葡萄糖酸钙。

（2）不能与碱性药物混用。

（3）放线菌酮对哺乳动物毒性较高。

（4）放线菌酮在 20～30mg/L 浓度施用可使作物抵御病害和加速落果。但剂量过高，可能会产生反作用。

调节硅（silaid）

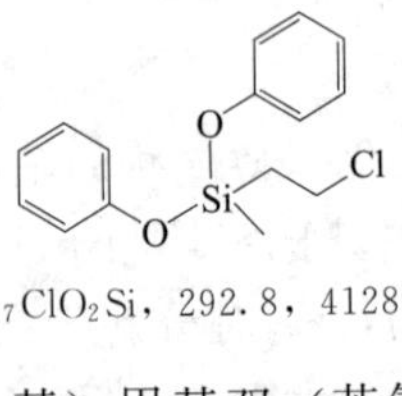

$C_{15}H_{17}ClO_2Si$，292.8，41289-08-1

化学名称 （2-氯乙基）甲基双（苯氧基）硅烷

作用特点 调节硅为有机硅类的一种乙烯释放剂。可经植物的叶、小枝条、果皮吸收，进入植物体内能很快形成乙烯，尤其是橄榄树。还可增加橘子果皮花青素的含量。

适宜作物 橄榄，柑橘。

应用技术

橄榄 在橄榄收获前 6～10d，用 $1kg/hm^2$ 剂量喷果，使果实易于脱落，利于收获。

柑橘 收获前 10d，用 500～2000mg/L 剂量叶面喷施，可增加果皮花青素含量，增加色泽。

乙二肟（glyoxime）

HO–N=CH–CH=N–OH

$C_2H_4N_2O_2$, 88.07, 557-30-2

化学名称 乙二醛二肟

其他名称 Pik-off，CGA-22911，glyoxal dioxime

理化性质 白色结晶，无臭，熔点 178℃（升华）。微溶于水，水溶液呈弱酸性，溶于热水、乙醇和乙醚。在常温下较稳定，可保存 5 年以上，在高温（50～70℃）下易降解，不能与其他化合物混合使用。

毒性 低毒。大白鼠急性经口 LD_{50} 为 180mg/kg。

作用特点 乙二肟为乙烯促进剂，也是柑橘果实离层剂。在果实和叶片间有良好的选择性，柑橘外果皮吸收药剂后，诱导内源乙烯产生，使果实基部形成离层，促进果柄离层形成，加速果实脱落。乙烯会很快传导到中果皮内，但不进入果汁，并不降低芳香味。

适宜作物 用作柑橘和菠萝的脱落剂。

剂型 8%可溶性液剂。

应用技术

在柑橘成熟采收前 4～6d 喷洒，将药剂稀释到 15L 水中即可，每公顷用药量 300～450mL。气温在 18℃左右时使用，不会影响未成熟的果实和树叶。

注意事项

（1）干燥时易爆，高度易燃，故应远离火源。

（2）操作时应穿戴防护服、手套和护目镜或面具。

乙二膦酸（EDPA）

$H_2PO_3CH_2CH_2PO_3H_2$

$C_2H_8P_2O_6$，190.0，6145-31-9

化学名称 1,2-次乙基二膦酸

理化性质 纯品为白色结晶，熔点220～223℃，吸水性很强，易溶于水、乙醇，难溶于苯、甲苯，不溶于石油醚。其工业产品为淡黄色透明液体，呈强酸性，在酸性介质中稳定，在碱性介质中易分解。

毒性 未见报道。

作用特点 乙二膦酸为一种乙烯释放剂。其水溶液为酸性，被植物吸收后，由于酸度下降而逐渐分解成乙烯和磷酸。通过乙烯对植物生育起着多方面的调节作用，如促进果实成熟、种子萌发，打破顶端优势，加速成熟和叶片脱落。磷酸又是植物所需的营养成分。与乙烯利不同之处是乙二膦酸分解后不产生盐酸，故使用安全。

适宜作物 棉花，苹果，梨，桃。

应用技术

棉花 在棉荚张开时，施用1000～2000g/L乙二膦酸，可促进棉荚早张开，避免霜冻后开花。

桃 在收获前15～30d，施用1000～2000g/L乙二膦酸，可促进桃提早成熟，增加色泽。

苹果、梨 在收获前15～30d，施用1000～2000g/L乙二膦酸，可增加甜度，提早成熟，增加色泽。

注意事项

（1）切勿曝晒和靠近热源。贮存在冷凉条件下。

（2）对金属有一定腐蚀作用，喷雾器使用后用清水冲洗。

（3）不可与碱性药物混用，以免分解而降低药效。

（4）药液随用随配，稀释药液不宜久放。使用时加少量洗衣粉，可增加黏着力，提高药效。

（5）虽然乙二膦酸比乙烯利作用温和，但要严格控制对各种作物的用量，且要喷洒均匀。

乙烯硅（etacelasil）

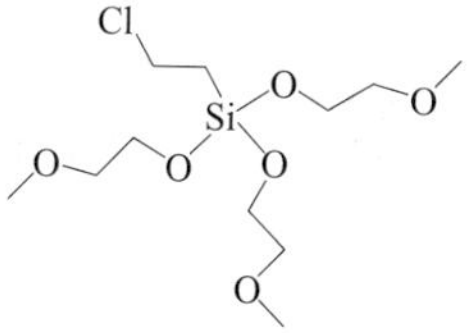

$C_{11}H_{25}ClO_6Si$，361.9，37894-46-5

化学名称　2-氯乙基-三（2′-甲氧基-乙氧基）硅烷

其他名称　Alsol、GAA-13586

理化性质　无色液体，沸点 85℃（0.13Pa），溶于水，比较稳定，在密闭容器内可保存 1 年以上，在潮湿环境下，会缓慢降解。蒸气压 27mPa（20℃），密度 1.10g/cm^3（20℃）。溶解性（20℃）：水中 25g/L，可与苯、二氯甲烷、乙烷、甲醇、正辛醇互溶。水解 DT_{50}（min，20℃）：50（pH 5），160（pH 6），43（pH 7），23（pH 8）。

毒性　对人、畜无害。大白鼠急性经口 LD_{50} 2066mg/kg，大白鼠急性经皮 LD_{50}＞3100mg/L，对兔皮肤有轻微刺激，对兔眼睛无刺激。大鼠急性吸入 LC_{50}（4h）＞3.7mg/L 空气。90d 饲喂试验无作用剂量：大鼠 20mg/(kg·d)，狗 10mg/(kg·d)。鱼毒 LC_{50}（96h）：虹鳟鱼、鲫鱼、蓝鳃翻车鱼＞100mg/L。对鸟无毒。

作用特点　植物吸收后在体内释放，几小时内迅速降解，在植物体内不会传导，只限于喷洒部位。用于果实收获时促进落果。乙烯硅释放乙烯速度比乙烯利快。

适宜作物　在欧洲，用作橄榄化学脱落剂，有利于机械采收（有机械振动可使 90%以上的橄榄脱落）。

剂型　0.8kg/L 乳油。

应用技术

本品通过释放乙烯而促使落果，用作油橄榄的脱落剂。根据油橄榄的品种不同，在收获前 6～10d，气温在 15～25℃、相对湿度较高时，用1000～2000mg/L的药液喷雾，使枝叶和果全部被药液湿透。药液中加表面活性剂可提高脱落效果。

注意事项

（1）采取一般防护，避免吸入药雾，避免药液沾染皮肤和眼睛。

（2）贮藏时与食物、饲料隔离，勿让儿童接近。本品中毒无专用解毒药，出现中毒症状，应对症治疗。

（3）气候状况不良时，注意不要过量喷药，也不要加表面活性剂。

增甘膦（glyphosine）

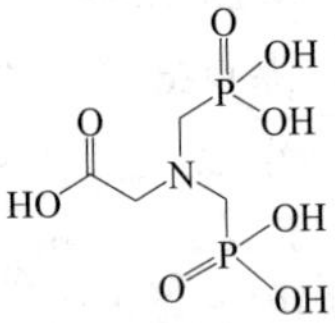

$C_4H_{11}NO_8P_2$，263.09，2439-99-8

化学名称　*N*,*N*-双（膦酸甲基）甘氨酸

其他名称　草甘双膦，催熟磷，Polaris，CP-41845

理化性质　纯品为白色结晶固体，有霉臭味。熔点200℃，熔化时分解。易溶于水，在水中溶解度（20℃）为248mg/L。对光稳定。

毒性　增甘膦为低毒植物生长调节剂，原药急性经口LD_{50}大鼠为3925mg/kg，小鼠为2800mg/kg，大鼠经皮＞3000mg/kg，兔经皮＞5010mg/kg。对人、畜皮肤、眼睛无太大的刺激作用，对兔眼睛有强烈刺激作用，对皮肤中等刺激作用。兔、狗饲喂90d无不良作用，对动物无致畸、致突变、致癌作用。甘蔗允许残留量为1.5mg/L。

作用特点　属于能刺激植物生成乙烯的药剂。通过植物叶面吸收，抑制植物顶芽生长，促进侧芽生长。也抑制酸性转化酶的活性，在低浓度时可延缓作物生长，减少呼吸消耗，增加糖分积累，并具有催熟作用；在高浓度时，是一种除草剂。主要用于甘蔗、甜菜等作物，以增加糖分含量；用于棉花，可脱叶催熟。因易被微生物降解，只能叶面喷洒，不宜做土壤浇灌。

适宜作物 通过植物叶面吸收，对甘蔗、西瓜、糖用甜菜、玉米等的成熟及含糖量有显著作用。在高浓度下，被用作棉花脱叶剂。

剂型 主要剂型为85%粉剂。

应用技术

甘蔗 收获前4～8周作叶面喷洒，浓度为3750g/hm^2，喷顶部叶片，可增加甘蔗节间糖的含量，并有促进提前成熟的效果。

糖用甜菜 收获前4周用750g/hm^{2}叶面喷洒，可提高含糖量。

西瓜 于西瓜直径5～10cm时以750g/hm^{2}叶面喷洒，可提高含糖量。

玉米 在6～7叶期，用500～700mg/kg增甘膦溶液喷洒，使玉米茎秆矮壮，防止玉米倒伏，减少玉米棒秃尖现象，增加产量。

棉花 棉花吐絮期每亩用85%可湿性粉剂37.4g加水50kg喷洒，7d内有70%～90%棉花叶脱落。

苹果、梨 采前9周喷1500mg/L。

注意事项

（1）严格掌握使用浓度，以免产生药害。避免与皮肤眼睛接触，操作后用清水洗手。施药后要及时清洗喷药器具。

（2）喷药时千万不要与其他农药混用，病瓜不要喷药。处理后4h如遇雨不受影响。不宜土壤浇灌，在土壤中无活性。

（3）在使用时注意用清洁水稀释药液，以免影响药效。

（4）用聚氯乙烯塑料袋包装，贮存在阴凉干燥通风处；在运输过程中防淋、防晒，不得与有污染的产品混放。

（5）晴天处理效果好，应用时需加入适量活性剂。

第六章 脱叶剂

脱叶剂是一种能引起植物落叶的化学物质，可在植物内传导，即使施用的部位和作用的部位间隔 30 mm 以上还有促进脱落的作用，是一种生长素的竞争抑制剂，它不仅可以直接促进脱落的过程，而且还是影响休眠生长和发育的抑制剂。在农业上，脱叶剂常用于种子和果实的催熟或清除妨碍农作物收获的叶子，或用作除草剂。

百草枯（paraquat）

H_3C-N^+(吡啶环)–(吡啶环)N^+-CH_3

$C_{12}H_{14}Cl_2N_2$，257.2，1910-42-5

化学名称 1,1′-二甲基-4,4′-二吡啶二氰镓盐

其他名称 对草快、百朵、克无踪、Gramoxone、Efoxon、Herbaxon、Pilarxon、Total、Weedless

理化性质 原药纯度为 95%。纯品为无色结晶固体，熔点 340℃，蒸气压$<1\times10^{-2}$ mPa(25℃)。相对密度 1.24～1.26。水中溶解度(20℃)为 620g/L，不溶于大多数有机溶剂。在中性和酸性介质中稳定，在碱性介质中迅速分解，水溶液中紫外线照射下降解。

毒性 百草枯属中等毒性农药，但是对人毒性极大，且无特效解毒药，经口中毒死亡率达 90%以上，已被 20 多个国家禁止或者

严格限制使用。急性经口 LD_{50}（mg/kg）：大鼠 129～157，豚鼠 30～58。大鼠急性经皮 LD_{50} 911mg/kg。对兔眼睛有刺激性、对皮肤无刺激性和致敏性；对豚鼠皮肤无致敏性。NOEL 数据（mg/kg 饲料）：狗（1 年）0.65，大鼠（2 年）1.7。ADI 值：0.004mg/kg。急性经口 LD_{50}（mg/kg）：山齿鹑 175，野鸭 199。饲喂 LC_{50}（5d，mg/kg）：山齿鹑 981，日本鹌鹑 970，野鸭 4048。虹鳟鱼 LC_{50}（96h）：26mg/L。蜜蜂 LD_{50}（72h）：36μg/只（接触），150μg/只（经口），蚯蚓 LC_{50}＞1380mg/kg 土壤。对人类皮肤通过接触吸收很小，对眼睛有刺激作用，可引起指甲损伤、皮肤溃烂等；经口 3g 即可导致系统性中毒，并导致肝、肾等多器官衰竭，肺部纤维化（不可逆）和呼吸衰竭。因中毒前期治疗黄金期内症状不明显，容易误诊或忽视病情。目前生产上对百草枯的管理通过添加催吐剂来减轻其毒性。

作用特点 百草枯是一种触杀型的灭生性除草剂，是一种非选择性除草剂，对叶绿体层膜破坏性极强，使光合作用和叶绿素合成很快终止，还可产生自由基，导致细胞膜受到破坏，水分迅速丧失。百草枯主要用于杂草和作物的催干，但也具有一定的脱叶和催熟活性，剂量若过高会引起叶片干枯不脱落和对未成熟棉铃的伤害。如果常规脱叶后发生二次生长，也可用百草枯进行催干，此时二次生长的叶片一旦萎蔫（尚未破碎）即应开始收获，通常在使用百草枯后的 1～2d，需要特别注意的是，由于百草枯使未开裂的棉铃成为僵铃，因此在使用百草枯时要求所有的成熟棉铃已经吐絮。

适宜作物 棉花。

剂型 200g/L 百草枯水剂。

应用技术

棉花 在棉田中使用百草枯催枯催熟时，使用 400～600mg/L 百草枯有效成分的药液，用药量 50kg 作用，均匀喷洒于整株棉花。处理后棉花催熟见效快，效果好，可加快棉铃开裂吐絮速度，可使青铃开裂吐絮率达到 70%～80%，提高霜前花和吐絮花产量，减少霜后青铃率。

作为催枯效果好的百草枯和催熟效果好的乙烯利可以混用，其

32.5%百草·乙烯利水剂商品制剂名称为早熟丰，在棉花成熟时处理后能同时起到催枯和催熟的效果。二者混用可极大地促进棉铃开裂吐絮速度，吐絮率可达 15% ～ 20%，霜前开花率高达10%～20%。

芝麻　在收获前6d，单用25mg/kg、50mg/kg、75mg/kg浓度的乙烯利喷施，干燥脱叶效果较差，也不增加芝麻产量。如将乙烯利与百草枯混用（75mg/kg+3%）处理，不仅干燥脱叶效果好，而且也增加其产量。

注意事项

（1）百草枯为灭生性除草剂，在园林及作物生长期，切忌污染作物，以免产生药害。该药在柑橘、棉花籽上最高残留限量（MRL）分别为1mg/kg、0.21mg/kg。

（2）百草枯一接触土壤即失效，故只能作茎叶处理。

（3）百草枯对人畜毒性较高，喷药时注意安全使用；配药、喷药时要有防护措施，戴橡胶手套、口罩，穿工作服。如不慎药液溅入眼睛，立即提起眼睑，用流动清水冲洗10min；不慎吸入，应迅速脱离现场至空气新鲜处，就医；误服药液，立即催吐，并送医院。药后7～10d内禁止家畜进入施药区。

（4）喷药后机具需清洗干净。

敌草快（diquat）

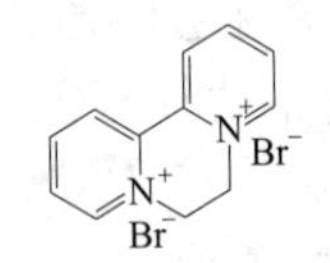

$C_{12}H_{12}N_2$，344.05，85-00-7

化学名称　1,1′-亚乙基-2,2′-联吡啶二溴盐

其他名称　利农，双快，杀草快，催熟利，敌草快二溴盐，Dextrone，Reglox，Reglone，aquacide，Pathclear

理化性质　敌草快二溴盐以单水合物形式存在，为无色至浅黄色结晶体。325℃开始分解（一水合物）。蒸气压<0.01mPa（一水合物），分配系数（20℃）$K_{ow}\lg P=4.60$。相对密度1.61（25℃）。

20℃，水中溶解度700g/L，微溶于乙醇和羟基溶剂（25g/L），不溶于非极性有机溶剂（<0.1g/L）。稳定性：在中性和酸性溶液中稳定，在碱性条件下易水解。DT_{50}：pH 7，模拟光照下约74d；pH 5～7时稳定；黑暗条件下pH 9时，30d损失10%；pH 9以上时不增加降解。对锌和铝有腐蚀性。

毒性 中等毒性。二溴盐急性经口LD_{50}（mg/kg）：大鼠408，小鼠234。大鼠急性经皮LD_{50}>793mg/kg。延长接触时间，人的皮肤能吸收敌草快，引起暂时的刺激，可使伤口愈合延迟。对眼睛、皮肤有刺激。如果吸入可引起鼻出血和暂时性的指甲损伤。NOEL数据：大鼠0.47mg/（kg·d）（2年），狗94mg/kg饲料（4年）。ADI值：0.002mg/kg。急性经口LD_{50}（mg/kg）：绿头鸭155，鹧鸪295。镜鲤LC_{50}（96h）：125mg/L，虹鳟鱼LC_{50}（96h）：39mg/L。水蚤LC_{50}（48h）：2.2μg/L，海藻EC_{50}（96h）：21μg/L。蜜蜂：LD_{50}（经口，120h）：22μg/只。蚯蚓LC_{50}（14d）：243mg/kg土壤。

作用特点 本品属有机杂环类除草剂，作用机制同百草枯，处理茎、叶后，会产生氧自由基，破坏叶绿体膜，叶绿素降解，导致叶片干枯。对杂草具有非选择性触杀作用，稍具传导性，可被绿色植物迅速吸收，受药部位枯黄；也可作为成熟作物的催枯剂，使植株上的残绿部分和杂草迅速枯死，可提前收割；在土壤中迅速失活，不会污染地下水，适用于在作物萌发前除杂草。

适宜作物 可用于棉花、马铃薯脱叶。

剂型 20%水剂。

应用技术

马铃薯 收获前1～2周，进行叶面喷洒，施用量0.6～0.9 kg/hm^2，可促进马铃薯叶片干枯。马铃薯收获前一般需要干燥脱叶，单用敌草快干燥、脱叶效果不如与尿素混用时效果好。将敌草快与尿素按0.4kg/hm^2+20kg/hm^2混合处理马铃薯植株，处理后3d，茎及叶子干燥脱落的程度几乎与单用0.8kg/hm^2敌草快的效果一样。尿素降低了药的用量，减少了药剂对环境的污染。

棉花 在60%棉荚张开时，进行叶面喷洒，施用量0.6～0.8

kg/hm^2，可加速棉花脱叶。

注意事项

（1）在喷洒药液过程，除杂草和需催枯作物外，避免使药液接触其他作物绿色部分，以防药害。

（2）不能与碱性磺酸盐湿润剂、激素型除草剂（如2,4-滴丁酯）、碱金属盐类等混用。

（3）在施药和贮存过程，要注意安全防护。

敌草隆（diuron）

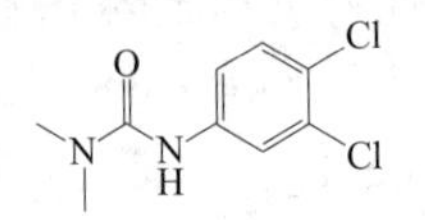

$C_9H_{10}Cl_2N_2O$，233.10，330-54-1

化学名称 3-(3，4-二氯苯基)-1，1-二甲基脲

其他名称 DCMU，Dichlorfenidim，Karmex，Marmex

理化性质 纯品为无色结晶固体，熔点158～159℃，蒸气压1.1×10^{-3}mPa（25℃），分配系数K_{ow} $\lg P=2.85\pm0.03$（25℃）。相对密度1.48。水中溶解度5.4mg/L（25℃）。在有机溶剂，如热乙醇中的溶解度随温度升高而增加。敌草隆在180～190℃和酸、碱中分解。不腐蚀，不燃烧。

毒性 低毒。大鼠急性经口LD_{50}：3400mg/kg，大鼠以250mg/kg饲料剂量饲喂两年，无影响。敌草隆对皮肤无刺激。

作用特点 敌草隆是一种触杀型除草剂，土壤处理可防除一年生禾本科杂草。作为植物生长调节剂，它可提高苹果的色泽；为甘蔗的开花促进剂。作用机制还有待进一步研究。

适宜作物 苹果、棉花、甘蔗等。

剂型 25%可湿性粉剂。

应用技术

苹果 以4×10^{-5}～4×10^{-4}mol/L敌草隆药液与柠檬酸或苹果酸混用（用柠檬酸或苹果酸调pH 3.0～3.8），在苹果着色前处理，能诱导花青素的产生，从而不仅可以增加苹果的着色面积，还可以提高优级果率。在敌草隆与柠檬酸或苹果酸混合液中加入0.1%吐温—20更有利于药效的发挥。

甘蔗　在甘蔗开花早期，以500～1000mg/L喷洒花，可促进甘蔗开花。

棉花　敌草隆与噻唑隆混剂可作棉花脱叶剂。敌草隆与噻唑隆可以制成混合制剂，用于棉花脱叶，并抑制顶端生长，促进吐絮。

注意事项

（1）不要使敌草隆飘到棉田、麦田及桑树上。

（2）不能和碱性试剂混用，否则会降低敌草隆的效果。

（3）用过敌草隆的喷雾器要彻底清洗。

（4）遇明火、高热可燃。受高热分解，放出有毒气体。因此，工作现场严禁吸烟、进食和饮水。

（5）工作人员采取必要的防护措施，如不慎与皮肤接触，用肥皂水及清水彻底冲洗，就医；与眼睛接触，拉开眼睑，用流动清水冲洗15min，就医；吸入，脱离现场至空气新鲜处，就医；误服者，饮适量温水，催吐，就医。

二硝酚（DNOC）

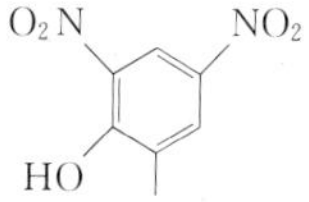

O_2N　　NO_2

HO

$C_7H_6N_2O_5$，198.1，534-52-1

化学名称　4,6-二硝基邻甲酚

其他名称　DNC，Antinnonin，Sinox。

理化性质　纯品为浅黄色无臭的结晶体，熔点88.2～89.9℃。水中溶解度（24℃）：6.94g/L。溶于大多数有机溶剂。二硝酚和胺类化合物、碳氢化合物、苯酚可发生化学反应。易爆炸，有腐蚀性。

毒性　急性经口LD_{50}：大鼠25～40mg/kg；山羊100mg/kg；DNOC钠盐绵羊200mg/kg。对皮肤有刺激性，急性经皮LD_{50}（mg/kg）：大鼠200～600，兔1000。NOEL数据［mg/kg（饲料），0.5年］：大鼠和兔＞100，狗20。日本鹌鹑LD_{50}（14d）：

15.7mg/kg，绿头鸭 LD_{50}：23mg/kg。水蚤 LC_{50}（24h）：5.7mg/L，海藻 EC_{50}（96h）：6mg/L。蜜蜂 LD_{50}：1.79～2.29mg/只。

作用特点 二硝酚曾用作除草剂。作为植物生长调节剂可加速马铃薯和某些豆类作物在收获前失水，催枯。

适宜作物 马铃薯、豆类植物。

应用技术

作为马铃薯和某些豆类作物的催枯剂，用量为 3～4kg/hm^2。

注意事项

二硝酚对人和动物有毒，操作过程中避免接触。

环丙酰草胺（cyclanilide）

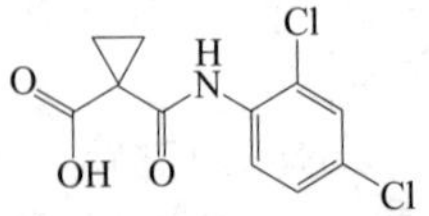

$C_{11}H_9Cl_2NO_3$, 274.1，113136-77-9

化学名称 1-(2,4-二氯苯氨基羰基）环丙羧酸

理化性质 纯品为白色粉状固体，熔点 195.5℃。蒸气压＜1×10^{-5}Pa（25℃），8×10^{-6}Pa（50℃），分配系数 $K_{ow}\lg P=3.25$（21℃）。相对密度 1.47（20℃）。水中溶解度（20℃，g/100mL）：0.0037（pH 5.2），0.0048（pH 7），0.0048（pH 9）；有机溶剂中溶解度（20℃，g/100mL）：丙酮 5.29，乙腈 0.50，二氯甲烷 0.17，乙酸乙酯 3.18，正己烷＜0.0001，甲醇 5.91，正辛烷 6.72，异丙醇 6.82。稳定性：本品相当稳定。pK_a 3.5（22℃）。

毒性 大鼠急性经口 LD_{50}（mg/kg）：雌性 208，雄性 315。兔急性经皮 LD_{50}＞2000mg/kg。对兔眼睛无刺激性，对兔皮肤有中度刺激性。大鼠急性吸入 LC_{50}（4h）＞5.15mg/L 空气。NOEL 数据（2 年）：大鼠 7.5mg/kg。急性经口 LD_{50}（mg/kg）：绿头鸭＞215，山齿鹑 216。饲喂试验 LC_{50}（8d，mg/L 饲料）：绿头鸭 1240，山齿鹑 2849。鱼毒 LC_{50}（96h，mg/L）：虹鳟鱼＞11，大翻车鱼＞16，羊肉鲷 49。蜜蜂 LD_{50}（接触）＞100μg/只。

进入动物体内的本品迅速排出，残留在植物上的主要是未分解的本品，在土壤中有氧条件下，DT_{50} 15～49d。主要由土壤微生物降解，移动性差，不易被淋溶至地下水。

作用特点 主要抑制生长素的运输。

适宜作物 主要用于棉花、禾谷类作物、草坪和橡胶等脱叶。

剂型 与其他药剂如乙烯利混用。

应用技术

主要用于棉花、禾谷类作物、草坪和橡胶等。与乙烯利混用，具有协同增效作用。使用剂量为 10～200g（a. i.）/hm^2。

甲氧隆（metoxuron）

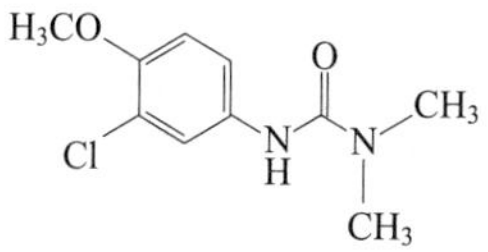

$C_{10}H_{13}ClN_2O_2$，228.7，19937-59-8

化学名称 3-(3-氯-4-甲氧基苯基)-1，1-二甲基脲

其他名称 Purival

理化性质 纯品为无色结晶体，熔点 126～127℃，堆密度 0.80（20℃），蒸气压 4.3mPa（20℃）。分配系数 K_{ow} lgP = 1.60±0.04（23℃）。24℃时在水中的溶解度为 678mg/L，可溶于丙酮、环己酮、乙腈和热乙醇，在乙醚、苯、甲苯、冷乙醇中溶解度中等，不溶于石油醚。贮存稳定（54℃下 4 周）。在强酸和强碱条件下水解，DT_{50}（50℃）18d（pH 3）、21d（pH 5）、24d（pH 7）、>30d（pH 9）、26d（pH 11）。其溶液对紫外线敏感。

毒性 大鼠急性经口 LD_{50} 3200mg/kg，急性经皮 LD_{50} > 2000mg/kg，对蜜蜂无毒。

作用特点 可作为除草剂使用，作为生长调节剂使用时，可通过植物的根、叶片吸收，传导到其他组织，抑制光合作用，加速叶片枯萎和脱落。

适宜作物 马铃薯、大麻、黄麻、柿子。

应用技术

马铃薯 在收获前几周，以 2～5kg/hm^2 剂量叶面喷施，可加速成熟、增加产量。还可用于大麻、黄麻和柿子脱叶。

氯酸镁 (magnesium chlorate)

$Mg(ClO_3)_2 \cdot 6H_2O$，299.30，10326-21-3

化学名称 氯酸镁（六水合物）

其他名称 Desecol，Magron，MC Defoliant，Ortho MC

理化性质 纯品为无色针状或片状结晶，熔点118℃，相对密度1.80，沸点120℃（分解）。易溶于水，18℃时100mL水中溶解56.5g，微溶于丙酮和乙醇。在35℃时溶化析出水分而转化为四水合物。由于具有很高的吸湿性，不易引起爆炸和着火。比其他氯酸盐稳定，与硫、磷、有机物等混合，经摩擦、撞击，有引起爆炸燃烧的危险。对失去氧化膜的铁有显著腐蚀性，对不锈钢和搪瓷的腐蚀性不显著。

毒性 低毒。大鼠急性经口 LD_{50} 为6348mg/kg，小鼠急性经口 LD_{50} 为5235mg/kg。

剂型 颗粒剂，水溶剂。俄罗斯氯酸镁制剂含氯酸镁不低于30%，氯化镁不超过15%。

作用特点 本品具触杀作用，能被根部吸收，并在植物体内传导，以杀死植物的根和顶端，当其用量小于致死剂量时，可使绿叶褪色、茎秆和根中的淀粉含量减少。本品既是脱叶剂，又是除草剂，主要用于棉株脱叶。

适宜作物 用作棉花收获前的脱叶剂、小麦催熟剂、除莠剂、干燥剂。

应用技术 喷药时间应根据棉铃成熟情况和下枯霜期的早晚来决定。在棉铃成熟、开始自然落叶时喷脱叶剂才能发挥最好的效果。喷药过早，棉株尚在生长期，有时无法将棉叶枯死，甚至会引起落蕾、落铃，导致减产，损害棉花纤维及种子品质，并会复生新叶；喷药过晚，由于气温降低，棉叶变老、粗质，脱叶效果也不好。最好在顶部可成熟的棉铃生长期达到35～40d时喷药。喷药时应在昼夜平均气温17℃以上时进行。17℃以下，脱叶作用受阻，10℃时脱叶作用完全停止。由于晚霜后需经12～15d才能完成脱叶过程，如喷晚了，遇下枯霜，棉叶被打死枯在棉枝上。故在贪青晚熟棉田，枯霜期来早年份，为争取多收霜前花，喷药脱叶应在下枯霜前15～20d进行完毕。

对于喷药浓度和量，一般每亩喷0.5%～0.6%kg（按100%纯度），浓度为0.5%～0.6%的氯酸镁药液100kg。枝叶茂密的棉田，催熟喷药时，每亩喷1～1.4kg，浓度为1.2%～1.5%的药液83.3～93.3kg。

当昼夜平均气温高于20～25℃时，药量应减少15%～20%。当棉花在生长期或脱叶前受过旱，脱叶困难时，需增加用药量15%～20%。

据观察氯酸镁可起到如下作用：①喷药15d内棉株逐渐脱叶85%～99%；②增产霜前花8.9%～37.3%；③籽棉含杂含水分少。茂密棉田下部喷药后老叶脱落，可防治下部棉桃烂铃；④该药剂能消灭红蜘蛛、蚜虫等害虫，减少次年棉苗期虫害；⑤可在棉花生长后期、收获期前消灭杂草；⑥可对晚熟贪青棉株进行第二次喷药催熟。

注意事项

（1）20%或40%氯酸镁溶液溅到皮肤上，可使皮肤发红并有灼痛感，应立即用肥皂和清水充分清洗；患急性皮炎时，可用铅水洗剂、硼酸液清洗，涂上中性软膏；如不慎溅入眼睛，用凉开水充分清洗至少15min，用30%的磺胺乙酰滴入眼内。生产工作人员工作时应穿戴工作服，戴口罩、乳胶手套等劳动用品，以保护器官和皮肤。误服应立即送医院治疗。剩余药液应妥善处理，以免其他作物受害。

（2）注意施药浓度，最高允许浓度建议为10mg/m^3。

（3）摘棉花前先施药，至少7d后方可开始下地工作。

十一碳烯酸（10-undecylenic acid）

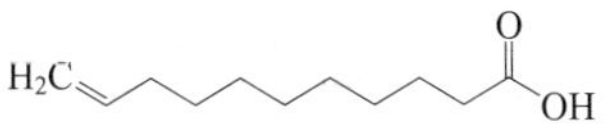

H_2C=CH-(CH$_2$)$_8$-COOH

$C_{11}H_{20}O_2$，184.09，112-39-9

化学名称 十一碳烯酸

其他名称 10-十一烯酸，10-十一他丙烯酸，十一烯酸

理化性质 本品为油状液体或晶体，熔点 24.5℃，沸点 275℃/201.3kPa（分解）；24℃时相对密度为 0.9072；折射率 n_D^{25} 1.4486，碘值 137.8。不溶于水，溶于乙醇、三氯甲烷和乙醚。其碱金属盐可溶。

毒性 大白鼠急性经口 LD_{50} 为 2500mg/kg，浓度＞10％时对皮肤有刺激。对人和牲畜有局部的抗菌作用。

作用特点 本品可作脱叶剂、除草剂和杀线虫剂使用。

适宜作物 可作植物的除草剂、脱叶剂。

剂型 可溶性盐类的水溶液。

应用技术 三乙醇胺盐的 1％溶液用于云杉苗圃芽前除禾本科杂草，用 0.5％～32％的十一碳烯酸盐可作脱叶剂。本品对蚊蝇有驱避作用，但超过 10％时刺激皮肤。

注意事项 本品不宜受热，需避光、低温贮存。药液对皮肤具有刺激性，操作时避免接触。中毒后无专用解毒药，应对症治疗。

脱叶磷（merphos）

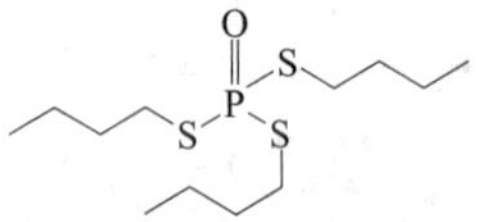

$C_{12}H_{27}OPS_3$，314.51，78-48-8

化学名称 *S*,*S*,*S*-三丁基三硫代磷酸酯

其他名称 1,2-脱叶膦，三丁膦，敌夫，DEF，B-1776，Fos-Fall，Deleaf，De

理化性质 本品为浅黄色透明液体，有类似硫醇气味。沸点 150℃（400Pa）。凝固点－25℃以下。相对密度 1.057，折射率 1.532，闪点＞200℃（闭环）。水中溶解度（20℃）2.3mg/L。溶于丙酮、乙醇、苯、二甲苯、乙烷、煤油、柴油、石脑油和甲基萘。对热和酸性介质稳定，在碱性介质中能缓慢分解。

毒性 低毒。雄大鼠急性经口 LD_{50} 为 435mg/kg、急性经皮

LD_{50}为850mg/kg，雌大鼠急性经口LD_{50}为234mg/kg；野鸭急性经口LD_{50}为500～707mg/kg，鹌鹑为142～163mg/kg。雄大鼠急性吸入LC_{50}（4h）为4.65mg/L（气溶胶），雌大鼠为2.46mg/L（气溶胶）。对鱼毒性：LC_{50}（96h）为0.72～0.84mg/L，虹鳟1.07～1.52mg/L。对禽鸟毒性：鹌鹑LC_{50} 1649mg/kg。用含25mg/L药量的饲料分别喂雌、雄性狗12周，均无不利影响，对皮肤有刺激性。对兔眼睛刺激很小，对兔表皮有中等刺激。对皮肤无致敏作用。

作用特点 吸收后迅速进入植物细胞，促进合成乙烯中间产物氨基环丙烷羧酸（ACC），使之尽快生成乙烯，从而促进叶柄部纤维素酶合成和提高酶活性，诱导离层形成，使叶片很快脱落。

适宜作物 为脱叶剂，适用于棉花、苹果等作物叶片脱落，以便于机械收获。

剂型 45%、67%、70%、75%乳油，7.5%粉剂。

应用技术

棉花 50%～60%棉铃开裂时，以有效成分1.25～2.9kg/hm^2加水750mL，叶面喷施，5～7d后脱叶率达90%以上，且能使棉铃吐絮时间提前。如要使下部叶片脱落，用药1～1.5kg/hm^2，加水750mL喷下部叶片。

苹果 苹果采收前30d，用750～1000mg/L药液喷洒1次，可有效促进落叶。

橡胶 越冬前用2000～3000mg/L药液喷洒1次，可使橡胶树叶片提早脱落，翌年提早长出叶片，达到对白粉病的避病作用。

绣球花 在催化前的低温处理期，用1%～2%脱叶磷乳剂喷雾处理，可诱导脱叶而不伤害花朵，防止低温处理期间因真菌感染叶片导致花畸变。

也可用于大豆、马铃薯和有些花卉脱叶。

注意事项

（1）使用本品时注意保护脸、手等部位，出现中毒，可采取有机磷中毒救治办法，硫酸阿托品是有效解救药。

（2）贮存于干燥、低温处，勿近热源；勿与食物和饲料混放。

（3）残余药液勿倒入河塘。

茵多酸（endothal）

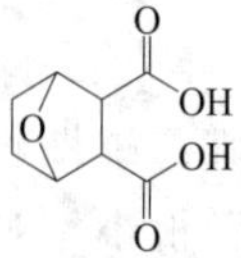

$C_8H_{10}O_5$，186.2，145-73-3

化学名称 3,6-环氧-1,2-环己二酸

其他名称 Aquathol，Accelerate，Hydout，Ripenthol

理化性质 纯品是无色无臭结晶（一水合物），熔点144℃。相对密度1.431（20℃）。溶解性（20℃）：水中10%，丙酮7%，甲醇28%，异丙醇1.7%。在酸和弱碱溶液中稳定，光照下稳定。不易燃，无腐蚀性。

毒性 对人和动物低毒。大鼠急性经口LD_{50}：38～54mg/kg（酸），206mg/kg（66.7%按盐剂型），兔急性经皮LD_{50}＞2000mg/L（酸）。NOEL数据（2年）：大鼠1000mg/kg饲料不致病。绿头鸭急性经口LD_{50}：111mg/kg。山齿鹑和绿头鸭饲喂实验LC_{50}（8d）＞5000mg/L饲料。蓝鳃翻车鱼LC_{50}：77mg/L。水蚤LC_{50}（48h）：92mg/L。对蜜蜂无毒。

作用特点 茵多酸可通过植物叶、根吸收，通过木质部向上传导。可用作选择性除草剂，作为植物生长调节剂，主要用作脱叶剂，加速叶片脱落。

适宜作物 可作为棉花、马铃薯、苹果等作物的脱叶剂，也可作为甘蔗的增糖剂。

应用技术

1～12kg/hm^{2}剂量可加速棉花、马铃薯、苜蓿和苹果等作物的成熟，加速叶片脱落，还可增加甘蔗的含糖量。

注意事项

操作过程中注意防护。贮存于低温、阴凉、干燥处。

噻节因（dimethipin）

$C_6H_{10}O_4S_2$，210.3，55290-64-7

化学名称 2,3-二氢-5,6-二甲基-1,4-对二硫杂环-1,1,4,4-四氯化物

其他名称 落长灵，哈威达，UBI-N252，Harvade，Oxydimethin，N_2S_2

理化性质 白色结晶，熔点162～167℃，蒸气压0.051mPa（25℃），分配系数K_{ow} lg$P$=0.17（24℃）。相对密度1.59（23℃）。微溶于水，溶解度（25℃，g/L）：水4.6，乙腈180，二甲苯9，甲醇10.7。稳定性：在pH 3、pH 6和pH 9条件下稳定，在20℃稳定1年，55℃稳定14d，光照（25℃）≥7d。能水解。pK_a10.88，微酸性。

毒性 低毒，对眼睛有刺激。大鼠急性经口LD_{50}为1180mg/kg体重，兔急性皮试LD_{50}>8000mg/kg体重。对兔眼睛刺激性严重，对兔皮肤无刺激性，对豚鼠致敏性较弱。大鼠吸入LC_{50}（4h）：1.2mg/L。NOEL数据（2年）：大鼠2mg/kg，狗25mg/kg，对这些动物无致癌作用。ADI值：0.02mg/kg。野鸭和小齿鹑饲喂LC_{50}（8d）>5000mg/kg。鱼LC_{50}（96h，mg/L）：虹鳟52.8，翻车鱼20.9，羊肉鲷17.8。蜜蜂LD_{50}>100μg/只（25%制剂），蚯蚓LC_{50}（14d）>39.4mg/L（25%制剂）。水蚤LC_{50}（48h）为21.3mg/L。

作用特点 局部内吸性化合物。能促进植物叶柄离层区纤维素酶的活性，诱导离层形成，引起叶片干燥而脱落。药剂不能在植物体内运输。可使棉花、苗木、香蕉树和葡萄树脱叶，还能促进早熟，并能降低收获时亚麻、油菜、水稻和向日葵种子的含水量。可作脱叶剂、干燥剂或疏果剂，高浓度时可作除草剂。

适宜作物 噻节因促进叶片脱落或干燥，用于促使棉花、玉

米、苗木、橡胶树和葡萄树脱叶，马铃薯蔓干燥；也用于降低水稻和向日葵收获时种子中的含水量；还能促进水稻、油菜、亚麻、向日葵等成熟。

剂型 22.4%悬浮剂，50%可湿性粉剂。商品 Harvade 为含50%噻节因的可湿性粉剂。

应用技术

噻节因可促进叶片脱落或干燥，用于促使棉花脱叶与马铃薯蔓干燥。

棉花 棉铃80%开裂时，在正常收获前7～14d，用350～700mg/kg 噻节因溶液叶面喷洒，可促进棉叶脱落，不影响子棉产量和纤维长度。如处理过早，将降低棉籽质量。

水稻 收获前14～20d，用350～700mg/kg 噻节因溶液喷雾，可促进水稻穗头干燥与成熟，防止成熟前阴雨穗头发霉。

马铃薯 收获前14～20d，用700～1400mg/kg 噻节因溶液喷洒茎蔓，能使地上部分迅速干燥，促进地下部块茎形成，有利于收获。

干菜豆 收获前14d，用350～700mg/kg 噻节因溶液喷洒，可促进荚果干燥，叶片脱落，提早成熟。

向日葵 收获前14～21d，苞片呈棕色时，用350～1400mg/kg 噻节因溶液喷雾，能促进叶片脱落，使花盘干燥，防止成熟前遇阴雨花盘发霉。

苹果 幼果直径约1.2cm 时，用5～500mg/kg 噻节因溶液喷洒，可起疏果作用。果实长成后，收获前10～14d，用12.5～25mg/kg 噻节因溶液全株喷洒，可诱导果柄离层形成，叶片脱落，进入休眠，防止霜害。

葡萄 收获前10～14d，用350～700mg/kg 噻节因溶液喷雾，能促进脱叶，使叶片中的营养物质转移到果实中去，提高果实品质，也便于机械收获。

注意事项

(1) 对眼睛和皮肤有刺激性，操作时不要让药液溅入眼中，最好戴防护镜，操作后要用肥皂水洗手、洗脸。

(2) 喷药时药液中加用展着剂可提高药效。

(3) 该药是一种悬浮剂，使用前摇匀，加乙烯利可抑制棉花再生长，促进棉花成熟和棉铃开裂。

(4) 要求喷后无雨的时间为 6h。

噻苯隆 (thidiazuron)

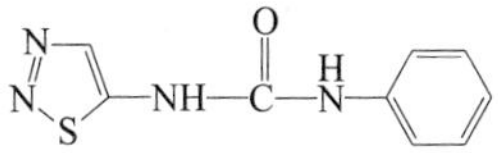

$C_9H_8N_4OS$，220.25，51707-55-2

化学名称 1-苯基-3-(1,2,3-噻二唑-5-基) 脲

其他名称 脱叶灵，脱落宝，脱叶脲，赛苯隆，益果灵，噻唑隆，艾格福，棉叶净，Difolit，Dropp，TDS，DEF

理化性质 纯品为无色无臭结晶体，熔点 213℃ (分解)。水中溶解度(20℃) 为 2.3mg/L，其他溶剂中溶解度 (20℃)：甲醇 4.2mg/L，二氯甲烷 0.003mg/L，甲苯 0.4mg/L，丙酮 6.67mg/L，乙酸乙酯 1.1mg/L，已烷 0.002mg/L。对热和酸性介质稳定，在碱性介质中会慢慢分解。制剂外观为浅黄色透明液体，pH 6.0～8.0。能被土壤强烈吸收，DT_{50}＜60d (大田条件)。

毒性 低毒，无致畸、致癌、致突变性。大鼠急性经口 LD_{50} ＞4000mg/kg，急性经皮 LD_{50}＞1000mg/kg。对眼睛有轻度刺激作用，对皮肤无刺激性。对鱼类高毒。对蜜蜂无毒。工作环境允许浓度小于 0.5mg/m^3。

作用特点 噻苯隆是一种高效植物生长调节剂，经由植株茎、叶吸收，传导到叶柄与茎之间。较高浓度下可刺激乙烯形成，促进果胶和纤维素酶活性，从而促进成熟叶片脱落，加快棉桃吐絮；较低浓度具有细胞激动素作用，能诱导一些植物愈伤组织分化出芽，因而也可作坐果剂。

适宜作物 主要用作棉花落叶剂。对菜豆、大豆、花生等作物也具有明显的抑制生长的作用，在植物组织培养基上也有应用。

剂型 50％噻苯隆可湿性粉剂；混剂如本品＋萘乙酸，本品＋6-苄氨基嘌呤，本品＋敌草隆，本品＋硫氰酸盐 (或酯)。

应用技术

(1) 脱叶　噻苯隆促使棉花落叶的效果，取决于许多因素及相互作用。主要是温度、湿度以及施药后的降雨量。气温高、湿度大时效果好。使用剂量与植株高矮和种植密度有关。在我国中部，每亩5000株的条件下，于9月末每亩用50%噻苯隆可湿性粉剂100，加水50～75kg进行全株叶面处理，施药后10d可使落叶，吐絮增多，15d达到高峰，20d后有所下降。上述处理剂量有利于作物提前收获和早播冬小麦，而且对后茬作物生长无影响。此外，在葡萄开花期开始施药，每亩药液75kg（稀释175～250倍），均匀喷雾。

(2) 抑制生长

黄瓜　用2mg/L喷洒即将开放的黄瓜雌花花托，可促进坐果，增加单果重。

芹菜　芹菜采收后，用1～10mg/L喷洒绿叶，可使芹菜叶片较长时间保持绿色，延缓叶片衰老。

(3) 增加产量、提高品质

葡萄　用4～6mg/L的噻苯隆药液在花期喷洒植株，可提高产量。

甜瓜　用2.5～3.3mg/L的噻苯隆药液喷洒植株，可增产，提高坐果。

注意事项

(1) 施药时要严格掌握，不要在棉桃开裂60%以下时喷施，以免影响品质和产量，同时要注意降水情况，施药后2d内下雨会影响到药剂效果。

(2) 要根据棉花种植密度和植株的高矮灵活掌握施药剂量，一般每亩种植5000株时用药100g，种植株数少可减少用药量。

(3) 贮存处远离食品、饲料和水源。施药后要认真清洗喷雾器。清洗容器和处理废旧药液时，注意不要污染水源。

(4) 操作时注意防护，喷药时防止药液沾染眼睛，避免吸入药雾和粉尘。

第七章

保鲜剂

保鲜剂是指用于防止食品在贮存、流通过程中，由于微生物繁殖引起的变质，或由于贮存销售条件不善，食品内在品质发生劣变、色泽下降，为提高保存期，延长食用价值而在食品中使用的添加剂。

保鲜剂可以增加花卉的鲜重、花长和花径值，改善水分平衡，维持一定水平的可溶性糖含量，减缓可溶性蛋白质降解，减少脯氨酸的积累，减小 O_2 生成速率，提高 SOD 和 POD 活性，降低 CAT 活性。柠檬酸、苯甲酸等有机酸及其盐类能降低保鲜液的 pH 值，低 pH 值溶液可以抑制微生物生长，促进花枝吸水，从而达到保鲜的目的。

8-羟基喹啉柠檬酸盐（oxine citrate）

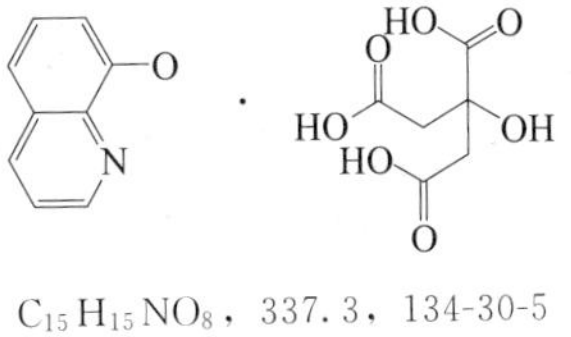

$C_{15}H_{15}NO_8$，337.3，134-30-5

化学名称 2-羟基-8-羟基喹啉-1，2,3-丙烷三羧酸盐

理化性质 纯品为微黄色粉状结晶体，熔点 175～178℃。在水中易溶解。微溶于乙醇，不溶于乙醚。与重金属易反应。

毒性　对人和动物安全。

作用特点　本品能被任何切花吸收，抑制乙烯的生物合成，促进气孔开张，从而减少花和叶片的水分蒸发。作用机制有待于进一步研究。

适宜作物　主要用于各种切花的保存液。

应用技术

康乃馨　8-羟基喹啉柠檬酸盐 200mg/L＋糖 70g/L＋$AgNO_3$ 25mg/L。

玫瑰　8-羟基喹啉柠檬酸盐 250mg/L＋糖 30g/L＋$AgNO_3$ 50mg/L＋$Al_2(SO_4)\cdot 16H_2O$ 300mg/L＋PBA 100mg/L。

金鱼草　8-羟基喹啉柠檬酸盐 300mg/L ＋糖 15g/L ＋丁酰肼 10mg/L。

菊花　8-羟基喹啉柠檬酸盐 250mg/L ＋糖 40g/L ＋苯菌灵 100mg/L。

注意事项

（1）8-羟基喹啉柠檬酸盐不能和碱性试剂混用。

（2）定期给切花加入新鲜保存液，可延长其寿命。

甲基环丙烯（1-methylcyclopropene）

C_4H_6，54.09，3100-04-7

化学名称　甲基环丙烯

其他名称　1-甲基环丙烯，Ethyl Bloc

理化性质　纯品为无色气体，沸点 4.68℃，蒸气压 2×10^5 Pa（20～25℃）。溶解度（mg/L，20～25℃）：水 137，庚烷＞2450，二甲苯 2250，丙酮 2400，甲醇＞11000。水解 DT_{50}（50℃）2.4h，光氧化降解 DT_{50}（50℃）4.4h。其结构为带一个甲基的环丙烯，常温下，为一种非常活跃的、易反应、十分不稳定的气体，当超过一定浓度或压力时会发生爆炸，因此，在制造过程中不能对甲基环丙烯以纯品或高浓度原药的形式进行分离和处理，它本身无法单独作为一种产品存在，也很难贮存。

毒性 无毒。大鼠急性经口 LD_{50} >5000mg/kg，大鼠急性吸入 LC_{50}（4h）>165μL/L 空气。

作用特点 甲基环丙烯是一种非常有效的乙烯产生和乙烯作用抑制剂。作为促进成熟衰老的植物激素，乙烯既可由部分植物自身产生，又可在贮藏环境甚至空气中存在一定量。乙烯与细胞内部的相关受体结合，才能激活一系列与成熟有关的生理生化反应，加快衰老和死亡。甲基环丙烯可以很好地与乙烯受体结合，并较长时间保持束缚在受体蛋白上，因而有效地阻碍了乙烯与受体的正常结合，致使乙烯作用信号的传导和表达受阻。但这种结合不会引起成熟的生化反应，因此，在植物内源乙烯产生或外源乙烯作用之前，施用甲基环丙烯就会抢先与乙烯受体结合，从而阻止乙烯与其受体的结合，很好地延长了果树成熟衰老过程，延长了保鲜期。

适宜作物 主要用于果蔬、切花保鲜。

剂型 3.3%可溶粉剂，0.014%和3.3%微胶囊剂。

应用技术

（1）使用方式 甲基环丙烯的使用量很小，以μg来计量，方式是熏蒸。在密封的空间内熏蒸6～12h，就可以达到保鲜的效果。

（2）使用技术

水果、蔬菜 在采摘后1～7d进行熏蒸处理，可以延长保鲜期至少一倍的时间。如苹果、梨的保鲜期可以从原来的正常贮存3～5个月，延长到8～9个月。

八月红梨 用1.0 μL/L的甲基环丙烯处理，可使果实保持较高的硬度、可溶性固体物和可滴定酸含量，明显降低果实的呼吸强度和乙烯释放速率，能完全抑制八月红梨果实黑皮病的发生，显著降低果心褐变率，推迟果实的后熟和衰老，延长贮藏期。

桃 用25μL/L的甲基环丙烯分别对底色转白期和成熟期的桃果实进行处理，然后置于0℃左右的冷库中贮存24d，表明处理能延缓2个时期桃果实的后熟软化进程。

河套蜜瓜 用100mg/L、300mg/L的药液处理，能有效延缓河套蜜瓜硬度的下降速度。

百合切花　用0.1mg/L浓度的甲基环丙烯分别对东方百合西伯利亚和亚洲百合普丽安娜花枝处理4h，再用30g/L+8-羟基喹啉硫酸盐200mg/L的混合保鲜液插枝，两种切花的瓶插寿命和观赏价值均有所改善，瓶插寿命比对照延长2d，其中东方百合优于亚洲百合，延长了16d。

甲基抑霉唑（triazole）

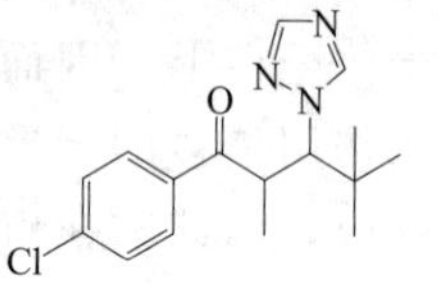

$C_{16}H_{20}ClN_3O$，305.61，77666-25-2

化学名称　1-(4-氯苯基)-2,4,4-三甲基-3-(1*H*-1，2,4-三唑-1-基)-1-戊酮

其他名称　PTTP

作用特点　本品为三唑类植物生长调节剂，主要降低赤霉素活性。在南瓜胚乳的无细胞制品中，$10^{-7}\sim10^{-5}$ mol/L浓度可抑制赤霉酸的生物合成。这些化合物的作用效果涉及抑制由*ent*-贝壳杉烯至*ent*-异贝壳杉烯酸氧化反应。

适宜作物　用于水稻、玉米、豌豆、大豆。

噻菌灵（thiabendazole）

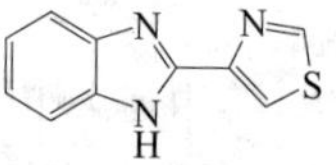

$C_{10}H_7N_3S$，201.24，148-79-8

化学名称　2-(噻唑4-基）苯并咪唑

其他名称　特可多（Tecto），涕必灵（Tobaz），噻苯灵（Thibenzole），硫苯唑，默夏多

理化性质　白色无臭粉末。熔点304～305℃，在室温下不挥发，加热到310℃升华。在水中溶解度随pH值而改变，在25℃、pH为2.0时，约为1%；pH为5～12时低于50mg/kg。本品溶于

甲苯、丙酮、苯、氯仿等有机溶剂，在室温下有机溶剂中溶解度(g/L)：丙酮2.8，苯0.23，氯仿0.08，甲苯9.3，二甲亚砜80。在水、酸、碱性溶液中均稳定。

毒性 大鼠急性经口 LD_{50} 为3330mg/kg；小鼠经口急性毒性 LD_{50} 为3810mg/kg；大白兔经口急性毒性 LD_{50} 为3850mg/kg。每天用100mg/kg的药量饲喂大鼠2年以上的慢性毒性试验，未发现有明显的不利影响。对蜜蜂无毒，对鱼类和野生动物安全。对人的眼睛有刺激性，对皮肤也有轻微的刺激性。联合国粮农组织和世界卫生组织1981年规定，噻菌灵每天允许摄入量为0.3mg/kg。

作用特点 是一种高效、广谱、国际上通用的嘧啶胺类内吸性杀菌剂，对侵袭谷物、水果和蔬菜的病原菌如交链孢、寄生霜霉、灰霉枝孢和根霉等具有良好的预防和治疗作用，对子囊菌、担子菌和半知菌真菌具有抑菌活性，用于防治多种作物真菌病害及果蔬防腐保鲜，对果蔬的贮藏病害有保护和治疗作用，低浓度下就能抑制果蔬贮存中的致病菌。用浓度为2.5mg/kg、5mg/kg、10mg/kg的噻菌灵可分别抑制黑色蒂腐菌、褐色蒂腐菌和青霉菌、绿霉菌的生长，对轮纹病菌（*Macrophoma kawatsukai*）、黑星菌（*Pusicladium dendriticum*）、蛇孢霉（*Polysytalum pustulum*）、灰葡萄孢（*Botrytis cinerea*）、长蠕孢菌（*Helminthos porium*）、镰刀菌（*Fusarium* spp.）等亦有良好的抑制作用，但对疫霉菌（*Phytophthora* spp.）、根腐菌、根霉菌等无效。用它处理柑橘有褪绿作用，并能保持果蒂的新鲜。但连续单独使用后会产生抗性，药效会逐渐降低。

适宜作物 噻菌灵广泛用于果蔬的防腐保鲜。根据西班牙市场残留分析表明，受检样品91%是用噻菌灵处理过的。该药品能有效地抑制柑橘青霉病、绿霉病，苹果和梨轮纹病，白菜真菌性腐烂病和马铃薯贮藏期的一些病害。用噻菌灵处理伏令夏橙返青果，可以加快转黄。作为保鲜剂，我国规定可用于水果保鲜，最大使用量为0.02g/kg。农业上可用于土豆、粮食和种子的防霉。

剂型 42%噻菌灵悬浮剂，60%噻菌灵可湿性粉剂，3%噻菌灵烟剂，水果保鲜纸，有效含量为7g/60g的熏蒸药片等。

应用技术

甜橙　经试验，甜橙采收后第二天，用800～1000mg/kg的噻菌灵药液中加入200mg/kg 2,4-D浸果，然后用塑料薄膜单果包装放入垫纸竹箩，贮藏132d好果率达95.3%，贮存188d好果率达89%。对青霉病、绿霉病的防效好于多菌灵。用噻菌灵保鲜剂处理的果实风味与对照果实相差不多。果实内可溶性固形物、果汁率与入库前相比，变化不大，但有机酸有所下降。

锦橙橘　采收后，用浓度为0.2%的噻菌灵加200mg/kg 2,4-D的混合液处理，单果包装，装入瓦楞纸果箱，贮存于普通库房，库温为7～13.5℃，相对湿度为87%～100%，贮藏65d后好果率达95.3%。另据研究，用500mg/kg的噻菌灵浸果处理伏令夏橙，置于20℃防空洞内贮存5个月，好果率为95%，稍高于抑霉唑处理的果实，且抗潮湿性强。其返青褪绿的效果以10～20℃条件下转色最快，150d后有60%以上转黄。

马铃薯　处理方法有三种：一是种植前处理，即种植前用药处理贮藏的种薯块茎；二是贮前处理；三是贮后处理。用水将噻菌灵胶悬剂稀释成2%～4%的溶液，以液压喷雾器喷洒块茎，块茎用1～2L/t药液，块茎的用药量为40g/t（有效成分）。因噻菌灵挥发性差，处理块茎时应使100%表面均匀蘸药，晾干后放入聚乙烯塑料薄膜袋内贮藏。噻菌灵粉剂、胶悬剂及混合剂都可用于块茎贮前喷洒。粉剂施药方法，英国是以振动撒粉器处理块茎。马铃薯贮前用药剂处理效果较好，但也有在马铃薯贮藏后利用热雾机使用烟剂熏蒸的。

白菜真菌性软腐病　白菜收获后用有效含量为0.5～0.6g/L的噻菌灵药液从顶部喷洒、淋漓处理，喷洒后将白菜上多余的药液沥干，并在贮藏的第一个月内增加空气流通，风干白菜的外层，在库温0～1℃、相对湿度为90%的条件下，可贮存9个月。

白菜细菌性软腐病　使用有效剂量为33g/L的噻菌灵烟雾剂处理白菜。

豆荚　用500mg/kg噻菌灵药液浸泡谷壳，保鲜液与谷壳之比为10∶1，浸泡0.5h后捞出滤干，带药谷壳与豆荚相间放入纸箱。

在温度为10℃、相对湿度为80%～90%的条件下，可保存2周，豆荚的好果率为78%。

注意事项

（1）噻菌灵能刺激人的皮肤和眼睛，应避免与皮肤和眼睛接触，如有沾染要用大量清水清洗。

（2）浸果过程中，要不断搅拌药液，定时测定浓度的变化，及时加药补充，以使受药均匀，达到预期效果。

（3）采用机械喷果，预先要清洗果面，最好应用减压闪蒸，待果面水分干了后再进行喷淋处理。

（4）噻菌灵与其他苯并咪唑类药物一样，易产生耐药性，不能连续使用，应注意和其他保鲜剂交替、混合使用。

（5）噻菌灵与邻苯基酚钠混用可增加药效。

松脂二烯（pinolene）

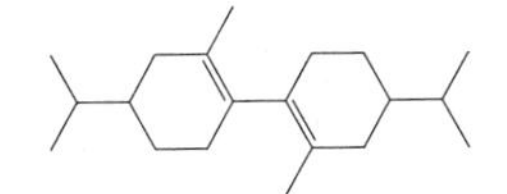

$C_{20}H_{34}$，274.5，34363-01-4

化学名称　2-甲基-4-(1-甲基乙基)-环已烯二聚物

其他名称　Vapor-Gard，Miller Aide，NU FILM17

理化性质　存在于松脂内的一种物质，沸点175～177℃。相对密度0.8246。溶于水和乙醇。

毒性　对人和动物安全。

作用特点　将松脂二烯喷施在植物叶面，会很快形成一薄层黏性、展布很快的分子，因此，经常被用来与除草剂和杀菌剂混用，提高作业效果。可作为抗蒸腾剂防止水分从叶片气孔蒸发。

适宜作物　橘子、桃、葡萄等或果树蔬菜。

应用技术

一般将90%松脂二烯稀释20～50倍使用。

橘子　收获时，浸果或喷果，防止果皮变干，延长贮存时间。

桃　收获前2周，喷1次，增加色泽，提高味感。

葡萄　收获前，浸果或喷果1次，抗病，延长贮存时间。

蔬菜或果树　移栽前，叶面喷施，防止移栽物干枯，提高存活率。

乙氧喹啉（ethoxyquin）

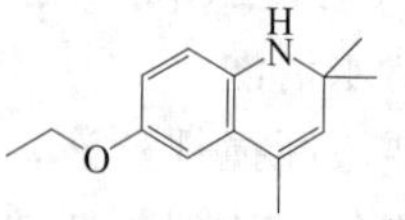

$C_{14}H_{19}NO$，217.31，91-53-2

化学名称　1,2-二氢-2，2,4-三甲基喹啉-6-基乙醚

其他名称　抗氧喹，虎皮灵，山道喹，乙氧喹，珊多喹，衣索金，乙抑菌，Nix-scald，Santoquin，Stopscald

理化性质　纯品为黏稠黄色液体。沸点 123～125℃（267Pa）。相对密度 1.029～1.031（25℃）。折射率 1.569～1.672（25℃），不溶于水，溶于苯、汽油、醇、醚、四氯化碳、丙酮和二氯乙烷。稳定性：暴露在空气中，颜色变深，但不影响活性。

毒性　急性经口 LD_{50}：大鼠 1920mg/kg，小鼠 1730mg/kg。对兔和豚鼠进行皮肤测验，发疹和产生红斑，但都是暂时的。NOEL 数据：大鼠 6.25mg/（kg·d），狗 7.5mg/（kg·d）。ADI 值：0.005mg/kg 体重。以 900mg/kg 饲料饲养鲑鱼 2 个月未见异常反应，本品在鲑鱼体内的半衰期为 4～6d，9d 后未见残留。由于本品不直接接触作物，因此对蜜蜂无害。

作用特点　乙氧喹啉可作为抗氧化剂，延长水果的保存时间，作为植物生长调节剂用于防治苹果、梨表皮的一般灼伤病和斑点。在收获前喷施，或在收获后浸果，或将药液浸渍包果实的纸，以预防苹果和梨在贮存期间出现的灼伤病和斑点。浸泡果实药液浓度为 2.7g/L；浸渍包装纸浓度为 1.3g/L。果实浸泡温度以在 15～25℃间为宜，浸泡约 30s。处理后的果实待药液阴干后贮存，剩余药品仍放入原包装中，密封贮存，120d 内保持无变化。

适宜作物　苹果、梨等。

应用技术

苹果　收获后，用 0.2%～0.4%药液浸泡 10～15s，放入袋中保存，可保存8～9个月仍保持新鲜。

梨　收获后，放在用0.2%～0.4%药液浸泡过的纸袋（20cm×20cm）中，把纸袋放入盒子中冷藏，可保存7个月。

注意事项

（1）苹果收获后立即处理。

（2）保存在阴凉干燥处。药品变浑浊后不再使用。

（3）处理时戴橡胶手套。乙氧喹啉药液如溅到皮肤或眼睛，要立刻用水和肥皂水冲洗。本品中毒无专用解毒药，应对症治疗。

第八章 其他类植物生长调节剂

三唑酮 (triadimefon)

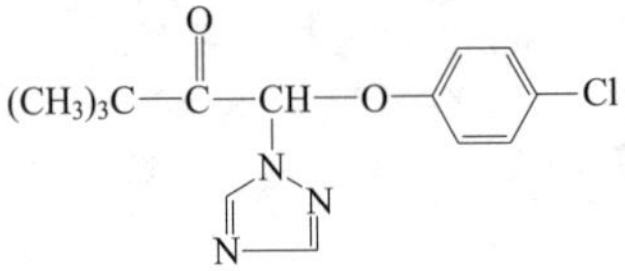

$(CH_3)_3C—C(=O)—CH(—N_{1,2,4-三唑})—O—C_6H_4—Cl$

$C_{14}H_{16}ClN_3O_2$，293.75，43121-43-3

化学名称 1-(4-氯苯氧基)-3,3-二甲基-1(1*H*-1,2,4-三唑-1-基)-2-丁酮

其他名称 粉锈宁，百理通，百菌酮，立菌克，植保宁，菌克灵，Amiral，Bayleton

理化性质 纯品为无色结晶，有特殊芳香味，熔点 82.3℃，蒸气压 0.02mPa（20℃）、0.06mPa（25℃），相对密度 1.22（20℃），$K_{ow}\lg P=3.11$。不溶于水，在水中易扩散，20℃ 时水中溶解度为 260mg/L。溶于甲苯、环己酮、三氯甲烷。溶解度：(g/L，20℃) 二氯甲烷、甲苯>200、异丙醇 50～100、己烷 5～10。商品为浅黄色粉末，在酸性和碱性介质中较稳定，在正常情况下，贮存两年以上不变质。在塘水中半衰期 6～8d。

毒性 对温血动物低毒。急性经口 LD_{50}：大鼠为 1000～

1500mg/kg，雄小鼠为989mg/kg，雌小鼠为1071mg/kg；雄大鼠急性经皮LD_{50}＞1000mg/kg；大鼠急性吸入LC_{50}＞439mg/m^3。对皮肤、黏膜无明显刺激作用。大鼠3个月喂养无作用剂量为2000mg/kg。狗为600mg/kg。雄大鼠2年喂养无作用剂量为500mg/kg，雌大鼠为50mg/kg，狗为330mg/kg。动物试验无三致作用。鲤鱼LC_{50}：7.6mg/L（48h），鲫鱼10～15mg/L（96h），虹鳟鱼为14mg/L（96h），金鱼10～50mg/L（96h）。鹌鹑急性经口LD_{50}：1750～2500mg/kg，雌鸡5000mg/kg，对蜜蜂、家蚕无影响。

作用特点 为三唑类化合物，登记为杀菌剂，具有高效、广谱、低残留、残效期长、内吸性强的特点，具有预防、铲除、治疗和熏蒸作用，持效期较长。其杀菌作用为抑制麦角甾醇的生物合成，因而抑制或干扰菌体附着孢及吸器的发育，菌丝的生长和孢子的形成。还具有三唑类植物生长调节剂的功能，能使叶片加厚，叶面积减少，可提高植物抗逆性、光合作用和呼吸作用，延迟地上部分生长，有利于提高产量。

适宜作物 主要用于防治麦类、果树、蔬菜、瓜类、花卉等作物的病害。

剂型 5%、10%、15%、25%可湿性粉剂，10%、20%、25%乳油，25%胶悬剂。

应用技术

花生 用300～500mg/kg三唑酮溶液在花生盛花期叶面喷洒，可抑制花生地上部分生长，有利于光合产物向荚果输送，增加荚果重量。在花生幼苗期用300mg/kg喷洒，可培育壮苗，提高抗干旱能力。

菜豆、大麦、小麦 用三唑酮处理，可抑制其营养生长。

注意事项

（1）要按规定用药量使用，否则作物易受药害。

（2）可与碱性以及铜制剂以外的其他制剂混用。拌种可能使种子延迟1～2d出苗，但不影响出苗率及后期生长。

（3）操作时注意防护，无特效解毒药，如误食，只能对症治疗，应立即催吐、洗胃。

（4）药剂置于干燥通风处。

果绿啶（glyodin）

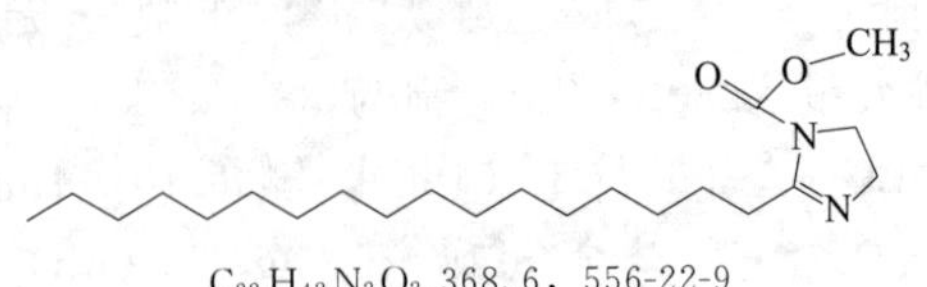

$C_{22}H_{42}N_2O_2$，368.6，556-22-9

化学名称 醋酸-2-十七烷基-2-咪唑啉（1∶1）

其他名称 Crag Fruit Fungicide 314，Glyodex，Glyoxalidine，Glyoxide Dry

理化性质 纯品为柔软的蜡状物质，熔点94℃。醋酸盐为橘黄色粉末，熔点62～68℃。相对密度1.035（20℃）。不溶于水，二氯乙烷和异丙醇中溶解度39%。在碱性溶液中分解。

毒性 大鼠急性经口LD_{50}＞6800mg/kg。对鱼和野生动物低毒。狗210mg/（kg·d）饲喂1年、大鼠270mg/（kg·d）饲喂2年无不良反应。

作用特点 果绿啶可由植物茎、叶和果实吸收。曾被作为杀菌剂使用，属于保护性杀菌剂，可防治苹果的黑星病、斑点病、黑腐病，樱桃的叶斑病，菊科作物的斑枯病等；对动植物寄生螨类也有效。作为植物生长调节剂，可促进水分吸收，增加吸附和渗透性。因此，可增加叶面施用的植物生长调节剂的效果。

磺菌威（methasulfocarb）

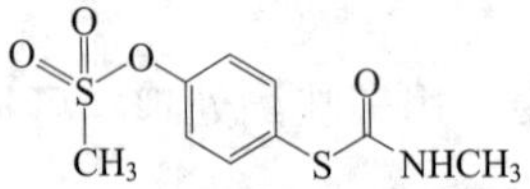

$C_9H_{11}NO_4S_2$，261.3，66952-49-6

化学名称 *S*-(4-甲基磺酰胺氧苯基)-*N*-甲基硫代氨基甲酸酯

其他名称 Kayabest，NK-191

理化性质 纯品为无色结晶体，熔点137.5～138.5℃。水中溶解度为480mg/L，溶于苯、醇类和丙酮。对日光稳定。

毒性 急性经口LD_{50}（mg/kg）：大鼠112～119，雄小鼠342，雌小鼠262。大、小鼠急性经皮LD_{50}＞5000mg/kg，大鼠急性吸入LC_{50}（4h）＞0.44mg/L空气。对小鼠无诱变性，对大鼠无致畸性。鲤鱼LC_{50}（48h）：1.95mg/L。水蚤LC_{50}（3h）：24mg/L。

作用特点 磺菌威是一种磺酸酯杀菌剂和植物生长调节剂。用于土壤，尤其用于水稻的育苗箱，对于防治由根腐属、镰孢属、木霉属、伏革菌属、毛霉属、丝核菌属和极毛杆菌属等病原真菌引起的水稻枯萎病很有效。

适宜作物 水稻。

剂型 10%粉剂。

应用技术 在播种前7d内或临近播种时，将10%粉剂混土，剂量为5L育苗土6～10g。不仅杀菌，还可提高水稻根系的生理活性。

麦草畏甲酯（disugran）

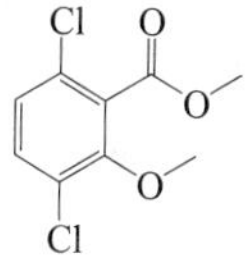

Cl O O O Cl

$C_9H_8Cl_2O_3$，235.06，6597-78-0

化学名称 3，6-二氯-2-甲氧基苯甲酸甲酯

其他名称 Racuza

理化性质 分析纯的麦草畏甲酯纯品是白色结晶固体。熔点31～32℃。在25℃呈黏性液体。沸点118～128℃（40～53Pa）。水中溶解度＜1%，溶于丙酮、二甲苯、甲苯、戊烷和异丙醇。

毒性 相对低毒，大鼠急性经口LD_{50}：3344mg/kg。兔急性经皮LD_{50}＞2000mg/kg。对眼睛有刺激，但对皮肤无刺激。

作用特点 麦草畏甲酯可通过茎、叶吸收，传导到活跃组织。作用机制仍有待于研究。其生理作用是加速成熟和增加含糖量。

应用技术

甘蔗 收获前4～8周，施用0.25～1 kg/hm^2，可增加含糖量。

甜菜 收获前4～8周，施用0.25～1 kg/hm^2，可增加含糖量。

甜瓜 在瓜直径为7～12cm时，施用1.0～2.0 kg/hm^2，可增加含糖量。

葡萄柚 收获前4～8周，施用0.25～0.5 kg/hm^2，可通过改变糖、酸比例，增加甜度。

苹果、桃 果实出现颜色时，施用0.25～1 kg/hm^2，可促进均匀成熟。

葡萄 开花期，施用0.2～0.6 kg/hm^2，可增加含糖量，增加产量。

大豆 开花后，施用0.25～1 kg/hm^2，可增加产量。

绿豆 开花后，施用0.25～1 kg/hm^2，可增加产量。

草地 旺盛生长期，施用0.25～1 kg/hm^2，可增加草坪草分蘖。

注意事项

（1）最好的应用方法是叶面均匀喷洒。

（2）不能和碱性或酸性植物生长调节剂混用。

（3）处理后24h内下雨，需重喷。

水杨酸（salicylic acid）

CO_2H

OH

$C_7H_6O_3$，138.12，69-72-7

化学名称 2-羟基苯甲酸

其他名称 柳酸，沙利西酸，撒酸

理化性质 纯品为白色针状结晶或结晶状粉末，有辛辣味，易燃，见光变暗，空气中稳定。熔点157～159℃，76℃升华，微溶于冷水（1g/mL），易溶于热水（1g/15mL），乙醇（1g/2.7mL），丙酮（1g/3mL）。水溶液呈酸性，与三氯化铁水溶液生成特殊紫色。

毒性 微毒。原药大鼠急性经口 LD_{50} 为 890mg/kg 体重，国外大白鼠经口 LD_{50} 为 1300mg/kg。

作用特点 水杨酸为植物体内含有的天然苯酚类植物生长调节剂，可被植物的叶、茎、花吸收，具有相当的传导作用。水杨酸最早是从柳树皮分离出来的，名叫柳酸，广泛用于防腐剂、媒染剂及分析试剂。研究发现在水稻、大豆、大麦等几十种作物的叶片、生殖器官中含有水杨酸，是植物体内一种不可缺少的生理活性物质。从其现有的生理作用来看，一是提高作物的抗逆性，二是有利于花粉的传授。可用于促进生根，增强抗性，提高产量等。

适宜作物 促进菊花插枝生根，提高甘薯、水稻、小麦等作物的抗逆能力。

剂型 99%水杨酸粉剂。

应用技术

(1) 提高作物的抗逆性

番茄 将绿熟番茄用 0.1%水杨酸溶液浸泡 15～20min。可加大番茄果实硬度，增强抗病力，有效保存果实新鲜度，延长货架期。

大豆 在大豆七叶期喷洒 20mg/L 水杨酸溶液，能够加快主茎生长，提前开花，增加单株开花数、结荚数、百粒重和产量。

甘薯 在甘薯块根膨大期，用 0.4mg/L 水杨酸处理（加 0.1%吐温-20），使叶绿素含量增加，减少水分蒸腾，增加产量。

烟草 水杨酸与 Bion（一种植物活化剂）混用（5～50mg/kg＋35～70mg/kg），既可提高对烟草花叶病的防治效果，对其他病害也有提高防效的作用。

(2) 促进生根

水稻 幼苗用 1～2mg/L 水杨酸处理，能促进生根，减少蒸腾，增强耐寒能力。

小麦 用 0.05%水杨酸溶液 75mL/m^2 喷施，可促进小麦生根，减少蒸腾，增加产量。

菊花　与萘乙酸混用可促进菊花生根。方法是用菊花插枝基部蘸粉，粉剂配方如下：NAA0.2%＋水杨酸 0.2%＋抗坏血酸 0.2%＋硼酸 0.1%＋克菌丹 5%＋滑石粉 92.3%＋水 2%。

注意事项

（1）需密封暗包装，产品存放于阴凉、干燥处。

（2）对不同果蔬，保鲜效果不同。

（3）水杨酸虽有抗逆等生理作用，但生理作用并不十分明显，应混用以提高其生理活性，提高其在农业生产上的实用性。

S-诱抗素（trans-abscisic acid）

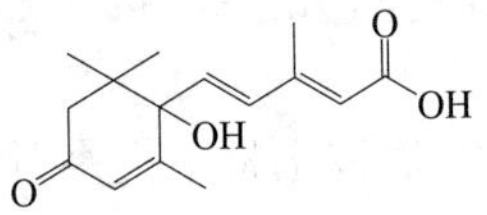

$C_{15}H_{20}O_4$，264.3，14375-45-2

化学名称　丙烯基乙基巴比妥酸

其他名称　福生诱抗素，天然脱落酸，2-顺式,4-反式-5-(1-羟基-4-氧代-2,6,6-三甲基-2-环己烯-1-基)-3-甲基-2,4-戊二烯酸

理化性质　纯品为白色结晶，熔点：160～162℃，水溶解度 3～5g/L（20℃），难溶于石油醚与苯，易溶于甲醇、乙醇、丙酮、乙酸乙酯与三氯甲烷。*S*-诱抗素的稳定性较好，常温下放置两年，有效成分含量基本不变。对光敏感，属强光分解化合物。

毒性　对人畜无毒害、无刺激性。

作用特点　作用机制：在逆境胁迫时，*S*-诱抗素在细胞间传递逆境信息，诱导植物机体产生各种应对的抵抗能力；在土壤干旱胁迫下，*S*-诱抗素启动叶片细胞质膜上的信号传导，诱导叶面气孔不均匀关闭，减少植物体内水分蒸腾散失，提高植物抗干旱能力；在寒冷胁迫下，*S*-诱抗素启动细胞抗冷基因，诱导植物产生抗寒蛋白质；在病虫害胁迫下，*S*-诱抗素诱导植物叶片细胞 PIN 基因活化，产生蛋白酶抑制物（pls）阻碍病原或虫害进一步侵害，避免受害或减轻植物的受害程度；在土壤盐渍胁迫下，*S*-

诱抗素诱导植物增强细胞膜渗透调节能力，降低每千克物质中 Na^{+} 含量，提高 PEP 羧化酶活性，增强植株的耐盐能力；在药害肥害的胁迫下，调节植物内源激素的平衡，停止进一步吸收，有效解除药害肥害的不良影响；在正常生长条件下，*S*-诱抗素诱导植物增强光合作用和吸收营养物质，促进物质的转运和积累，提高产量、改善品质。

特点：能显著提高作物的生长素质，诱导并激活植物体内产生 150 余种基因参与调节近代物质的平衡生长和营养物质合成，增强作物抗干旱、低温、盐碱、涝能力，有效预防病虫害的发生，解除药害肥害，并能稳花、保果和促进果实膨胀与早熟；能增强作物光合作用，促进氨基酸、维生素和蛋白质的合成，加速营养物质的积累，对改善品质、提高产量效果特别显著。施用后，幼苗发根快、发根多、移栽后返青快、成活率高，作物整个营养生长期和生殖生长旺盛、抗逆性强、病虫害少。

适宜作物 应用的作物范围包括：各种蔬菜、烟草、棉花、瓜类、大豆、水稻、小麦、苗木、葡萄、枇杷、果树、茶树、药材、花卉及园艺作物等，其对作物抗旱、抗寒、抗病、增产效果显著。

应用技术

(1) 在出苗后，将本品用水稀释 1500～2000 倍，苗床喷施。

(2) 在作物移栽 2～3d，移栽后 10～15d，将本品用水稀释 1000～1500 倍，对叶面各喷施一次。

(3) 若在作物移栽前未施用，可在作物移栽后 2d 内喷施。

(4) 在直播田初次定苗后，将本品用水稀释 1000～1500 倍，进行叶面喷施。

(5) 作物整个生育期内，均可根据作物长势，将本品用水稀释 1000～1500 倍后进行叶面喷施，用药间隔期 15～20d。

注意事项

(1) 勿与碱性物质混用。

(2) 与非碱性杀菌剂、杀虫剂混用，药效将大大提高。

(3) 植株弱小时，对水量应取上限。

（4）喷施后6h遇雨补喷。

增色胺（CPTA）

$C_{12}H_{19}Cl_2NS$，280.3，13663-07-5

化学名称　2-对氯苯硫基三乙胺盐酸盐

理化性质　纯品熔点123～124.5℃。溶于水和有机溶剂。在酸介质中稳定。

作用特点　通过叶片和果实表皮吸收，传导到其他组织。可增加类胡萝卜素的含量。

适宜作物　番茄、柑橘等。

应用技术　增色胺可增加番茄和柑橘属植物果实的色泽。在橘子由绿转黄色时用2500mg/L药液喷雾。番茄接近成熟时喷增色胺可诱导红色素产生，加速由绿色向红色转变。

壳聚糖（chitosan）

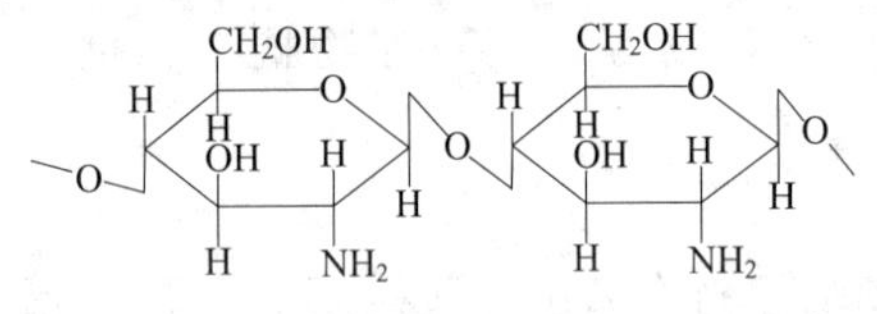

$(C_6H_{11}NO_4)_n$，$(161.1)_n$，9012-76-4

化学名称　(1,4)-2-氨基-2-去氧-*β*-*D*-葡聚糖[(1,4)-2-乙酰氨基-2-去氧-*β*-*D*-葡萄糖]

其他名称　甲壳素，甲壳胺，甲壳质，几丁聚糖，施特灵

理化性质　纯品为白色或灰白色无定形片状或粉末，无臭无味，可溶于稀酸及有机酸中，如水杨酸、酒石酸、乳酸、琥珀酸、乙二酸、苹果酸、抗坏血酸等，分子越小，脱乙酰度越大，溶解度越大。化学性质稳定，耐高温，经高温消毒后不变性。

溶于弱酸稀溶液中的壳聚糖，加工成的膜具有透气性、透湿性、伸延性及防静电作用。

壳聚糖在盐酸水溶液中加热至100℃，能完全水解成氨基葡萄糖盐酸盐。甲壳质在强碱水溶液中可脱去乙酰成为甲壳胺。壳聚糖在碱性溶液或乙醇、异丙醇中可与环氧乙烷、氯乙醇、环氧丙烷生成羟乙基化或羟丙基化的衍生物，从而更易溶于水。壳聚糖还可与甲酸、乙酸、草酸、乳酸等有机酸生成盐。

毒性 毒性极低。经口、长期毒性试验均显示毒性非常小，也未发现有诱变性、皮肤刺激性、眼黏膜刺激性、皮肤过敏、光毒性、光敏性。小鼠、大鼠急性经口 LD_{50}＞15k/kg 体重。

作用特点 ①作为固定酶的载体。因为壳聚糖分子中的游离氨基酸对各种蛋白质的亲和力非常强，可以用来作酶、抗原、抗体等生理活性物质的固定化载体，使酶、细胞保持高度的活力。②可被酶降解。壳聚糖可被甲壳酶、甲壳胺酶、溶菌酶、蜗牛酶水解，其分解产物是氨基葡萄糖及二氧化碳，而氨基葡萄糖是生物体内大量存在的一种成分，对生物无毒。③良好的生物螯合和吸附剂。壳聚糖分子中含有羟基、氨基，可与金属离子形成螯合物，在 pH 为 2～6 时，螯合最多的是 Cu^{2+}，其次是 Fe^{2+}，且随 pH 值增大而螯合量增多，还可与带负电荷的有机物，如蛋白质、氨基酸、核酸发生吸附作用。壳聚糖和甘氨酸的交联物可使螯合的 Cu^{2+} 能力提高 22 倍。

适宜作物 常用作种子包衣剂成分，也可用于土壤改良、农药的缓释剂及水果保鲜剂等。

剂型 2％可溶性液剂。

应用技术

（1）处理种子，促进增产 壳聚糖广泛用于处理种子，在作物种子外形成一层薄膜，不但可以抑制种子周围病原菌的生长，增强作物的抵抗力，而且还有生长调节作用，可使许多作物产量增加。壳聚糖的弱酸溶液用作种子包衣剂的黏附剂，使种子透气、抗菌及促进生长等多种作用，是种子现配现用优良的生物多功能吸附性包衣剂。如壳聚糖 11.2g＋谷氨酸 11.2g，处理 22.68kg 作物种子，增产达 28.9％。

大豆 1％壳聚糖＋0.25％乳酸处理大豆种子，可促进早发芽。

油菜、茼蒿 壳聚糖 800 倍液浸泡油菜、茼蒿种子后播种，可促进根系发育。

小麦、水稻、玉米、棉花、大麦、燕麦、大豆、甘薯　用壳聚糖处理均可增产。

（2）抗病防病

喷雾　0.4%壳聚糖溶液喷洒烟草，10d 内可减少烟草斑纹病毒的传播。

浸种处理　减轻小麦纹枯病、大豆根腐病、水稻胡麻斑病、花生叶斑病等。

浸根　25～50μg/mL 壳聚糖浸芹菜苗，可防止尖孢镰刀菌引起的萎蔫；番茄浸根，可防治根腐病。

（3）喷洒果品表面，有保鲜作用　在苹果收获时用 1%壳聚糖均匀喷洒于果面后晾干，在室温下贮存 5 个月后，苹果表面仍保持亮绿色，没有皱缩，含水量和维生素 C 含量明显高于对照，好果率达 98%。2%壳聚糖 600～800 倍液（25～33.3mg/L）喷洒黄瓜，可调节生长、提高抗病能力，从而提高产量。

（4）施于土壤，可改善团粒结构，减少水分蒸发　壳聚糖以 25mg/g（土）水溶剂加入土壤可以改进土壤的团粒结构，有减少水分蒸发、减轻土壤盐渍作用。梨树用 50mL 壳聚糖＋300g 锯末混合，有改良土壤的作用。此外，壳聚糖的 Fe^{2+}、Mn^{2+}、Zn^{2+}、Cu^{2+}、Mo^{2+} 液肥可作无土栽培用的液体肥料。

（5）用作农药的缓释剂　用 *N*-乙酰壳聚糖可使许多农药起缓释作用，一般延长 100 倍。

注意事项

（1）壳聚糖有吸湿性，注意防潮。

（2）不同分子量的壳聚糖的应用效果有差异，使用时应注意产品说明。

8-羟基喹啉（8-hydroxyquinoline）

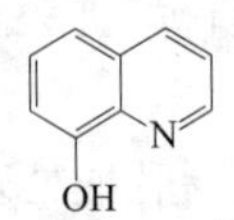

C_9H_7NO，145.16，148-24-3

化学名称 8-羟基喹啉

其他名称 8-氢氧化喹啉，8-羟基氮萘，邻羟基氮（杂）萘，喔星，8-羟基氮杂萘，羟喹啉

理化性质 8-羟基喹啉是两性的，能溶于强酸、强碱，在碱中电离成负离子，在酸中能结合氢离子，在 pH 7 时溶解性最小。白色或淡黄色结晶或结晶性粉末，不溶于水和乙醚，溶于乙醇、丙酮、氯仿、苯或稀酸，能升华。腐蚀性较小。

毒性 低毒，LD_{50} 4800mg/kg。急性毒性：大鼠经口 LD_{50} 1200mg/kg；小鼠经口 LD_{50} 20mg/kg；大鼠腹腔 LD_{50} 43mg/kg；小鼠皮下 LC_{50} 83600μg/kg。吸入毒性：大鼠＞1210mg/m^3。该物质对环境可能有危害，对水体应给予特别注意。

作用机制 对于多年生植物，该剂可加速切口的愈合，可作为防治各种细菌和真菌的杀菌剂。其作用机制还有待于进一步研究。

适宜作物 雪松、日本金中柏属植物、樱桃、桐树等。

应用技术 可作为雪松、日本金钟柏属植物、樱桃、桐树等多年生植物切口处的愈合剂。每 5cm 直径切口处用 0.2%制剂 2g。

蜡质芽孢杆菌

其他名称 蜡状芽孢杆菌，叶扶力，叶扶力 2 号，BC752 菌株

理化性质 本剂为蜡质芽孢杆菌活体吸附粉剂。外观为灰白色或浅灰色粉末，细度 90%通过 325 目筛，水分含量≤5%，悬浮率≥85%，pH 7.2。

毒性 属低毒生物农药，其原液对大鼠急性经口 LD_{50}＞7000 亿菌体/kg，大鼠 90d 亚慢性喂养试验，剂量为 100 亿菌体/(kg・d)，未见不良反应。用 100 亿菌体/kg 对兔急性经皮和眼睛试验，均无刺激性反应。对人、畜和天敌安全，不污染环境。

作用特点 蜡质芽孢杆菌能通过影响体内的 SOD，调节作物细胞微环境，维持细胞正常的生理代谢和生化反应，提高抗逆性，加速生长，提高产量和品质。多数情况下与井冈霉素复配使用，防治水稻纹枯病、稻曲病及小麦纹枯病、赤霉病等。细菌杀菌剂，单剂主要用于油菜抗病、壮苗、增产以及防治生姜瘟病。蜡质芽孢杆

菌属微生物制剂，低毒、低残留，不污染环境，使用安全。

适宜作物 适用于油菜、玉米、高粱、大豆及各种蔬菜作物。

应用技术

（1）拌种：对油菜、玉米、高粱、大豆及各种蔬菜作物，每1000g种子，用本剂15～20g拌种，然后播种。如果种子先浸种后拌本剂菌粉时，应在拌药后晾干再进行播种。

（2）喷雾：对油菜、大豆、玉米及蔬菜等作物，在旺长期，每亩用本剂100～150g，对水30～40L均匀喷雾。据在油菜上试验，可增加油菜分枝数、角果数及籽粒数，促进增产，并对立枯病、霜霉病有防治作用，明显降低发病率。

注意事项

（1）本剂为活体细菌制剂，保存时避免高温，50℃以上易造成菌体死亡。应贮存在阴凉、干燥处，切勿受潮，避免阳光暴晒。

（2）本剂保质期2年，在有效期内及时用完。

氯化胆碱（choline chloride）

$$[HOCH_2CH_2-\overset{\displaystyle CH_3}{\underset{\displaystyle CH_3}{\overset{|}{\underset{|}{N^+}}}}-CH_3]Cl^-$$

$C_5H_{14}ClNO$，139.63，67-48-1

化学名称 2-羟乙基-三甲基氢氧化胆碱

其他名称 氯化胆脂、氯化2-羟乙基三甲铵、增蛋素、三甲基（2-羟乙基）铵氯化物、2-羟乙基三甲基氯化铵、维生素B_4

理化性质 白色吸湿性结晶，无味，有鱼腥臭。熔点240℃。10%水溶液pH 5～6，在碱液中不稳定。本品易溶于水和乙醇，不溶于乙醚、石油醚、苯和二硫化碳。

毒性 低毒，LD_{50}（大鼠，经口）3400mg/kg。

作用特点 胆碱，维生素B的一种。胆碱可以促进肝、肾的脂肪代谢；胆碱还是机体合成乙酰胆碱的基础，从而影响神经信号的传递；另外胆碱也是体内蛋氨酸合成所需的甲基源之一。在许多食物中都含有天然胆碱，但其浓度不足以满足现代饲料业对动物迅速生长的需要。因此在饲料中应添加合成胆碱以满足其需要。缺少胆碱可导致脂肪肝、生长缓慢、产蛋率降低、死亡增多等现象。

适宜作物 可促进小麦、水稻小穗分化；用于玉米、甘蔗、甘薯、马铃薯、萝卜、洋葱、棉花、烟草、蔬菜、葡萄、芒果等增加产量；用于杜鹃花、一品红、天竺葵、木槿等观赏植物调节生长；用于小麦、大麦、燕麦抗倒伏。

应用技术 氯化胆碱还是一种植物光合作用促进剂，对增加产量有明显的效果。小麦、水稻在孕穗期喷施可促进小穗分化，多结穗粒；灌浆期喷施可加快灌浆速度，穗粒饱满，千粒重增加2～5g。亦可用于玉米、甘蔗、甘薯、马铃薯、萝卜、洋葱、棉花、烟草、蔬菜、葡萄、芒果等增加产量，在不同气候、生态环境条件下效果稳定；块根等地下部分生长作物在膨大初期每亩用60%水剂10～20mL（有效成分6～12g），加水30L稀释（1500～3000倍），喷施2～3次，膨大增产效果明显；观赏植物杜鹃花、一品红、天竺葵、木槿等调节生长；小麦、大麦、燕麦抗倒伏。

注意事项

（1）氯化胆碱水剂贮存温度不应低于－12℃，以避免结晶后堵塞管道。

（2）氯化胆碱粉剂贮存在筒仓中应使用除湿设备以防产品吸潮。植物载体型氯化胆碱粉剂长期吸湿后则有可能有发酵现象。

腐植酸（humic acid）

化学名称 黄腐酸

其他名称 Fulvic acid，富里酸，抗旱剂一号，旱地龙

理化性质 黑色或棕黑色粉末，含碳50%左右、氢2%～6%、氧30%～50%、氮1%～6%、硫等。主要官能团有羧基、羟基、甲氧基、羰基等，相对密度1.33～1.448，可溶于水、酸、碱。

毒性 天然有机物的分化产物，对人、畜安全，无环境污染。

作用特点 腐植酸是天然水体中常见的一类大分子有机化合

物，一般认为腐植酸是一组芳香结构的、性质相似的酸性物质的复杂混合物，主要存在于土壤、泥炭、褐煤等有机矿层中。腐植酸是由C、H、O、N、S等元素组成，不同类型的腐植酸元素组成有较大差异，但不同来源同类型的腐植酸元素含量比较接近。由于来源不同，它们的组分、结构和分子量有很大差异，其主要组分是有机酸及其衍生物，结构至今还未确定，其分子量一般为几百到几十万。

腐植酸是一种亲水性可逆胶体，显弱酸性，比较稳定，一般不再受真菌和细菌的分解。其颜色和密度随煤化程度的加深而增加。通常腐植酸多呈黑色或棕色胶体状态，随着条件的改变可以胶溶和絮凝。它所处的状态及状态转换，可随介质所处pH值而定。除H^+外，金属离子同样也可使腐植酸絮凝，金属离子的絮凝能力与其价数有关，三价离子＞二价离子＞一价离子，相同价数的离子与其半径有关，离子半径越大，絮凝能力也越大。金属离子的絮凝能力与其相应氢氧化物的溶解度相比较，氢氧化物的溶解度越低，这种金属的絮凝能力也越大。由于腐植酸是由微小的球形微粒构成，各微粒间以链状形式连接形成与葡萄串类似的团聚体，在酸性条件下，各微粒间的团聚作用是氢键。腐植酸微粒直径变动于8～10nm之间。因腐植酸具有疏松“海绵状”结构，使其产生巨大的表面积和表面能，构成了物理吸附的应力基础，其吸附能力还与腐植酸对水的膨润性大小有关，腐植酸钠盐（RCOONa）较腐植酸（RCOOH）本身有较高的膨润性能。随着膨润性能的加强，可使腐植酸的活性基团充分的裸露于水溶液中，增加了腐植酸与金属离子接触概率，进而提高了吸附效果。由于腐植酸分子结构中含有多种活性基团，能参与动植物体内的代谢过程，是一种良好的生物刺激剂；又可与金属离子进行离子交换、络合或螯合反应，因各种腐植酸来源不同，其分子结构中所含的活性基团性质和数量存在差异，因而对重金属离子的吸附能力有很大的差别。此外，腐植酸分子结构中存在醌基和半醌基，使其具有氧化还原能力。

按照不同的划分依据，腐植酸被划分为不同的类型。

（1）按形成方式：①天然腐植酸，包括土壤腐植酸、水体腐植酸、煤类腐植酸；②人工腐植酸，包括生物发酵腐植酸、化学合成腐植酸、氧化再生腐植酸。

（2）按来源方式：①原生腐植酸，是天然物质的化学组成中所固有的腐植酸，如泥炭和褐煤等；②再生腐植酸，指低阶煤（褐煤及分化煤等）经过分化或人工氧化方法生成的腐植酸，如分化煤等；③合成腐植酸，通常指人工方法从非煤炭物质所制得的与天然腐植酸相似的物质，如蔗糖与胺反应的碱可溶物及造纸黑液等均属合成腐植酸。

（3）按在溶剂中的溶解度不同：①黄腐酸，是一种溶于水的灰棕黄色粉末状物质；②棕腐酸，是一种不溶于水的棕色无定形粉末，可溶于乙醇或丙酮；③黑腐酸，为褐色无定形的酸性有机物，不溶于水和酸，仅溶于碱。

腐植酸具有如下特点：①功能性多，适应性广，由于腐植酸具有络合、离子交换、分散、黏结等功能，适量加入无机氮、磷、钾后，达到养分科学配比的目的；②提高肥料利用率，普通肥料（腐植酸）中的N、P、K养分不容易被作物完全吸收，腐植酸肥料与相同用量的普通肥料相比，N的土壤自然循环还原能力增加30%～40%，P的固定损失可减少45%左右，K的流失率降低30%；③增强抗逆性能，腐植酸可缩小叶面气孔的张开度，减少水分蒸发，使植物和土壤保持较多的水分，具有独特的抗旱、抗寒、抗病能力；④刺激作用，腐植酸具有活化功能，可增加植物体内氧化酶活性及代谢活动，从而使根系发达、促进植物生长；⑤改良土壤，腐植酸中胶体与土壤中钙形成絮状凝胶，可改善土壤团粒结构，调节土壤水、肥、气、热状况，提高土壤的吸附、交换能力，调节pH值，达到土壤酸碱平衡。

（4）在农药的使用上，腐植酸主要有三方面用途：一是用腐植酸为原料制成以腐植酸为载体的农药，或以腐植酸为赋形剂的杀虫剂；二是用于土壤和植物的农药解毒；三是用于农药贮存，防止农药分解。此外，可直接用于防治苹果腐烂病、棉花枯萎病、黄瓜霜霉病和杀死多种蚜虫。把具有改良土壤性能的腐植酸混合肥料与五氯苯酚杀虫剂相混合，可制成兼有除草、改土功效和肥效的新型除草剂。

适宜作物 水稻、小麦、葡萄、甜菜、甘蔗、瓜果、番茄、杨树等。

剂型 50%～90%粉剂、3%～10%水剂。

应用技术

（1）使用方式：浸泡、浸蘸、浇灌、喷洒。

（2）使用技术

水稻 在水稻秧苗移栽前10～24h，将液体腐肥加泥土调成糊状浸根，浸根浓度为0.01%～0.05%，若蘸根浓度可稍高，可促使水稻根系发育，进而促进根系对氮、磷、钾的吸收，使幼苗生长健壮。

对于甘薯、蔬菜等移栽作物或果树插条，也可用同样的方法浸根或蘸根。试验表明，腐植酸与吲哚丁酸混用，促进苹果插枝生根的效果比二者单用显著。

另外，还可在水稻生长期根外追施。方法为：在水稻扬花至灌浆初期，用浓度为0.01%～0.05%黄腐酸溶液喷施叶面、穗部，每亩50kg，喷洒2～3次。可促进灌浆，增产。

小麦 在小麦孕穗期及灌浆初期叶面喷洒具有明显的增产效果，尤以孕穗期喷洒后增产效果最佳，在孕穗期喷洒以旗叶伸出叶鞘1/3～1/2时较好，每亩用药量为50～150g，加水40kg进行喷洒，在孕穗期和灌浆初期各喷1次。可降低小麦的蒸腾速率，增大气孔阻力，提高脯氨酸含量，一般可增产10%左右。

腐植酸与核苷酸混合使用，研制成3.25%黄（腐酸）·核（苷酸）合剂，注册商品名为3.25%绿满丰水剂。在小麦生长发育期，以150～200倍液喷洒2～3次，可提高小麦抗旱能力，增加叶绿素含量及光合作用效率，健壮植株，促进根系发育，提高产量。用400～600倍液喷洒黄瓜植株，可加快生长发育，促进营养生长和生殖生长，提高黄瓜产量。

玉米 在大喇叭口期，用0.01%～0.05%黄腐酸溶液喷施植株，可增强抗旱能力，增产。

花生　在花生下针期，或在花生生长期受旱时，以0.01%～0.05%黄腐酸溶液喷施植株，增产。

大豆　在大豆结荚期，以0.01%～0.05%黄腐酸溶液喷施植株，可增加结荚数和豆粒重。

葡萄、甜菜、甘蔗、瓜果、番茄等　以300～400mg/L浇灌黄腐酸，可不同程度提高含糖量。

杨树等　插条以300～500mg/L浸渍，可促进插条生根。

注意事项

（1）这类物质有生理活性，但取得的效果又不是非常明显，各地应用效果也不稳定，有待与其他农药混用，以更好地发挥作用。

（2）应用时应加入表面活性剂。

杀雄啉（sintofen）

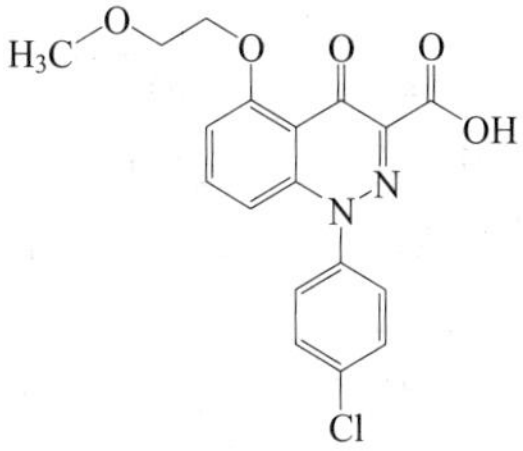

$C_{18}H_{15}ClN_2O_5$，374.78，130561-48-7

化学名称　1-(4-氯苯基)-1,4-二氢-5-(2-甲氧基乙氧基)-4-氧代-噌啉-3-羧酸

其他名称　津奥啉，Achor，Croisor，SC-2052

理化性质　原药杀雄啉为淡黄色粉末，略带气味，熔点260～263℃，相对密度0.06；轻轻拍实后相对密度为0.14。微溶于水和大多数溶剂；溶于1mol/L NaOH溶液。制剂外观为红棕色水剂，相对密度1.1，pH 8.2～8.7。

毒性　低毒。杀雄啉原药大鼠急性经口 LD_{50}>1000mg/L，制剂大鼠经口 LD_{50}>5000mg/L，经皮 LD_{50}>2000mg/L。对兔眼睛无刺激作用，对动物皮肤无刺激作用，对动物无致畸、致突变、致癌作用。10000mg/L对大鼠繁殖无不良影响。在水和土壤中半衰期约1年。鹌鹑和野鸭急性经口 LD_{50} ＞2000mg/L，对蜜蜂接触 LD_{50} ＞100μg/只。鳟鱼无作用剂量为324mg/L（48h）。

作用特点 杀雄啉是植物生长调节剂。主要用作杀雄剂，能阻滞禾谷类作物花粉发育，使之失去受精能力而自交不实，从而可进行异花授粉，获取杂交种子。用于小麦及其他小粒谷物花粉形成前，绒毡层细胞是为小孢子发育提供营养的组织，药剂能抑制孢粉质前体化合物的形成，使单核阶段小孢子的发育受到抑制，药剂由叶片吸收，并主要向上传输，大部分存在于穗状花絮及地上部分，根部及分蘖部分很少。湿度大时，利于吸收。

适宜作物 主要用作小麦杀雄剂。

剂型 33%水剂。

应用技术

春小麦 在幼穗长到0.6～1cm，即处于雌、雄蕊原基分化至药隔分化期之间，为施药适期。每亩用33%水剂140mL，对水17～20kg，喷洒叶面，雾化均匀不得见水滴。可使雄性相对不育率达98%以上，自然异交结实率65%，杂交种纯度达97%以上，而且副作用小。

冬小麦 在小麦雌、雄蕊原基形成至药隔分化期，小穗长0.55～1cm时，每亩用33%水剂100～140mL，对水17～20kg喷植株顶部。若在减数分裂期施药，杀雄效果显著降低；在春季气温回升快、冬小麦生长迅速的地区，宜在幼穗发育期适时施药。

注意事项

（1）不同品种的小麦对杀雄啉反应不同，对敏感系在配制杂交种之前，应对母本基本型进行适用剂量的试验研究。

（2）每亩用33%水剂180mL（有效成分60g）以上时，则会抑制株高和穗节长度，还会造成心叶和旗叶皱缩、基部失绿白化、生长缓慢、幼小分蘖死亡、抽穗困难、穗茎弯曲。

（3）应在温室避光保存。使用前如发现结晶，可加热溶解后再用，随配随用。

稻瘟灵（isoprothiolane）

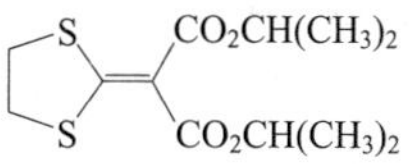

$$\text{C}_{12}\text{H}_{17}\text{O}_4\text{S}_2$$

（结构式：1,3-二硫戊环-2-亚基，连接两个 $CO_2CH(CH_3)_2$）

$C_{12}H_{17}O_4S_2$，290.4，50512-35-1

化学名称　1,3-二硫戊环-2-亚基-丙二酸二异丙酯

其他名称　Fuji-one，富士一号，SS 11946，IPT，NNF-109

理化性质　纯品为无色无臭结晶。熔点54～54.5℃，沸点167～169℃（66.66Pa），相对密度1.044，蒸气压18.8mPa（25℃）。25℃时，在水中溶解度约54mg/L，易溶于苯、醇、丙酮等有机溶剂。对酸、碱、光、热稳定。工业品为黄色晶体，带有刺激气味。熔点50～51℃。

毒性　急性经口LD_{50}（mg/kg）：雄大鼠1190，雌大鼠1340，雄小鼠1340。雌、雄大鼠急性经皮LD_{50}＞10000mg/kg。眼睛有轻微刺激，对皮肤无刺激。大鼠急性吸入LC_{50}（4h）＞2.7mg/L（空气）。Ames试验表明无致突变作用。对大鼠的繁殖及致畸研究表明无影响。急性经口LD_{50}（mg/kg）：雄性日本鹌鹑4710，雌性日本鹌鹑4180。鲤鱼LC_{50}为6.7mg/L，虹鳟鱼LC_{50}（48h）为6.8mg/L，水蚤LC_{50}（3h）为62mg/L。常用剂量内对鸟类、家禽、蜜蜂无影响。摄入生物体后能被分解除去，无蓄积现象。

作用特点　稻瘟灵属高效、低毒、低残留的内吸性有机硫杀菌剂，可由植物茎、叶吸收，然后传导到植物的基部和顶部。对稻瘟病有特效，水稻植株吸收后，能抑制病菌侵入，尤其是抑制了磷脂酰乙醇胺*N*-甲基转移酶，从而抑制病菌生长，起到预防和治疗作用。对于水稻还有壮苗作用。

适宜作物　水稻。

剂型　18%、30%乳油，30%展膜油剂，40%油悬浮剂，40%可湿性粉剂、颗粒剂。

应用技术　防治稻瘟病于破口期和齐穗期各施药1次，防治叶瘟、穗瘟，于急性型病斑初出现时，用40%乳油或40%可湿性粉剂11.3～15g/100m²，对水7.5kg喷雾。也可用于防治玉米大、小叶斑病，大麦条纹病、云纹病。还可用于水稻田起壮苗作用。每5kg 土壤用 50 倍 12.5%颗粒剂的稀释液 500mL。

注意事项

（1）不可与强碱性农药混用。

（2）水稻收获前 15d 停止使用本药。

（3）与噁霉灵混用，可增强抗水稻其他病害的能力。

第九章

杀鼠剂

狭义的杀鼠剂仅指具有毒杀作用的化学药剂，广义的杀鼠剂还包括能熏杀鼠类的熏蒸剂、防止鼠类损坏物品的驱鼠剂、使鼠类失去繁殖能力的不育剂、能提高其他化学药剂灭鼠效率的增效剂等。

中国古代早就有用信石（即砒霜，亚砷酸）灭鼠的记载。16世纪，地中海沿岸国家用红海葱灭鼠。早期使用的杀鼠剂主要是一些无机化合物如砷、铊和磷化物，以及植物性的如红海葱、马钱子碱等，药效低、选择性差。1740年Marggral合成了磷化锌（zincphosphide），1911～1912年意大利首次用于防治野鼠。1933年第一个有机合成杀鼠剂甘氟问世，之后陆续出现毒效更强的品种，种类繁多，性质各异。1949年杀鼠灵（warfarin）问世，开辟了新的杀鼠剂类型，即第一代抗凝血型杀鼠剂，其特点是大规模灭鼠的效果好，对其他动物的危害减少，也不易引起人畜中毒。20世纪60年代，害鼠对杀鼠灵产生了严重耐药性，为克服耐药性，70年代初英国合成了鼠得克，70年代末德国研制出溴敌隆、英国又成功开发了大隆等。这些就是第二代抗凝血型杀鼠剂，其特点是杀鼠效果好，且兼有急性和慢性毒性，对其他动物安全。该类杀鼠剂也是目前应用最为广泛的杀鼠剂。

第一节　杀鼠剂的分类

杀鼠剂种类很多，可按其作用速度、来源、作用方式、作用机制等进行分类。

(1) 按杀鼠速效性分类

① 速效性杀鼠剂或称急性单剂量杀鼠剂　其作用机制是作用于鼠类的神经系统、代谢过程以及呼吸系统，使之生命过程出现异常、衰竭或致病死亡。其特点是致死快，潜伏期短，鼠类吞食一次足量药剂后即能在较短时间内中毒死亡；缺点是毒性高，若一次取食量不足未致死易产生拒食性，对人畜不安全，并有引起二次中毒(即狗、猫等动物吃掉中毒死鼠后又造成自身中毒死亡）的危险。但由于其毒饵用量少，投药次数少，节省成本，作用快，可较早撤除毒饵，较早减轻鼠害，所以仍具有使用价值。一般用于室外灭鼠，不可用于室内家庭灭鼠。如安妥、灭鼠优、灭鼠安。

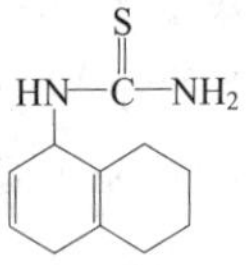

安妥 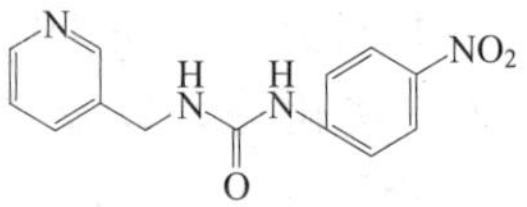　　灭鼠优 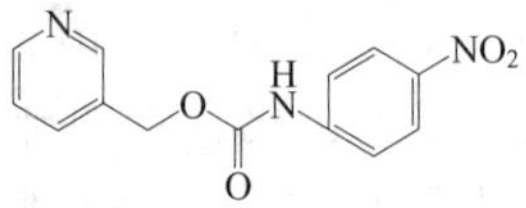　　灭鼠安

② 缓效性杀鼠剂或称慢性多剂量杀鼠剂　其作用机制是竞争性抑制维生素 K 的合成，使与其相配的抗凝血酶原的合成不能进行，血液中维生素 K 所依赖的凝血因子不断减少，血凝活性下降，引起血管破裂或器官内部摩擦自动出血，因血不能凝固致死。其特点是杀鼠作用慢，鼠类需连续多次吞食药剂蓄积到一定剂量方可引起中毒死亡，鼠不拒食，对人畜相对安全，不易引起二次中毒危险。

慢性杀鼠剂多数为抗凝血剂，目前这类杀鼠剂有 4-羟基香豆素和茚满二酮类杀鼠剂。香豆素杀鼠剂中第一代抗凝血杀鼠剂代表是杀鼠灵，而大隆则是第二代抗凝血杀鼠剂代表。第一代一般急性毒性小，需要多次投药；第二代则既有急性毒性又有慢性毒性，使用量减少，并且对产生抗性的鼠类仍然有效。然而，第二代虽然效果好，但是一旦产生耐药性，则目前没有替代药剂。

第一代抗凝血杀鼠剂

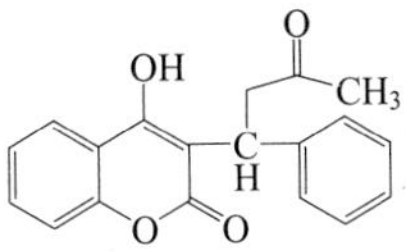

OH　O　CH_3　H

杀鼠灵

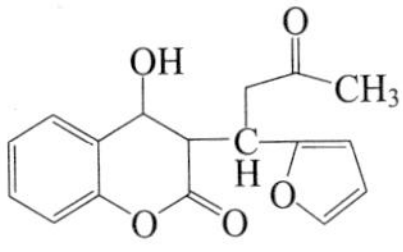

OH　O　CH_3　H

克灭鼠

OH

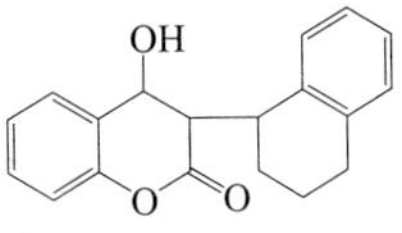

灭鼠迷

第二代抗凝血杀鼠剂

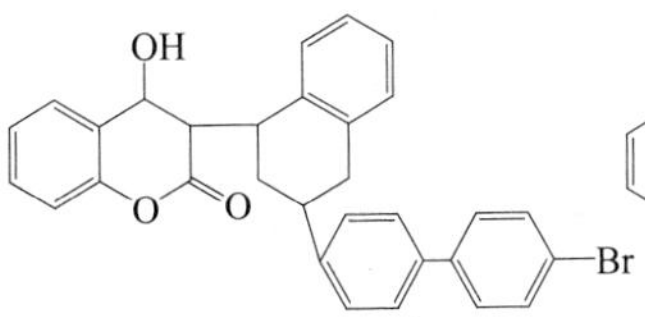

OH　Br

大隆

OH　OH　Br

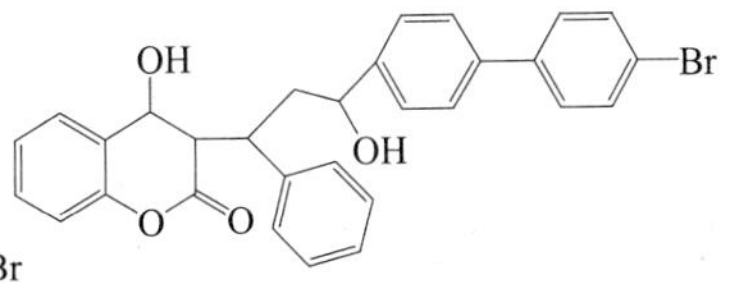

溴敌隆

茚满二酮类抗凝血剂

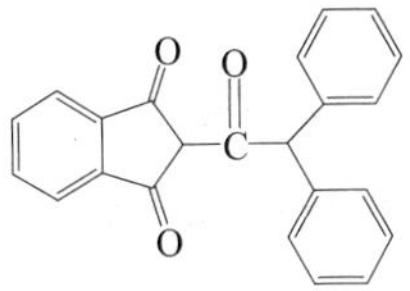

O　O　O

敌鼠

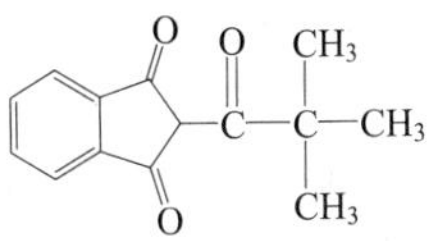

O　O　CH_3　CH_3　CH_3

鼠完

O　O　H　CH_3　H　CH_3

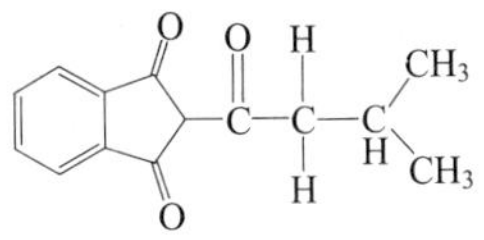

杀鼠酮

（2）按来源分类

① 无机杀鼠剂　如磷化锌、白砒等。

② 植物性杀鼠剂　如马钱子、红海葱、番木鳖等。

③ 有机杀鼠剂　如杀鼠灵、敌鼠钠、大隆等。

目前国内生产和使用量较多的是有机杀鼠剂，按其化学结构不同，可分为以下五类。

a. 茚满二酮类　该类为高效低毒的抗凝血型杀鼠剂，主要品种有敌鼠钠盐、杀鼠酮等。

b. 香豆素类　该类也是抗凝血型杀鼠剂，如灭鼠灵、氯杀鼠灵、杀鼠醚、大隆等。

c. 有机磷类　该类杀鼠剂为分子结构中含有磷元素的杀鼠剂，如毒鼠磷、除鼠磷等。

d. 硫脲类　这类杀鼠剂有安妥、灭鼠特、鼠硫脲、鼠特灵等。

e. 其他有机杀鼠剂　这类杀鼠剂有鼠立死、毒鼠强、毒鼠碱等。

（3）按作用方式分类

① 胃毒剂　通过取食进入消化系统而使鼠类中毒致死的杀鼠剂，这类杀鼠剂为源于海葱素、毒鼠碱的植物性杀鼠剂，适口性、杀鼠效果好，对人畜安全。由于药源限制，现在市场供应很少。目前，市场供应的主要有磷化锌、安妥、杀鼠迷、克灭鼠、溴敌隆、溴鼠隆等无机和有机合成杀鼠剂。

② 熏蒸剂　经呼吸系统吸入有毒气体而毒杀鼠类的杀鼠剂，如氯化苦、溴甲烷、磷化氢等。其优点是不受鼠类取食行动的影响，作用快，无二次毒性；缺点是用量大，施药时防护条件及人员操作技术要求高，操作费工，难以大面积推广。

③ 驱避剂和引诱剂　驱赶或诱集而不直接毒杀鼠类的杀鼠剂。驱鼠剂是使鼠类避开，不致啃咬毁坏物品，例如用福美双处理种子、苗木可避免兔鼠危害，但一般持效期不长。诱鼠剂只起到诱集鼠的作用，必须和其他杀鼠剂结合使用。诱鼠剂的缺点是施药后残效期较短，效果难以持久。

④ 不育剂　通过药物作用使雌鼠或雄鼠不育而降低其出生率，达到防除目的，属间接杀鼠剂，亦称化学绝育剂。其优点是较使用直接杀鼠剂安全，适用于耕地、草原、下水道、垃圾堆等防鼠困难场所。雌鼠绝育剂有多种甾体激素，雄鼠绝育剂有氯代丙二醇等。

（4）按作用机制分类

① 抑制凝血酶原的形成　抗凝血型杀鼠剂的主要作用机理是抑制鼠体内凝血酶原的形成。这类杀鼠剂的化学结构和维生素 K_1 相似，当鼠类吞食了杀鼠剂后，药剂在鼠体内和维生素 K_1 发生竞争作用，抑制维生素 K_1 在形成凝血酶原时起的辅酶作用，从而使

凝血酶原的合成受阻，凝血酶原含量减少；同时，药剂能损伤毛细血管壁，使血管壁渗透性加大，血液易于渗出血管外，造成机体内部器官（肝脏、肺、肾、脑等）大量出血，因凝血酶原合成不足，形成出血不止而死亡。如敌鼠钠盐、杀鼠灵、杀鼠醚、大隆。

② 损伤肺肝等内部器官组织　鼠类吞食后，能严重损伤肺、肝、肾等内部器官，引起肺水肿、肺充血，肝肾发生变性坏死。鼠类中毒后，极感呼吸困难和口干舌燥，迫切寻找新鲜空气和水源，最终窒息而死。如安妥。

③ 破坏肠胃组织　鼠类吞食后，与胃酸作用释放出高毒的磷化氢，由于磷化氢易燃烧，加之鼠胃内温度较高，导致鼠类胃中如火燃烧，烦躁不安；同时，磷化氢对呼吸系统损伤较重，使血液供氧不足，体内生理生化代谢紊乱，最终造成死亡。如磷化锌。

④ 抑制神经系统的生理功能　当鼠类取食了有机磷杀鼠剂，药剂与神经突触部位的胆碱酯酶结合，形成磷酰化胆碱酯酶，使胆碱酯酶失去分解乙酰胆碱的正常生理功能，导致乙酰胆碱的大量蓄积，神经冲动信息传递紊乱，鼠类处于高度兴奋、痉挛状态，最终麻痹、瘫痪而死。如毒鼠磷和除鼠磷。

第二节　杀鼠剂的使用方法

杀鼠剂的使用与鼠害情况、药剂品种、药剂使用量等有关，一般以固体毒饵、毒粉、毒水、毒糊等形式使用，也可采用熏蒸、飞机灭鼠等方法。

（1）毒饵法　毒饵法是将含有杀鼠剂的固体毒饵放在鼠类经常出没的地方，使鼠类取食后中毒死亡的方法。毒饵是由基饵、杀鼠剂和添加剂组成。基饵主要是用来引诱害鼠取食毒饵，一般是害鼠爱吃的食物。添加剂主要是增加毒饵的吸引力，提高毒饵的警戒作用。常用的添加剂有引诱剂、黏着剂、警戒色等，有时还加入防霉剂、催吐剂等。投放毒饵时，可以堆放在鼠道或鼠洞附近，或者将毒饵散放在鼠类经常出没的场所，再或者使用投毒饵器如毒饵盒、毒饵箱等，毒饵就放在其中。

毒饵的配制常采用黏附、浸泡、混合及湿润的方法。黏附法适合不溶于水的杀鼠剂。若用粮食如小麦、稻谷、大米等作基饵，可添加适当的植物油，将杀鼠剂均匀黏附在粮食粒上。若用块状食物如甘薯、胡萝卜、瓜果等做基饵，可直接均匀加入杀鼠剂，即制成毒饵。有条件的地方适当加入2%～5%的糖，可增强适口性，提高灭鼠效果。混合法适用于粉状基饵，如面粉与杀鼠剂充分混合制成颗粒即可使用，也可干燥后贮存备用，切勿发霉，影响灭鼠的效果。浸泡法及湿润法适用于水溶性杀鼠剂。先将杀鼠剂溶于水中制成药液后，倒入基饵中浸泡，待药液全部吸收或湿润进入基饵后即可。

投饵方法如下。

① 点放　鼠道、鼠洞明显易发现时，可将毒饵成堆点放在鼠道上或鼠洞附近。

② 散放　若鼠道、鼠洞不易发现，可将毒饵散放在鼠类活动的场所。

③ 投毒饵器　如毒饵盒、毒饵罐、毒饵箱等。毒饵器中央放毒饵，两端设一个方便鼠进出的小洞。大面积灭鼠后，在容易发生鼠患的场所设毒饵器，可长期巩固灭鼠的效果。

（2）毒粉法　毒粉是由杀鼠剂和滑石粉等填充料均匀混合后制成的粉末状药剂。由于鼠类有舌舔爪、整理腹毛、净脸等习性，将毒粉投于鼠类经常活动的地方使毒粉粘在害鼠身上，毒粉经由口腔带入消化系统使害鼠中毒。毒粉本身对鼠无引诱力，用药量大，灭鼠效果差，且易污染环境，使用不安全，因此投放时应慎重选择地点。

（3）毒水法　毒水法是用易溶于水的杀鼠剂与水混合制成的药剂。害鼠喝了混有杀鼠剂的水就会中毒，切忌毒水倒出而污染食品和环境。

（4）毒糊法　毒糊法是将水溶性的杀鼠剂配制成毒水，再加入适量面粉搅拌均匀，制成毒糊。主要用于鼠洞防治。将配好的毒糊涂抹于高粱秆、玉米轴等的一端，将有药剂的一端插入鼠洞，害鼠取食中毒死亡。

（5）蜡块毒饵　有些害鼠常栖息在下水道、阴沟等潮湿处，多雨季节防鼠，毒饵投下后易发霉、变质，适口性下降。可用石蜡制成毒饵，即将配好的毒饵倒入溶化的石蜡中，按毒饵和石蜡 2∶1 的比例搅拌均匀，冷却后使毒饵成为块状即可使用。

第三节　杀鼠剂的品种

我国的杀鼠剂品种之多位居世界第一。由于毒性、二次中毒、抗性、环境等问题，有的品种被淘汰。有的品种被取消农药登记，有的品种被禁用。目前，我国批准登记杀鼠剂的生产企业有 35 个，生产杀鼠剂达 81 个产品，境外 7 个国家及地区的企业在我国登记 9 个产品，隶属 9 个品种。生物杀鼠剂 2 种：C 型毒梭菌素、肠炎沙门菌阴性赖氨酸丹氏变体 6a 噬菌体。化学杀鼠剂 7 种：磷化锌、杀鼠灵（灭鼠灵、华法灵）、敌鼠隆（溴鼠灵、溴鼠隆、杀鼠隆、溴联苯、大隆）、敌鼠钠盐（野鼠净）、氟鼠酮（氟鼠灵、杀它仗）、杀鼠迷（杀鼠醚、立 g 命、鼠毒死、杀鼠萘）、溴敌隆（乐万通）。2012 年，磷化锌被禁用。

第四节　化学杀鼠剂

杀鼠灵（warfarin）

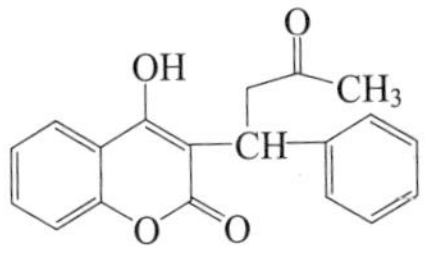

$C_{19}H_{16}O_4$，308.22，81-81-2

化学名称　3-(1-丙酮基苄基)-4-羟基香豆素

其他名称 灭鼠灵，华法令，Coamafene，Kypfarin，Mar-Frin，Ratemin，Rodan，Rodex，Dethmor，Solfarin，WARF-42，Zoocoumarin

理化性质 外消旋体杀鼠灵为无色、无味、无臭结晶，熔点159～161℃。溶解性（20℃）：易溶于丙酮，能溶于醇，不溶于苯和水。烯醇式呈酸性，与金属形成盐，其钠盐溶于水，不溶于有机溶剂。烯醇乙酸酯的熔点117～118℃，酮式熔点182～183℃。

毒性 杀鼠灵原药急性经口 LD_{50} 对家鼠3mg/kg，对鸡、鸭、牛、羊毒力较小，对猪、狗、猫较敏感。对本药敏感的动物可能发生二次中毒。

作用特点 本品属于4-羟基香豆素类的抗凝血灭鼠剂，为第一代抗凝血杀鼠剂。其作用机理与抗凝血药剂相同，主要包括两方面：一是破坏正常的凝血功能，降低血液的凝固能力。药剂进入机体后首先作用于肝脏，对抗维生素 K_1，阻碍凝血酶原的生成。二是损害毛细血管，使血管变脆，渗透性增强。急性毒性低，慢性毒性高，连续多次服药才致死。适口性好，一般不产生拒食。所以鼠服药后体虚弱，怕冷，行动缓慢，鼻、爪、肛门、阴道出血，并有内出血发生，最后由于慢性出血不止而死亡。杀鼠灵适口性很好，一般不产生拒食，中毒鼠虽已出血，行动艰难，但仍会取食毒饵。所以投毒时不宜一次投药，要充分供应毒饵，消耗的毒饵应及时补充。投药后，一般3～4d出现毒饵消耗高峰，6～7d以后为鼠尸出现高峰，投放毒饵15d左右，毒饵不再消耗，也无新出现的鼠尸，表明该地鼠群已经消灭。

防治对象 杀鼠灵可用于防治褐家鼠、小家鼠、黄胸鼠等。

剂型 杀鼠灵剂型有2.5％粉剂、2.5％水剂、0.025％毒饵剂。

应用技术 通常配成黏附毒饵或混匀毒饵使用。毒饵灭鼠用玉米、小麦、高粱、玉米粉为饵料，加适量糖做引诱剂，用植物油作黏合剂，按一定比例混拌均匀制成毒饵。毒饵常用浓度为0.025％～0.05％，毒水用0.025％～0.05％的杀鼠灵钠盐溶液，也可用0.5％～1.0％的杀鼠灵毒粉作舔剂灭鼠。

① 毒饵的配制　用1份2.5%的杀鼠灵母粉加99份饵料（先与3%的植物油混合），拌匀，即配成0.025%的毒饵。用1份2.5%的杀鼠灵母粉，加入499份饵料（先与3%的植物油混合），充分拌匀即成0.005%的毒饵。杀鼠灵使用浓度很低，推荐适用浓度消灭家鼠用褐家鼠为0.005%～0.025%，黄胸鼠、小家鼠为0.025%～0.05%。消灭野鼠用0.05%。

② 毒饵的投放　杀鼠灵毒饵适于使用饱和投饵法杀灭家栖鼠，即把毒饵放在鼠经常活动的地方，一般$15m^2$的房间内沿墙根放2堆，每堆10～15g。第1天投饵，第2天检查鼠取食毒饵的情况，毒饵全被消耗的，则投饵量需加倍；部分被消耗的，补充至原投饵量即可。这样连续投放直至不再被鼠取食为止（一般5～7d，有的可达10～15d），说明投饵量达到了饱和。

中毒与解救　中毒症状为腹痛、背痛、恶心、呕吐、鼻衄、齿龈出血、皮下出血、关节周围出血、尿血、便血等全身广泛性出血，持续出血可引起贫血，导致休克。

解救措施如下。

① 催吐、洗胃与导泻。常用清水或2%碳酸氢钠溶液洗胃。

② 应用本品特效解毒剂维生素K_1，轻度中毒者，用10～20mg，肌注每日3～4次；重度中毒，用维生素K_1 10～20mg加入50%葡萄糖液40mL中，缓慢滴注，可于3～8h重复1次。也可用维生素K_1 40～60mg加入5%葡萄糖液500mL中滴注。应用维生素K_1后1～3d常可止血。以后每日肌注30～40mg，连用7d，观察15d，以免复发。

③ 失血较多者可输入新鲜血液，或滴注凝血酶原复合物以迅速止血。

④ 早期应用肾上腺皮质激素，大剂量维生素B、维生素C。

注意事项

（1）投毒饵要充足，不要间断。

（2）对禽类安全，适用于养禽场、动物园防治褐家鼠。

（3）配制毒饵时应加警戒色，以防误食中毒。

（4）死鼠应及时收集深埋，避免污染环境。

敌鼠隆（brodifacoum）

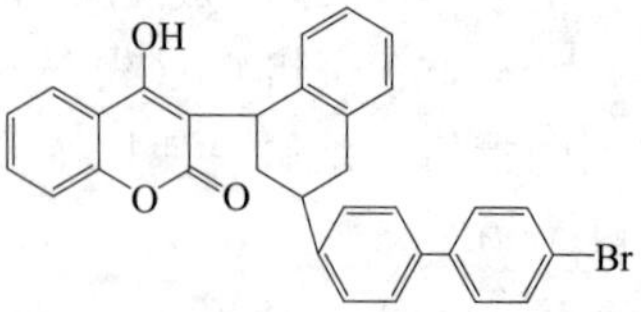

$C_{31}H_{23}BrO_3$，523.4，56073-10-0

化学名称 3-[3-(4′-溴联苯-4-基)-1,2,3,4-四氢-1-萘基]-4-羟基香豆素

其他名称 溴鼠灵，可灭鼠，杀鼠隆，大隆，溴鼠隆，溴联苯杀鼠萘，Talon，Klerat，Volid，Matikus，Ratakplus，WBA8119，PP581，ICI581，BFC

理化性质 纯品敌鼠隆为黄白色粉末，熔点226～232℃。溶解性（20℃）：几乎不溶于水和石油醚，可溶于氯仿、丙酮，微溶于丙酮、苯、乙醇、醋酸乙酯、甘油和聚乙二醇。对一般金属无腐蚀性。贮存稳定性在2年以上。

毒性 敌鼠隆原药急性经口 LD_{50}（mg/kg）：大鼠0.47～0.53，小家鼠2.4，大家鼠0.22～0.26，褐家鼠0.32，黄毛鼠0.41。大鼠经皮 LD_{50} 5.0mg/kg。对蜜蜂、家蚕、鱼类、鸟类有毒。猪、狗、鸟类对敌鼠隆较敏感，对其他动物则比较安全。二次中毒的危险很大。

作用特点 敌鼠隆是第二代抗凝血灭鼠剂，靶谱广，毒力特强，居抗凝血灭鼠剂之首。鼠类吃药后能抑制维生素K和血液凝固所必需的凝血酶原的形成，损害微血管，导致内脏大量出血而死亡。敌鼠隆具有急性和慢性杀鼠剂的双重优点，既可以作为急性杀鼠单剂量使用，又可以采用小剂量多次投毒，达到较好的消灭害鼠的目的。尤其是对抗性鼠的毒力也强，试验时可收到98%～100%的灭效。处理6～10d完全可以控制鼠害。敌鼠隆对褐家鼠的潜伏期为4～12d，小家鼠为1～26d。

防治对象 用于防治农田、住宅及仓库的鼠害，如大仓鼠、黑线姬鼠、褐家鼠、毛鼠等。

剂型 0.005%毒饵，0.005%蜡块。

应用技术 0.005%颗粒状毒饵适合室内及北方干燥地区使用；0.005%蜡块毒饵则更适合南方多雨、潮湿的环境，在农田、旱地、渔塘、果园等野外环境灭鼠，采取一次性投放方式，具有不怕霉变、不影响鼠类取食的特点。

① 防治家鼠可采用一次性或者间隔式投饵法，一次性投饵可视鼠密度高低，每间房设1～3个饵点，每点投饵2～5g。间隔式投饵是在一次性投饵的基础上，1周后予以补充投饵，以保证所有个体都能吃到毒饵。

② 防治野栖鼠种，一次性投饵就可奏效。防治田鼠毒饵应放在鼠洞附近，可沿田埂、地垄鼠类出没频繁的地方，每间隔5～10m布一个饵点，每个饵点投5g毒饵，或每鼠洞投饵5～10g。一般一次投饵即可取得良好防效。若鼠害严重，可于7～14d后再投第二次。采用一次性或者间隔式投饵法防治黄毛鼠、黑线姬鼠、大仓鼠等野栖鼠种效果很好。防治达乌尔黄鼠，每洞投7～10g毒饵，灭洞率可达90%以上。

中毒与解救 轻度中毒表现为胸闷、咳嗽、鼻咽发干、呕吐、腹痛。重度中毒表现为惊厥、抽搐、肌肉抽动，口腔黏膜糜烂，呕吐物有大蒜味。严重者表现为肺水肿、脑水肿、心律失常、昏迷、休克。

解救措施如下。

① 一般处理立即清水洗胃，催吐，清水洗胃后注入活性炭50～100g吸附毒物或（和）20%～30%的硫酸镁导泻。

② 特效对抗剂：轻度中毒给予维生素K_1 10～20mg肌注，每3～4h用1次；重度中毒给予维生素K_1 10～20mg静注后，改静滴维持。重者给予维生素K_1 60～80mg静滴，总量120mg/d。

③ 输入新鲜全血。

④ 对症治疗。

注意事项

(1) 贮存、运输时不可与食物、食具混放，也不可与带有异味的物品混放，以免影响鼠的适口性。

（2）本品是高毒杀鼠剂，使用时应小心，勿在可能污染食物和饲料的地方使用。

（3）投药后注意收集鼠尸并深埋，以免二次中毒、污染环境。

（4）皮肤接触本品后，应及时用肥皂和清水洗净。

（5）在鼠类对第一代抗凝血剂（如杀鼠灵、敌鼠钠）产生抗性以后再使用较为恰当。

敌鼠（diphacinone）

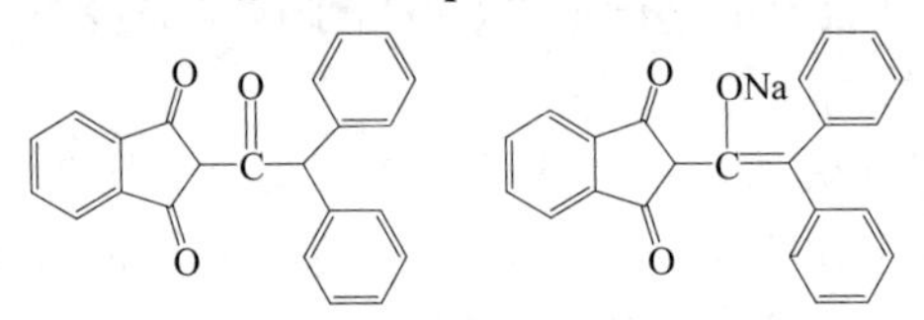

$C_{23}H_{16}O_3$，340，82-66-6

化学名称 2-(二苯基乙酰基)-1,3-茚满二酮

其他名称 双苯杀鼠酮，鼠敌，得伐鼠，敌鼠钠，野鼠净，Diphacin，Diphacin 10，Diphenadione，Ramik，Yasodion

理化性质 纯品敌鼠为黄白色粉末，纯晶无臭无味，工业品含杂质而略有气味，化学性质稳定，可以长期保存而不变质。熔点146～147℃。溶解性（20℃，g/L）：丙酮 29，氯仿 204，乙醇2.1，二甲苯 50。在碱性条件下生成盐，水溶液在太阳光下迅速分解。具较强的亲脂性。

毒性 敌鼠原药急性经口 LD_{50}（mg/kg）：大鼠 2，高原鼠8.7。敌鼠对畜禽的毒力较弱，对鸡、猪、牛、羊比较安全，而对猫、狗、兔较敏感，会发生二次中毒。

作用特点 敌鼠是我国最先引进的抗凝血杀鼠剂，为茚满二酮系列的代表，我国生产的是其钠盐，即敌鼠钠盐。敌鼠的毒理作用与杀鼠灵相同，但茚满二酮系列的抗凝血剂大剂量急性中毒的机理可能与慢性中毒有所不同，中毒动物多半死于窒息。敌鼠与其他抗凝血剂一样，敌鼠及其钠盐具有连续多次投药毒力增强的特点，使用中最好连续数次投药。敌鼠钠比敌鼠更易吸收，故毒力超过敌鼠。敌鼠一般投放毒饵后 3d 才出现死鼠，5～8d 为死鼠高峰，到第 15 天还可以见到死鼠。

防治对象 防治农田、仓库、家庭等地的各种鼠类。

剂型 敌鼠剂型有 80%敌鼠钠盐、0.005%野鼠净粒剂、0.2%敌鼠钠盐颗粒剂。

应用技术 敌鼠钠盐原粉一般以配制毒饵防治害鼠为主。毒饵中有效成分含量为 0.025%～0.1%，浓度低，适口性好，反之则变差。使用中一般采用低浓度、高饵量的饱和投饵，或者低浓度、小饵料、多次投饵的方式。

配制毒饵 按需要毒饵重量的 0.025%～0.1%称取药物，将其溶于适量的酒精或热水中，然后视饵料吸水程度的不同加入适量的水，配制成敌鼠钠盐母液。将小麦、大米等谷物或者切成块状的瓜果、蔬菜类浸泡在药液中，待药液全部被吸收后，摊开稍加晾晒即可。如果以黏附法配制毒饵，宜将敌鼠钠盐原粉与面粉以 1∶99 的比例混合，配制 1%的母粉，然后按常规配制方法进行。

① 防治野栖鼠种 毒饵中有效成分可适当提高，但不宜超过 0.1%，以免影响适口性能。投饵方式宜选用一次性投放。对黄鼠每个洞旁投放 20g 毒饵。对长爪沙鼠每个洞口处投 5～10g 毒饵。鼠洞不明显或者地形复杂而鼠洞不易查找的地方，可沿地塄、地堰每 5～10m 投放一堆，每堆 20g。

② 防治家栖鼠 宜选取含药量为 0.025%～0.05%的毒饵，每间房设 1～3 个饵点，每个饵点放 5～10g 毒饵，连续 3～5d 检查毒饵被食情况，并予以补充。亦可采用一次饱和投饵法，每个饵点量增至 20～50g。如采用毒饵盒长期放置毒饵，每半个月至两个月检查一次并予以补充，可以长期控制鼠的危害。除使用毒饵外，还可以配制有效成分为 0.05%～0.1%的毒水，以及 1%的毒粉来防治家栖鼠类。

0.005%野鼠净粒剂是以药剂与面粉、玉米粉、大米粉为吸引物制成的饵料。该药稳定性好，用于防治农田或荒地的鼠类。

中毒与解救 当误食较小剂量（如 10～60mg）时，表现为急性中毒症状，立即感到不适，心慌、头昏、恶心、低烧（38℃以下）、食欲不振、全身皮疹等症状，几天后不治自愈；重者（如误食0.8g）则头昏、腹痛、不省人事，口鼻有血性分泌物、血尿、全身暗红色丘疹等症状。误食量在1g以上时，表现为亚急性症状，一般3～4d后才发病，表现为内脏及皮下广泛出血，头昏、面色苍白、腹痛、唇紫绀、呕血、咯血、皮下大面积出血以及休克等症状。误食剂量与病症的轻重成正比，若出血发生于中枢神经系统、心包、心肌或咽喉等处，均可危及生命。

解救措施如下。

① 急性患者误食较大剂量时，急救措施是应立即洗胃，加强排泄，一般可用抗过敏药物；重症患者可用皮质素经口或静脉注射，必要时输血；亚急性患者出血严重时，应绝对卧床休息。急性或慢性失血过多者，应立即输血，并每天静脉滴注维生素 K_1、维生素C与氢化可的松。一般少量出血者，可肌注维生素 K_1 或经口维生素C与肾上腺皮质素。

② 若误食野鼠净粒剂，可喝1～2杯水，并引起呕吐（方法是用干净手指触咽喉），然后送医院治疗。若凝血时间超过正常人的2倍（15s），需经口维生素 K_1。

注意事项

（1）应加强保管，不要与粮食、种子、饲料等放在一起，应远离儿童。

（2）应将死鼠深埋处理。

氟鼠酮（flocoumafen）

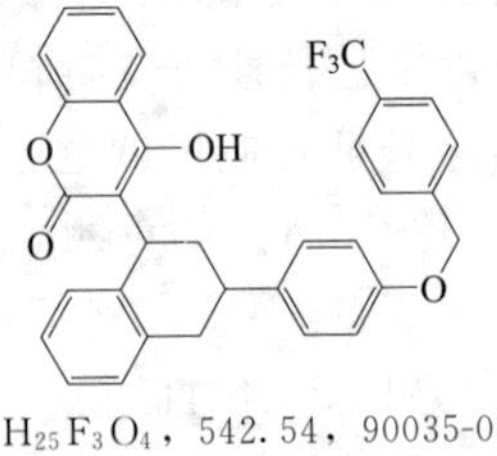

F_3C OH O O O

$C_{33}H_{25}F_3O_4$，542.54，90035-08-8

化学名称 4-羟基-3-{1,2,3,4-四氢-3-[4-(4-三氟甲基苄氧基)苯基]萘基}香豆素

其他名称 伏灭鼠，杀它仗，氟鼠灵，氟羟香豆素，Stratagen，Storm，WL 108366

理化性质 白色粉末，熔点161～162℃，相对密度1.23，闪点200℃，蒸气压2.66×10^{-6}Pa（25℃）。可溶于丙酮、乙醇、氯仿、二甲苯等有机溶剂，溶解度10g/L以上；在水中溶解度1.1mg/L。正常条件下贮存稳定。

毒性 原药对大鼠急性经口LD_{50} 0.25～0.40mg/kg，急性经皮LD_{50} 0.54mg/kg，对皮肤和眼睛无刺激作用。虹鳟鱼LC_{50} 0.0091mg/L，野鸭经口LD_{50} 5.2mg/kg。

作用特点 氟鼠酮属于第二代抗凝血杀鼠剂，具有适口性好、毒力强、使用安全、灭鼠效果好特点。对啮齿动物的毒力与大隆相近，并对第一代抗凝血剂产生抗性的鼠有同等的效力。由于急性毒力强，鼠类只需摄食其日食量10%的毒饵即可致死，所以适宜一次性投毒防治各种害鼠。氟鼠酮对非靶标动物较安全，对猫、鸡较安全，但对狗、鹅敏感。取食鼠类会在2～10d内因体内出血而死亡。中毒鼠类一般会死在鼠洞内，通常在地表不会发现中毒态或死亡的老鼠。

防治对象 氟鼠酮可用于防治家栖鼠和野栖鼠，主要为褐家鼠、小家鼠、黄毛鼠及长爪沙鼠等。

剂型 0.1%粉剂及0.005%饵剂。

应用技术 适于室内外和农田防治各种害鼠。在投饵前要调查鼠害发生情况、鼠类发生密度、鼠洞入口及取食场所。

0.1%粉剂主要以黏附法配制毒饵使用，配制比例为1∶19。饲料可根据各地情况选用适口性好的谷物，用水浸泡至发胀后捞出，稍晾后以19份饵料拌入1份0.1%氟鼠酮粉剂。也可将0.5份食用油拌入19份饵料中，使每粒谷物外包一层油膜，然后加入1份0.1%氟鼠酮粉剂，搅拌均匀即可使用。所配毒饵的含量为0.005%。

① 防治家栖鼠类 每间房设1～3个饵点，每个饵点放置3～5g毒饵，隔3～6d对各饵点毒饵被取食情况进行检查，并予以补充毒饵。

② 防治野栖鼠类　可按 $5\times10m^2$ 等距离投饵，每个饵点投放 5～10g 毒饵，在田埂、地角、坟丘等处可适当多放些毒饵。防治长爪沙鼠可按洞投饵，每洞 1g 毒饵即可。另外也可采用 $5\times20m^2$ 等距离投饵，当密度为每公顷有鼠洞 1500～2000 个时，用毒饵 1000g。

注：试验表明等距离投饵效率高、成本低，并且灭鼠效果优于按洞投饵。为达到最佳防治效果，采用间歇投饵的方法即在第一次投饵 7～10d 后，第一次投饵点被鼠吃掉的饵料要予以补充。

中毒与解救　该药为抗凝血剂，起作用方式是抑制维生素 K 的合成。一般没有中毒症状，除非吞食了大量的毒饵。出血的症状可能要推迟几天后才发作。较轻的症状为尿中带血、鼻出血或眼分泌物带血、皮下出血、大便带血。如出现多处出血，则有生命危险。严重的中毒症状为腹部和背部疼痛，神志昏迷、脑出血，最后由于内出血造成死亡。如药剂接触皮肤或眼睛，应用清水彻底冲洗干净。如是误服中毒，不要引吐，应立即将患者送医院抢救。抢救前应确定前凝血酶的倍数或做凝血酶试验，应根据这两个化验结果进行治疗。静脉缓慢滴注维生素 K_1，进药每分钟不超过 1mg，按此方法最初的给药量不超过 10mg。动物实验结果表明有时需要大量给药（维生素 K_1）。因此，根据前凝血酶的倍数或凝血酶化验的标准可以明确以后的给药量。肌内注射 75mg 苯巴比妥可以增强维生素 K_1 的效果。可以考虑静脉注射药量相当于 500IU 的凝血酶（凝血因子Ⅱ）的前凝血酶复合剂（4 个凝血因子）。通过补充不足的 4 个凝血因子，可以减少维生素 K_1 的用量。维生素 K_1 一般是通过肌内注射或静脉滴注，在某些情况下也可以经口。

注意事项

（1）在使用时避免接触皮肤、眼睛、鼻或嘴。工作结束后和饭前要洗净手、脸和裸露的皮肤。

（2）谨防儿童、家畜及鸟类接近毒饵。不要将药剂贮放在靠近食物或饲料的地方。

（3）用药后不仅要清理所有装毒饵的包装物，并将其掩埋或烧掉。将死鼠掩埋或烧掉。

杀鼠迷（coumatetralyl）

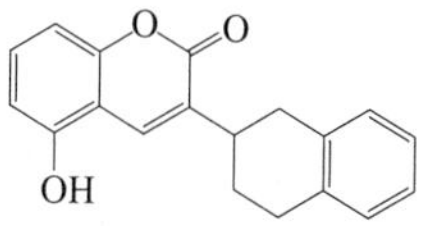

$C_{19}H_{16}O_3$, 292，5836-29-3

化学名称 4-羟基-3-(1,2,3,4-四氢-1-萘基)香豆素

其他名称 立克命，毒鼠萘，追踪粉，杀鼠萘，杀鼠醚，Bayer25634，Racumin，Enndox，Endrocid，Ratex，Ratbate

理化性质 纯化合物为白色粉末，原药为黄色结晶体，无臭无味。熔点186～187℃，工业品熔点172～176℃。几乎不溶于水，微溶于乙醚和苯，溶于乙醇和丙酮。杀鼠迷在水中不水解，但在阳光下有效成分迅速分解。150℃高温下无变化。贮藏适宜可保存18个月以上不变质。

毒性 杀鼠迷原粉属高毒杀鼠剂。大白鼠急性经口LD_{50}为80mg/kg，急性经皮LD_{50}为25～50mg/kg。杀鼠迷为慢性杀鼠剂，潜伏期为7～12d，在低剂量下多次用药会使老鼠中毒死亡。二次中毒的危险性很小。

作用特点 属第一代抗凝血杀鼠剂，是一种慢性、广谱、高效、适口性好的杀鼠剂。杀鼠迷的有效成分能破坏凝血机能，损害微血管，引起内出血。鼠类服药后出现皮下、内脏出血，毛疏松、肌色苍白，动作迟钝、衰弱无力等症，3～6d后衰竭而死。中毒症状与其他抗凝血药剂相似。配制的毒饵带有香蕉味，对鼠类有一定的引诱作用，没有拒食现象，在其死前仍然有摄食行为。杀鼠迷可以有效地杀灭对杀鼠灵产生抗性的鼠。

防治对象 可用于防治家栖鼠和野栖鼠，主要为褐家鼠、小家鼠、黄鼠、砂土鼠等。

剂型 0.75%粉剂、3.75%水剂和0.0375%饵剂。

应用技术 杀鼠迷0.75%母粉以配制毒饵为主，一般采用黏附法或者混匀法配制。

① 黏附法配制毒饵　可取颗粒状饵料 19 份，拌入食用油 0.5 份，使颗粒饵料被一层油膜，最后加入 1 份 0.75%杀鼠迷母粉搅拌均匀。也可以将小麦、玉米碎粒、大米等饵料浸湿后，倒入药剂拌匀。

② 混匀法配制毒饵　可取面粉 19 份、0.75%杀鼠迷母粉 1 份，二者拌匀后用水和成面团，制成颗粒或块状，晾干即可。

用水剂配制毒饵：用 3.75%杀鼠迷水剂 1L 加 8L 热水稀释搅匀（根据谷物不同，用水量可以加减），然后将溶液加入 100kg 颗粒谷物中搅拌，使谷物吸干液体为止，晾干即成 0.0375%杀鼠迷毒饵。

上述毒饵中有效成分的含量为 0.0375%，与市售毒饵一致。自配毒饵时亦可加入蔗糖、鱼骨粉、食用油等引诱物质，还可以用曙红、红墨水等染色，以示与食物的不同，避免人畜及鸟类误食。可直接撒在鼠洞、鼠道，铺成均匀厚度，使鼠经过时粘上药粉。当鼠用舌头清除身体上黏附的药粉时可引起中毒。

① 防治家栖鼠种　每 15m^2 房间设 2 个饵点，每个饵点放 5～10g 毒饵，连续 3～5d 检查毒饵被取食情况，并予以补充。亦可采用一次饱和投饵法，每个饵点毒饵量增至 20～50g。如采用毒饵盒长期放置毒饵，每半个月至两个月检查一次并予以补充，可以长期控制鼠的危害。

② 防治野栖鼠种　可采用一次性投饵法，沿地埂、水渠、田间小路等距投饵，每隔 5m 投 1 堆，每堆 5～10g 毒饵，对黑线姬鼠、褐家鼠、黄毛鼠的杀灭效果良好。防治达乌尔黄鼠，可按洞投饵，每个洞口旁投 15～20g。对于长爪沙鼠，每个洞口处投放 5～10g 毒饵即可。一次性投饵难以得到最理想的灭效，如果在第一次投饵后的 15d 左右补充投饵 1 次，防治效果可达 100%，此即间隔式投饵方法。第二次投饵无须普遍投放，只需在鼠迹明显的洞旁、地角或第一次投饵时取食率高的饵点处投放，以免造成浪费。

中毒与解救　中毒后，有不同程度发热、头痛、恶心、呕吐、腹痛、腹胀、食欲不振，主要引起出血倾向。临床最常见的出血部位为皮肤黏膜、胃肠道及泌尿道；最常见的表现为皮肤黏膜瘀点或瘀斑、无症状血尿、鼻衄、牙龈出血，也可见到阴道出血、失血性休克或严重心肌出血而危及生命。维生素 K_1 为有效解药，若出现中毒现象，首先催吐、洗胃，静脉注射维生素 K_1，必要时每 2 或 3h 做重复注射，但总注射量应不超过 4 针剂（40mL）。严重中毒者应尽早输鲜血或凝血酶原复合物。

注意事项

投放鼠饵时应注意药物不可与鸡或猪的饲料接触，尽量避免家禽、家畜与毒饵接近。毒饵要现配现用，剩余毒饵要深埋。

溴敌隆（bromadiolone）

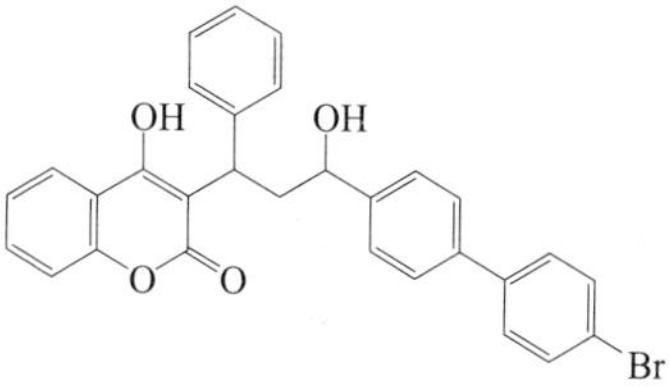

OH OH O O Br

$C_{30}H_{23}BrO_4$，527.41，28772-56-7

化学名称 3-{3-[4′-溴-(1，1′-联苯)-4-基]-3-羟基-1-苯基丙基}-4-羟基-2*H*-1-苯并吡喃-2-酮；3-{3-[4′-溴-(1，1′-联苯)-4-基]-3-羟基-1-苯丙基}-4-羟基香豆素

其他名称 乐万通（Musal），扑灭鼠，大猫，新天地，三利，快猫，好猫鼠克，鼠克，LM-637，Musal，Maki，Ramortal-Super，SuperCaid。

理化性质 原药为黄色粉末，有效成分含量为 98%，熔点为 200～210℃。20℃时溶解度：水中为 19mg/L，乙醇中 8.2g/L，乙酸乙酯中 25g/L，二甲基甲酰胺中 730g/L。在正常条件（避光，温度为 20～25℃）下稳定，温度高达 40～60℃时仍稳定，但是在高温和阳光下则不稳定，有降解的可能。

毒性 属极毒杀鼠剂。原药大白鼠急性经口 LD_{50}：雄鼠为 1.75mg/kg。雌鼠为 1.125mg/kg；兔急性经皮 LD_{50} 为 9.4mg/kg。在试验剂量内对动物无致畸致突变、致癌作用。溴敌隆对鱼类、水生昆虫等水生生物有中等毒性。对猫、狗的威胁不太大，但家禽对其敏感。动物取食中毒死亡的老鼠后，会引起二次中毒。

作用特点 本品为第二代抗凝血灭鼠剂，具有适口性好、毒力强、靶谱广的特点。溴敌隆不但具备敌鼠钠盐、杀鼠灵等第一代抗凝血剂作用缓慢、不易引起鼠类惊觉、容易全歼害鼠的特点，而且具有急性毒力强的特点，单剂量一次投毒对各种鼠都有效，能杀灭对第一代抗凝血剂产生抗性的害鼠。它是目前唯一能和大隆媲美的抗凝血灭鼠剂，对多种啮齿动物都有很高的毒杀率，特别是耐药性鼠，都有很好的防治效果。该药的毒理机制主要是抑制维生素 K_1 的活性，阻碍凝血酶原的合成，导致害鼠致命性的出血。死亡高峰一般在用药后 4～6d，鼠尸解剖可见典型的抗凝血剂中毒症状。

防治对象 防治各种家栖和野栖鼠类。

剂型 0.005%、0.01%、0.05%饵剂，0.5%粉剂，0.5%水剂。

应用技术 0.005%溴敌隆毒饵可直接使用，也可将液剂按需要配成不同浓度的毒饵，现配现用。

配制方法：0.25%溴敌隆液剂常规使用，1kg 液剂可配制 50kg 毒饵，取 1kg 液剂对水 5kg，配制成溴敌隆稀释液，将小麦、大米、玉米碎粒等谷物 50kg 直接倒入溴敌隆稀释液中，待谷物将药水吸收后摊开晾晒即可；如果选用萝卜、马铃薯块配制毒饵，可将饵料先晾晒至发蔫，然后按比例加入 0.25%溴敌隆液剂，充分搅拌均匀。

① 防治家栖鼠种　可采用一次投饵或间隔式投饵。每间房 5～15g 毒饵。如果家栖鼠种以小家鼠为主，布放毒饵的堆数应适当多一些，每堆 2g 左右即可。间隔式投饵需要进行两次投饵，可在第一次投饵后的 7～10d 检查毒饵取食情况并予以补充。在院落中投放毒饵宜在傍晚进行，可沿院墙四周，每 5m 投放一堆，每堆 5g，次日清晨注意回收毒饵，以免家畜、家禽误食。

② 防治野栖鼠种　毒饵有效成分用量可适当提高，一般采取

一次性投放的方式。对高原鼢鼠，毒饵有效成分含量可提高至0.02%；按洞投放，每洞10g。防治高原鼠兔，可使用0.01%的毒饵，每洞3g。防治长爪沙鼠，可使用0.01%的毒饵，每洞2g；也可以使用常规0.005%的毒饵，每洞5g。防治达乌尔黄鼠，使用0.005%的毒饵，每洞20g；也可采用0.0075%的毒饵，每洞15g。此外，还可以沿田埂、地边、地堰投放毒饵，每5m投一堆，每堆5g；或者每5m×10m投一堆，每堆5g。

注：在害鼠对第一代抗凝血性杀鼠剂未产生抗性之前，不宜大面积推广。

中毒与解救 溴敌隆轻微中毒症状为眼或鼻分泌物带血、皮下出血或大小便带血、严重中毒症状包括多处出血、腹背剧痛和神智昏迷等。如发生误服中毒，不要给中毒者服用任何东西，不要使中毒者呕吐，应立即求医治疗。溴敌隆半衰期为60h，中毒潜伏期长，中毒症状至少要12～24h后出现，需3～5d中毒达高峰期。经口中毒者除可出现腹痛、恶心、呕吐、纳差、精神不振、发热等症状之外，主要表现为广泛性多脏器出血现象，如皮下出血、鼻衄、牙龈出血、呕血、血便、血尿、颅内出血等，严重者可发生腹背剧痛、休克、昏迷，甚至死亡。实验室检查可见凝血酶原时间延长，凝血因子减少或活动度低下，血小板正常，血红蛋白降低。

解救措施如下。

① 过量接触者立即脱离现场，至空气新鲜处。皮肤或眼污染时立即用清水冲洗。经口量少者催吐后再给活性炭50g，加水300mL经口。经口量大者给洗胃，有胃肠道出血者应谨慎。经口量较大或已有出血症状者给维生素K_1 5～10mg肌注。

② 出血严重者输鲜血或新鲜血浆为止血的最有效方法，但作用不持久，需与维生素K_1合用，必要时给凝血因子。

③ 同时给予吸氧及维生素C等治疗。

注意事项

（1）避免药剂接触眼睛、鼻、口或皮肤，投放毒饵时不可饮食或抽烟。

(2) 施药完毕后，施药者应彻底清洗。

(3) 配制毒饵时，饵料要新鲜，防止霉烂变质。

(4) 中毒死鼠应收集深埋。

灭鼠安（pyridyl phenylcarbamates）

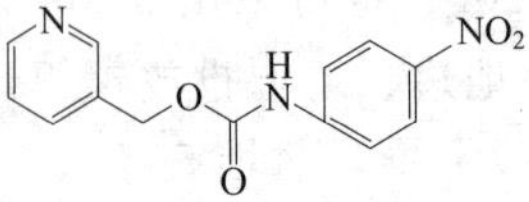

$C_{13}H_{11}N_3O_4$，273，51594-83-3

化学名称 *N*-(对硝基苯基) 氨基甲酸吡啶-3-甲基酯

其他名称 RH-945，LH-104，吡啶氨基甲酸酯

理化性质 纯品灭鼠安为淡黄色粉末，熔点 229～237℃。溶解性（20℃）：不溶于水，微溶于苯、氯仿、乙酸乙酯等，溶于丙酮、DMF 等。

毒性 灭鼠安原药急性经口 LD_{50}（mg/kg）：大白鼠 15～20，小白鼠 12～14，小家鼠 24，褐家鼠 17.8，黄毛鼠 22.8，黄胸鼠 35.6，长爪沙鼠 5.19，黑线姬鼠 9.4。对家禽、家畜的毒性较低，无二次中毒问题；对动物无致畸、致突变、致癌作用。

作用特点 本品具有高度选择性毒力，它对多种鼠有较强的毒杀作用，但对畜禽的毒性较低。鼠食入后能抑制酰胺代谢，中毒鼠出现严重的 B 族维生素缺乏症，后肢瘫痪，死于呼吸肌麻痹。

防治对象 灭鼠安可用于防治家栖鼠和野栖鼠，主要防治褐家鼠、小家鼠、黑线姬鼠、仓鼠、沙土鼠、黄胸鼠。

剂型 93%原粉。

应用技术

① 配制毒饵 灭鼠安 50g，饵料（小麦、玉米、高粱或切碎的薯块等）1kg，面糊水（10kg 水加 0.5kg 面粉制成）80g，先将饵料倒入容器内，用面糊水拌匀后再慢慢倒入灭鼠安，拌匀后撒在鼠害活动的地方。防治家栖鼠和野栖鼠，使用 0.5%～2%毒饵。

② 配制蜡块毒饵　取灭鼠安原药1g、鱼粉15g、莜麦45g、植物油4g混合调匀，倒入35g熔融的石蜡中，立刻制成所需剂型，冷却后即成1%的蜡块毒饵。用在阴湿的地方效果好。

此药价格稍高，效果不够稳定。近几年虽有使用，但应用面不大。

中毒与解救　灭鼠安通过胃肠道吸收。经口中毒者，重者30～60min发病，一般4～48h出现症状。中毒症状与有机磷中毒相似，有糖尿病和自主神经功能失常的症状，以典型副交感神经兴奋为主。轻者可有头晕、头痛、胸闷、乏力、恶心、呕吐、流涎、出汗、面色苍白、瞳孔缩小、视物模糊等；中度中毒还有肌束震颤；重度中毒除上述表现外，还有血压下降、发绀、二便失禁、肺水肿及脑水肿、昏迷等。中毒24h内胆碱酯酶（ChE）活力下降，转氨酶升高。心电图提示ST-T改变。尿中可检出原药或其代谢产物。

解救方法如下。

① 中毒者要采取催吐、洗胃措施，并保持安静。可用清水催吐，催吐后立即用清水或2%碳酸氢钠液反复洗胃（不宜用0.005%PP液），必要时经口50%硫酸镁30mL导泻。

② M受体阻滞剂。首选东莨菪碱0.01～0.05mg/kg肌注或静注，20～30min 1次；也可用阿托品，以达到阿托品化为度。

③ 口服或注射烟酰胺。用量比常用剂量高50%～100%。必要时要反复进行，直到患者康复为止。

④ 禁用肟类复能剂、吗啡、琥珀胆碱、新斯的明、毒扁豆碱及吩噻嗪类药物。已证明肟类复能剂可抑制ChE的自然复活，并降低阿托品的治疗效果。

⑤对症治疗。

注意事项

(1) 本品对人体皮肤有致敏作用，在加工毒饵时，需戴橡胶手套、口罩、眼镜，勿与皮肤接触。

(2) 严禁与食品、饲料混放。

(3) 于干燥、避光处贮存。

溴代毒鼠磷（bromo-gophacide）

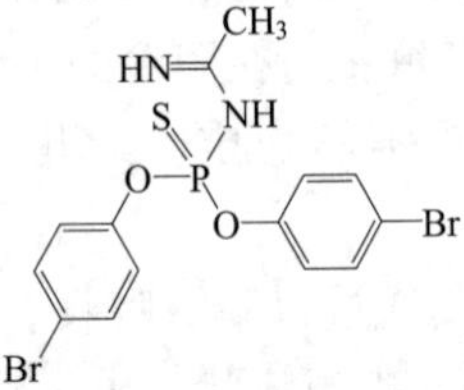

$C_{14}H_{11}Br_2N_2O_4PS$，463.99，4104-16-9

化学名称 *O*,*O*-双（对溴苯基）-*N*-亚氨基乙基硫代磷酰胺

理化性质 白色固体粉末、纯品熔点115～117℃，常温和低压、干燥状态下长期存放稳定，不分解、不吸潮，极易溶于二氯甲烷，少量溶于醇、苯、甲苯、醚以及植物油，难溶于水。

毒性 对各种鼠的经口LD_{50}（mg/kg）：小白鼠10，褐家鼠6，黄胸鼠25，沙土鼠8，黑线姬鼠8，黄毛鼠11。

作用特点 溴代毒鼠磷系毒鼠磷的溴代衍生物，是一种新型的速效型杀鼠药物。抑制胆碱酯酶，使其失去活性，导致神经突触处乙酰胆碱过量积聚，致使神经突触处的冲动传递功能先兴奋继而麻痹。胆碱能神经节后纤维支配的器官出现一系列的异常征象，如平滑肌兴奋、腺体分泌增加、瞳孔缩小、骨骼肌兴奋等。

防治对象 适宜于居民住宅、工厂、仓库、食堂等室内灭鼠。特别适用于稻田、旱地、草原、森林等野外灭鼠。

剂型 80%原粉。

应用技术 毒饵有混合毒饵和黏附毒饵。将溴代毒鼠磷原粉，饵用粮食和适量食用油混合均匀，制成油蘸谷物毒饵，用于防治田间害鼠。或将药剂混入饵用粮食中，加少量水拌和，加工成条状，块状或片状，烘干制成毒饵。混合毒饵又称剂型毒饵，如溴代毒鼠磷蜡块毒饵，具有耐潮、不易霉变、防蛀、使用方便等特点。溴代毒鼠磷配成毒饵使用，浓度一般以0.3%为宜。每亩投0.3%毒饵50～100g。

中毒与解救 中毒后消化系统症状：由于溴代毒鼠磷有菜油味，易误服，服后2～15h出现腹痛、呕吐、腹泻等，而呕吐物和呼出气味中无有机磷农药之臭味，极容易误诊为急性胃肠炎或食物中毒。有的有黑便，腹痛伴肠鸣音亢进。神经系统症状：出汗，瞳孔缩小，烦躁不安，肌肉颤动，肌肉酸痛、频繁抽搐。呼吸系统症状：胸闷气促，咳嗽，呼吸肌麻痹，胸痛。心血管系统：心悸，心电图 ST 段改变，室性早搏，窦性心动过缓伴停搏。

解救措施如下。

① 经口中毒者立即催吐、洗胃、导泻。

② 轻度中毒时，每小时皮下注射阿托品 0.5～1.0mg，总量可达 3～9mg。中毒较重时，首次注射阿托品 1～2mg，每 15～30min 注射一次，总量控制在 10～18mg。严重时，首次注射阿托品 2～3mg，以后每 15～30min 注射一次，至瞳孔开始散大，然后每 30min 皮下注射 1～2mg，意识恢复后停止给药，总剂量可达 20～60mg。也可用解磷定急救，用 2.5%的解磷定水溶液静注，每 1～4h 一次，如用至 2g 无效，可在慎重观察下反复注射至 4～5g。解磷定可与阿托品合用。其他有机磷解毒剂亦可使用。

③ 施行对症治疗时，禁用吗啡、茶碱类药物，补液时控制药量，以免加重肺水肿，必要时注射高渗葡萄糖。危重患者可输血。

注意事项 经口和经皮肤毒性都很高，保管和使用都按剧毒农药的有关规定进行操作。

溴鼠胺（bromethalin）

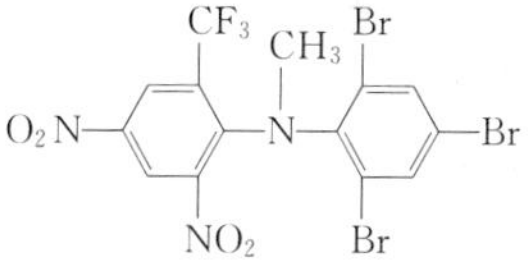

$C_{14}H_7Br_3F_3N_3O_4$，577.9，63333-35-7

化学名称 *N*-甲基-*N*-(2,4-二硝基-6-三氟甲基)-2,4,6-三溴苯胺

其他名称 溴甲灵，溴杀灵，鼠灭杀灵，Vengeance

理化性质 纯品溴鼠胺为淡黄色针状结晶，无臭无味，熔点 150～151℃。溶解性（20℃）：溶于氯仿、二氯甲烷、丙酮、乙醚及热的乙醇中，不溶于水。

毒性 溴鼠胺原药急性经口 LD_{50}（mg/kg）：小家鼠 8.13（雌）、5.25（雄），褐家鼠 2.01（雌）、2.46（雄），黑家鼠 6.6，黄胸鼠 3.292。对兔眼睛和皮肤有轻度刺激性；对动物无致畸、致突变、致癌作用。二次中毒危险小，对狗和家禽毒性大。

作用特点 本品为高效、适口性好的新型杀鼠剂，其作用机制是阻碍中枢神经系统线粒体的氧化磷酸化作用，减少 ATP 的形成，导致 Na^{+}/K^{+}-ATP 的形成下降，引起鼠死亡，对褐家鼠、小家鼠效果好。服药潜伏期长，使用剂量大时，在 2～4h 出现不适症状，8～12h 出现中毒症状。急性中毒的动物，中枢神经系统有明显的病变，震颤及阵发性抽搐 2～3 次后，由于呼吸中枢传导减弱即衰竭而死，死亡多出现在 36h 内。剂量小于 LD_{50} 或连续摄食小剂量毒物时，在 12～24h 内一般不出现症状，随后出现后肢无力，肌肉失去弹力，瘫痪。溴甲灵在动物体内必须转化为敌溴灵才有毒力。

防治对象 防治褐家鼠、小家鼠效果好。

剂型 98%粉剂，0.1%可溶性制剂，0.005%毒饵。

应用技术 使用毒饵为 0.005%，一次投毒饵即可。作用较缓慢，常在 2～3d 后死亡。

据在广西、福建、云南 3 省（区）的试验，防治褐家鼠、黄胸鼠、小家鼠，使用 0.01%～1.5%溴甲灵毒饵效果很好，灭鼠率达 76%～89%。防治褐家鼠，毒饵浓度为 0.01%，灭鼠率达 76.0%；防治小家鼠，毒饵浓度为 0.02%，灭鼠率达 86.36%；防治黄胸鼠，毒饵浓度为 0.02%和 1.5%，灭鼠率分别为 76.13%和 89%。

中毒与解救 中毒急救，早期洗胃，给以小剂量苯巴比妥，有助于加速代谢解毒作用。注意脑水肿、脑脊髓液升高症状的解除。按医嘱给以地塞米松皮下注射或静脉点滴，剂量 0.75mg/kg，每日两次，或用 25%甘露醇等利尿剂治疗。

注意事项

（1）目前尚无特效解毒剂，使用时要特别注意按其他急性杀鼠剂操作规程。

（2）本剂高毒，注意安全，防止中毒。

安妥（antu）

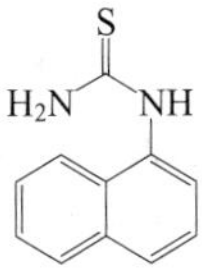

$C_{11}H_{10}N_2S$，202.28，86-88-47

化学名称 α-萘硫脲，1-萘基硫脲

其他名称 Bantu，Anturact，Krysid，Rattract，Antural

理化性质 纯品为白色固体，无臭、苦味，熔点198℃，原药为灰白色结晶粉，有效成分含量95%以上。溶解性（20℃，g/L）：丙酮24.3，三甘醇86，水0.6。溶于沸乙醇、碱性溶液、难溶于水、酸和一般有机溶剂。化学性质稳定，不易变质，受潮结块后研碎仍不失效。

毒性 急性经口 LD_{50}（mg/kg）：挪威大鼠6～8，狗380，猫100。人最小致死量588mg/kg。本药剂生产原料为致癌物质，可能会潜在产品中，故一些国家已经停止使用。

作用特点 安妥从消化道吸收后，主要分布于肺、肝、肾及神经系统，大部分由肾排出；安妥对黏膜有刺激作用，吸收后损害肺毛细血管，引起肺水肿、胸膜炎、胸膜渗液，甚至肺部出血。肝、肾细胞也可发生变性、坏死。本品在肠道的碱性液中，可大量溶解，并增强毒性。故在摄入后数小时出现毒性反应，导致脏器代谢功能紊乱等症状。

防治对象 可防治家栖鼠种、褐家鼠及黄毛鼠，专门用于防治成龄挪威大鼠。

剂型 粉剂，1%～3%饵剂。

应用技术

① 配制毒饵 0.5%安妥胡萝卜块毒饵（亦可用水果、蔬菜代替），每个房间放置2～3堆，每堆10～20g毒饵；2%安妥小麦毒饵，每个洞口投50g毒饵，在褐家鼠密度大的地方使用，灭鼠率80%以上。

② 配制毒饵丸 安妥原粉1份、鱼骨粉1份，食用油1份，

玉米面 97 份，混合均匀后加适量水和成面团，并制成黄豆粒大小的毒饵丸。每个房间放置 2～3 堆，每堆 10～20g。

③ 配制毒粉　取安妥 1 份、面粉 5 份配制成 20%的安妥毒粉，撒入鼠洞内或鼠类经常通行的地方。老鼠通过时，药粉黏附在鼠体上，利用鼠类频繁舔毛净足的习性将药物吞入口内而中毒。

④ 配制毒水　配成 2%～5%安妥水悬液，以粮仓、面粉厂等缺水场合进行毒杀，安妥味苦可加入 5%蔗糖作引诱剂。

注：安妥容易引起拒食和耐药性，一年一般只允许使用一次。

中毒与解救　中毒症状表现为食后不久即可出现口渴、恶心、呕吐、口臭、胃部有灼热及胀感、头晕、嗜睡等。呼吸道的症状由于肺水肿、胸膜炎，故有刺激性咳嗽、呼吸困难、紫绀、咳出粉红色泡沫痰、肺部有啰音等；若有胸膜渗液，可有呼吸音减低，叩诊实音或浊音。代谢功能减低：体温降低，血糖一过性增高。患者可有结膜充血、眼球水平震颤，或有肝肿大、黄疸、血尿、蛋白尿等。最后可发生躁动、惊厥、意识模糊以致昏迷、休克、肺水肿、窒息等。

解救措施如下。

① 以手指或压舌板等探咽催吐，用 1∶5000 的高锰酸钾溶液洗胃，或用活性炭混悬液灌洗胃部。并用硫酸钠 20～30g 导泻。禁用碱性液洗胃。

② 半卧位，必要时给氧。

③ 应用半胱氨酸肌注，可降低其毒性，剂量为 100～150mg/kg 体重。用 5%硫代硫酸钠 5～10mL，静注。

④ 对症治疗，积极预防和治疗肺水肿。一般在肺水肿消退前，限制进入液量；必须补液时，应严格限制输液量和输液速度。

⑤ 避免进入脂肪性及碱性食物，因可加速本品吸收。

⑥ 皮肤接触者，可用清水冲洗。

注意事项

(1) 施用安妥药剂，将屋内水缸、水壶盖好，而在室外放置一些水盆，使中毒老鼠出外喝水而死于室外。

(2) 死鼠要及时收集起来深埋。

毒鼠磷（phosazetin）

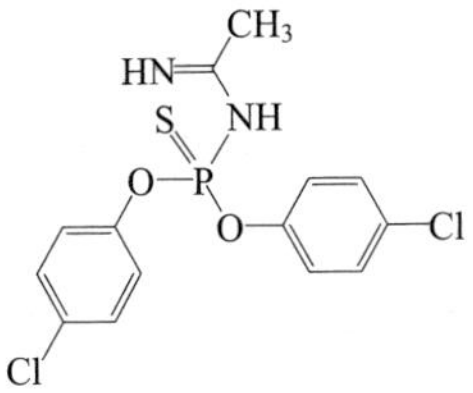

$C_{14}H_{13}Cl_2N_2O_4PS$，375.24104-14-7

化学名称　*O*,*O*-双(4-氯苯基)(1-亚氨基乙基)硫代膦酰胺

其他名称　毒鼠灵，Gophacide，Bayer 38819，DRC-714

理化性质　毒鼠磷为白色粉末，熔点107～109 ℃。工业品≥90%，熔点103～109 ℃，不溶于水，微溶于乙醇、丙酮、二甲苯、苯和乙醚，易溶于氯甲烷、二氯甲烷等氯代烷。在强酸或强碱下加热逐渐分解，常态下稳定。

毒性　毒鼠磷的急性经口 LD_{50}（mg/kg）：小家鼠8.7、长爪沙鼠11.61、黄鼠20.1、高原鼠兔7.8、黄毛鼠16.93、褐家鼠3.5、布氏田鼠12.13、黄胸鼠50.0、鸡1778、喜鹊5.0～75。对几种家畜的毒力 LD_{50}（mg/kg）：狗30.0，羊5.6，猴30～50。毒鼠磷经皮毒性很强，急性经皮 LD_{50}（mg/kg）：小白鼠62.8，雄大鼠2.5。毒鼠磷不易引起二次中毒。

作用特点　毒鼠磷是20世纪60年代发展起来的有机磷杀鼠剂，是广谱速效杀鼠剂，国内20世纪70年代合成。鼠类对毒鼠磷毒饵的接受性较好，再遇拒食性不明显。毒鼠磷能经皮肤吸收，其经皮肤吸收的毒力约为经口吸收毒力的1/10～1/5，使用时应避免与皮肤及黏膜直接接触。毒鼠磷的毒理和其他有机磷农药相似，但主要在于抑制胆碱酯酶的作用。它的磷酸根部分与胆碱酯酶的活性部分紧密结合，使酶失去活性，引起神经突触处乙酰胆碱的过量积聚。因此，使胆碱能突触的冲动传递功能先兴奋，继而麻痹，致使胆碱能使神经节后纤维支配的器官、组织出现一系列的异常活动，使平滑肌兴奋、心血管抑制、腺体分泌增加、瞳孔缩小、心率增加、血压上升，骨骼肌兴奋等。鼠食毒饵多在4～6h后出现症状，表现为全身颤动、行动困难、呼吸急促、流涎、流泪，甚至大小便失禁，多在半天至一天内死亡。残效期长，毒饵投放于野外，两周后仍有一定毒力。蓄积中毒不明显，毒鼠磷的适口性较好，从取食到毒性发作之间有长达 12h 以上的潜伏期，无反射性再遇拒食现象。

防治对象 可用于防治各种家栖鼠和野栖鼠。用于现场灭鼠，对达乌尔黄鼠、长爪沙鼠、黑线姬鼠、布氏田鼠、高原鼠兔、黄毛鼠、黄胸鼠的灭效均较好或很好。

剂型 80%原粉。一般多做成黏附毒饵使用。

应用技术 配制毒饵：红薯毒饵，取毒鼠磷 50g 加 250g 淀粉或滑石粉稀释，加入 9.7kg 红薯块中，拌匀。大米毒饵，取毒鼠磷 50g 加淀粉或滑石粉稀释，另取大米 9.7kg 加植物油 250g 拌匀，再将稀释的药粉分次加入油拌大米中拌匀。夏秋季节在仓库内，亦可配制成蔬菜毒饵和毒水使用。

① 防治家栖鼠，室内每 $15m^2$ 投放毒饵 2 堆。在消灭褐家鼠和小家鼠时，使用浓度可为 0.1%～0.3%，也可用 0.05%的毒饵消灭长爪沙鼠。

② 防治野栖鼠，野外在田埂、堤坝、道路两侧采取等距（间隔 5～10m）和洞旁投毒相结合的方法。每堆投大米毒饵约 0.5～1.0g、红薯毒饵约 2～3g。野外毒饵的适宜含量为 0.1%～1.0%。

中毒与解救 毒鼠磷误食中毒后潜伏期较长，一般有足够时间进行急救处理。中毒症状为腹泻、厌食、呕吐、身体震颤、流涎、流泪、呼吸困难等。毒鼠磷中毒后，常用的有机磷解毒剂（如阿托品、解磷定等）虽可用于毒鼠磷中毒的救治，但效果不算太好。从解毒试验结果表明，利用阿托品和胆碱酯酶复活剂解毒时，胆碱酯酶的活力虽可显著恢复，但只能延缓死亡时间，而不能康复。毒鼠磷属于难以用常见的有机磷解毒剂急救的有机磷毒物之一，应严格管理。

解救措施：一旦误食中毒，应立即催吐、洗胃和导泻。中毒较轻者，可皮下注射硫酸阿托品每小时 0.5～1.0mg，总量可达 8～9mg。或肌内注射氯磷定 0.5～0.75g 和氯化普罗通。单独使用或合并用，肌内或静脉注射都可以，氯化普罗通还可以经口。中毒较重时，皮下注射阿托品1～2mg后，每隔15～30min1次，至症状缓解或中毒者口干、瞳孔放大为止，总量控制在18mg。然后每0.5h皮下注射1～2mg至清醒后停药，总量可达20～65mg。亦可静脉注射氯磷定1.0～1.5g。若毒物进入眼内，要用流水冲洗至少15min。

注意事项

（1）毒鼠磷可经健康皮肤吸收，使用时应避免与皮肤及黏膜直接接触。

（2）目前尚无特效的解毒方法，应严格管理，使用时注意安全。

氯鼠酮（chlorophacinone）

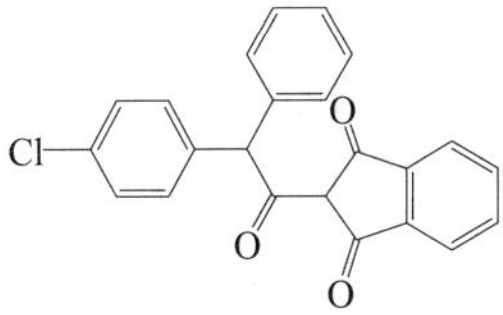

$C_{23}H_{15}ClO_3$，374.83，3961-35-8

化学名称　2-［2-(4-氯苯基)-2-苯基乙酰基］茚满-1,3-二酮

其他名称　氯敌鼠，鼠可克，可伐鼠，鼠顿停，Afnor，Caid，Drat，Liphadione，Microzul，Ramucide，Topitox，Raviac，Rozol，Saviac，Redentin

理化性质　氯鼠酮纯品为浅黄色结晶，工业品为浅黄色或土黄色无臭、无味粉末，熔点142～144℃。不溶于水，微溶于甲醇、乙醇、丙酮、植物油等；溶于甲苯。化学性质稳定，但在酸性条件下不稳定。常有腐蚀性。

毒性　氯鼠酮对鼠类急性经口LD_{50}（mg/kg）：大白鼠20.5，小白鼠87.2，褐家鼠0.6，黄胸鼠3.0，黄泽鼠1.2，长爪沙土鼠0.05，黄毛鼠10.9，松田鼠14.2。亚急性经口LD_{50}（mg/kg）：大白鼠0.6，小白鼠1.8，黄胸鼠0.2，长爪沙土鼠0.01，黄毛鼠0.08。氯鼠酮具有强的蓄积毒性，对皮肤无刺激作用。对小白鼠骨髓细胞染色体畸变实验，Ames 试验均为阴性。维生素 K_1 对之有解毒作用。

作用特点 氯鼠酮属第一代抗凝血剂，其毒理作用主要有两方面：一是破坏血中凝血酶原，使凝血时间显著延长；二是损伤毛细血管，增加管壁的渗透性，引起内脏和皮下出血等，最后死于内脏大出血。氯鼠酮的特点是急性毒力很大。对人、畜比较安全，鹅、鸭均有耐受性，猫和猪耐受性较高，狗较为敏感。对鼠适口性较好。氯鼠酮是唯一油溶性的抗凝血灭鼠剂，毒饵配制很方便，油溶液能够浸入饵料内部，和水果、蔬菜也能很好地混合均匀。它油溶性好，水溶性差，不怕雨淋，遇雨淋或潮湿不会迅速减毒。适用于室内外和田野防治大部分害鼠。

防治对象 防治家栖鼠类和野栖鼠类，如黑线姬鼠、黑线仓鼠、大仓鼠等。

剂型 80％原药（氯鼠酮钠盐），0.25％、0.5％油剂，0.25％、0.5％母粉。均可用于配制毒饵。毒饵中有效成分含量一般为 0.005％。

应用技术 配制毒饵：取 1 份 0.25％氯鼠酮油剂，倒入 49 份饵料中搅拌均匀，堆闷数小时即成。使用粉剂宜采用混匀法配制毒饵，即 1 份 0.5％氯鼠酮母粉，加入 99 份面粉及适量的水和成面团，制作成颗粒状或块状毒饵。

① 防治家栖鼠类 可视鼠密度不同，每 $15m^2$ 房间设 2 个饵点，每个饵点一次投 15～30g 毒饵。亦可连续 3～5d 投放，每个饵点每天投放 10g 毒饵。

② 防治野栖鼠类 可采用等距离布饵的方式。沿田埂、地塄、小路、地边，每间隔 5～10m 投放 10g 毒饵。

③ 粮库灭鼠 可用植物油加氯鼠酮配成毒油灭鼠，效果也很好。用氯鼠酮 1 份、植物油 500 份，待药溶解后，放入粮库使用。

中毒与解救 误食后即可出现恶心、呕吐、食欲不振等症状。潜伏期一般较长，大多数 1～3d 后才出现出血症状。可见鼻出血、齿龈出血、皮肤紫癜、咯血、便血、尿血等全身广泛性出血，可伴有关节疼痛、腹痛、低热等症。

解救治疗措施如下。

① 清除毒物，经口中毒者应及早催吐、清水洗胃导泻。皮肤污染者用清水彻底冲洗。

② 特效解毒剂，维生素 K_1 10～20mg 肌内注射，1～3 次/d。严重者用维生素 K_1 120mg 加入葡萄糖溶液中静脉滴注，日总量可达 300mg，症状改善后可改用维生素 K_1 10～20mg 肌内注射，3 次/d。维生素 K_3、维生素 K_4、卡巴克洛、氨甲苯酸等药物无效。

③ 对出血严重者，可输新鲜血液，新鲜冷冻血浆或凝血酶原复合浓缩物（主要含凝血因子Ⅱ、Ⅶ、Ⅸ、Ⅹ）以迅速止血，待出血停止及凝血酶原时间恢复正常后停药。

④ 中毒严重者可用肾上腺皮质激素，以降低毛细血管通透性，促进止血，保护血小板和凝血因子。

注意事项 房舍灭鼠常死于室内隐蔽处，要及时清理深埋，防止腐烂发臭。

灭鼠优（vacor）

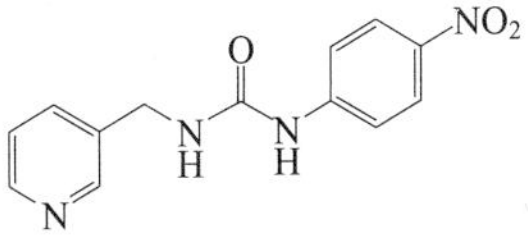

$C_{13}H_{12}N_4O_3$，227.26，53558-25-1

化学名称 *N*-(3-吡啶基甲基)-*N'*-(4-硝基苯基）脲

其他名称 鼠必灭，抗鼠灵，pyrinuron，pyrininil

理化性质 原药为淡黄色粉末，无臭无味。不溶于水，能溶于乙二醇、乙醇、丙酮等有机溶剂，与强酸生成的盐溶于水。纯品熔点 223～225℃，性质稳定，在通常贮存条件下有良好贮藏寿命。

毒性 急性经口 LD_{50}（mg/kg）：大鼠 18，雌小鼠为 84，雄兔约 300。药剂选择毒性急性经口 LD_{50}（mg/kg）：褐家鼠 4.75，黄胸鼠 32，黄毛鼠 17.2，狗、猫、猪大于 500，鸡大于 10。对家畜较安全，二次中毒危险性较小。

作用特点 灭鼠优是 20 世纪 70 年代出现的选择性良好的广谱杀鼠剂。灭鼠优的适口性较好，从进食到发挥作用一般需 2～4h，在 8～12h 内死亡，无反射性拒食现象。灭鼠优在有机体内与烟酰胺产生竞争性抑制，使辅酶Ⅰ或辅酶Ⅱ不能正常形成和失去活性，脱氧酶失去有效辅酶，脱氧作用不能正常进行，致使代谢紊乱。中毒鼠表现为精神萎靡，继而呼吸急促，后肢瘫软，卧倒不起死于呼吸瘫痪。灭鼠优的毒力具高度的选择性，对许多鼠种的毒力较强，对家畜家禽的毒力甚弱，因此使用时比较安全。

防治对象 多用于防治家栖鼠种，褐家鼠、长爪沙鼠、黄毛鼠、黄胸鼠等。

剂型 95%、90%原粉。毒饵为 0.25%～2%，也可用作舔剂，含量为 10%。

应用技术 毒饵杀鼠：1%毒饵防治褐家鼠、黄毛鼠等；2%毒饵防治黄胸鼠、长爪鼠等。毒粉杀鼠：防治家栖鼠类可采用 10%毒粉。

中毒与解救 中毒症状表现为严重 B 族维生素缺乏症，后肢麻痹，8～14h 死于呼吸瘫痪。

解救措施：立即催吐、洗胃。烟酰胺和胰岛素是特效解毒剂，针剂、片剂均可。针剂常用剂量，每支 1mL，内含有效成分 100mg，每次注射 50～200mg。

注意事项

（1）本品为高毒杀鼠剂，配制毒饵时要穿戴防护服，用药后要认真清洗工具，剩余药剂要妥善处理和保管。

（2）要合理使用灭鼠优，避免盲目使用，而使鼠类产生抗性。

杀鼠酮钠盐（valone）

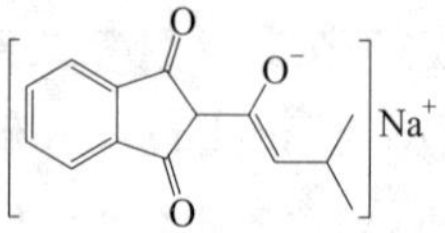

$C_{14}H_{12}O_3Na$，251.0，53404-57-2

化学名称 2-异戊酰基-1,3-茚满二酮钠盐

其他名称 杀鼠酮

理化性质 黄色结晶固体，熔点 67～68℃，200℃以上炭化。

不溶于甲苯，可溶于多数有机溶剂。在下列溶剂中的溶解度分别为（40℃，g/100mL）：水 5.58、甲醇 92.08、乙醇 47.69。溶于碱水或氨水，形成亮黄色盐类。常态下稳定，酸性条件下即成杀鼠酮。

毒性 急性经口 LD_{50}（mg/kg）：小白鼠 78.0、黄毛鼠 57.9、黄胸鼠 137.0。经口致死最低量，大白鼠 250mg/kg，人 50mg/kg。

作用特点 是茚满二酮类第一代抗凝血杀鼠剂。凝血酶原和毛细管脆性功能降低，导致出血，即使血液凝固功能衰退的作用。

防治对象 防治家栖鼠和野栖鼠。

剂型 1.1%溶液，1%撒粉剂，0.055%饵剂。

应用技术 一般用 2%粉剂 10～14d 即可达到完全控制鼠患的目的。灭鼠时必须连续投毒 1～2 周才有效。如加大毒饵的浓度，一般鼠类都拒食，所以只能用作舔剂，不宜做毒饵使用。

中毒与解救 误食抗凝血杀鼠剂后即可出现恶心、呕吐、食欲不振等症状。潜伏期一般较长，大多数 1～3d 后才出现出血症状，可见鼻出血、齿龈出血、皮肤紫癜、咯血、便血、尿血等全身广泛性出血，可伴有关节疼痛、腹痛、低热等症。

解救措施如下。

① 清除毒物，经口中毒者应及早催吐、清水洗胃导泻。皮肤污染者用清水彻底冲洗。

② 特效解毒剂，维生素 K_1 10～20mg 肌注，1～3 次/d。严重者用维生素 K_1 120mg 加入葡萄糖溶液中滴注，日总量可达 300mg，症状改善后可改用维生素 K_1 10～20mg 肌注，3 次/d。维生素 K_3、维生素 K_4、卡巴克洛、氨甲苯酸等药物无效。

③ 输新鲜血，对出血严重者，可输新鲜血液，新鲜冷冻血浆或凝血酶原复合浓缩物（主要含凝血因子Ⅱ、Ⅶ、Ⅸ、Ⅹ）以迅速止血。

④ 中毒严重者可用肾上腺皮质激素，以降低毛细血管通透性，促进止血，保护血小板和凝血因子。

⑤ 对症支持治疗。

注意事项

(1) 避免皮肤接触，每天更换工作服，选用适当呼吸器。

(2) 贮存于冰箱或冷藏室或凉爽、干燥处。

鼠完 (pindone)

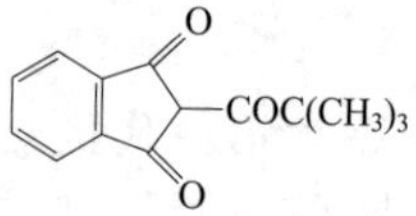

$C_{14}H_{14}O_3$，230.3，83-26-1

化学名称 2-特戊酰-1,3-茚满二酮

其他名称 PMP，Pivaldione，Contrax-p

理化性质 工业用品为无色至浅黄色结晶，熔点 108.5～110.5℃。鼠完在 25℃时水中的溶解度为 18mg/L，可溶于大多数有机溶剂，在碱液或氨液中得到亮黄色的盐。

毒性 鼠完对大白鼠急性经口 LD_{50} 为 75～100mg/kg，慢性经口为 2.0mg/kg (5d)，注射急性 LD_{50} 约 50mg/kg。狗急性经口 LD_{50} 为 75～100mg/kg，慢性经口为 2.5mg/kg (10d)。人 LD_{50} 为 50mg/kg。对高等动物高毒。

作用特点 鼠完是茚满二酮类第一代抗凝血灭鼠剂，凝血酶原和毛细管脆性功能降低，导致出血，即使血液凝固功能衰退的作用。

防治对象 主要用于防治小家鼠、屋顶鼠，对褐家鼠效果差。

剂型 10.5%粉剂。

应用技术 将 0.5%粉剂制成 0.025%毒饵，进行诱杀。

中毒与解救 参见杀鼠酮钠盐中毒解救。

注意事项

(1) 配制毒饵浓度要大于 0.025%。

(2) 存放药品的库房要通风低温干燥。

(3) 与食品原料分开贮运。

杀鼠新（ditolylacinone）

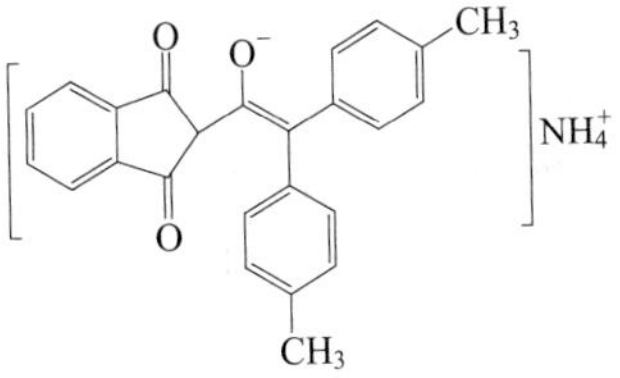

$C_{25}H_{20}NO_3$，382，172360-24-6

化学名称　2-[2′,2′-双(对甲基苯基)乙酰基]-1,3-茚满二酮铵盐

理化性质　杀鼠新纯品为黄色粉末，熔点 143～145℃。工业品为橘黄色粉末，熔点 130～136℃，无臭无味。可溶于乙醇、丙酮，微溶于苯和甲苯，不溶于水。无腐蚀性，化学性质稳定。

毒性　本剂为高毒除鼠剂。急性经口毒性 LD_{50} 雄大鼠 34.8mg/kg、雌大鼠 6.19mg/kg，雄小鼠＞9.4mg/kg、雌小鼠 92.6mg/kg。在动物体内高度蓄积，Ames、微核和精子畸变试验结果均为阴性。一旦发生人畜中毒，可用维生素 K_1 解毒。

作用特点　杀鼠新为国内外首创的茚满二酮类抗凝血杀鼠剂，被列为“八五”国家重点科技攻关项目，于 1995 年完成中试研究。它是唯一由我国研制并获得专利的抗凝血灭鼠剂。杀鼠新属抗凝血杀鼠剂，鼠类吞食毒饵后造成体内出血而死。

防治对象　防治各种家栖鼠和野栖鼠。

剂型　0.05%～0.1%块状或颗粒状毒饵。

应用技术　同敌鼠，可用于城、乡灭鼠，也可用于农田、林区、草原灭杀野鼠。

中毒与解救　同敌鼠。

鼠立死（crimidine）

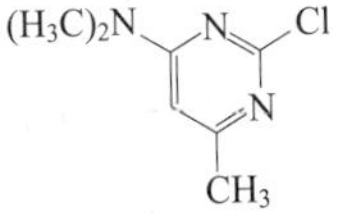

$C_7H_{10}ClN_3$，171.62，535-89-7

化学名称 2-氯-4-二甲氨基-6-甲基嘧啶

其他名称 杀鼠嘧啶，甲基鼠灭定，Castrix

理化性质 纯品为白色蜡状物，熔点87℃，沸点140～147℃（533Pa）。工业品为黄褐色蜡状物，熔点84～89℃。能溶于乙醚、乙醇、丙酮、氯仿、苯类等大多数有机溶剂，不溶于水，可溶于稀酸。

毒性 急性毒鼠剂。急性经口LD_{50}（mg/kg）：大鼠1.25，雌性小鼠1.2，兔5。无累积中毒。不引起非靶动物二次中毒。0.5%饵剂雌、雄大鼠涂皮$LD_{50}>100$mg/kg（24h）。

防治对象 防治家栖鼠和野栖鼠。

剂型 0.1%饵粒剂，0.5%饵剂。

应用技术 防治家栖鼠，可用颗粒饵剂堆放在家鼠经常出没的地方。防治田间和草原的红背小鼠，每公顷用0.66kg饵剂撒施。防治田鼠，每公顷用5～10kg饵粒剂，放在每日田鼠出入处，或用5cm直径的管插入田鼠喜食的物品内。

中毒与解救 由于操作不符规定或使用不当而引起中毒时，如中毒症状有所发展，应立即送医院就诊，解毒药可用维生素B_6。

注意事项

（1）鼠立死应保存在远离儿童的地方，不能与饲料和食品存放在一起。

（2）鼠立死毒饵颗粒剂必须放在金属容器里，使家畜和家禽无法取食。

（3）手不能直接与鼠立死接触。

第五节 生物杀鼠剂

利用生物活体或生物代谢过程产生的具有生物活性的物质，或从生物体中提取的物质制作的杀鼠剂为生物杀鼠剂。目前我国登记的生物杀鼠剂有肠炎沙门菌阴性赖氨酸丹尼氏变体6a噬菌体、C

型肉毒杀鼠素、莪术醇和雷公藤内酯醇。

沙门菌

其他名称 生物猫（BIORAT），肠炎沙门菌（S. e. I-）

理化性质 肠炎沙门菌（S. e. I-）为潮湿颗粒状，褐色，有发酵气味。这种生物制剂产品，是一种可生物降解的杀鼠剂，在室温低于30℃露天存放，有效期可达6个月，在冷冻状态下可保存1年。

毒性 属低毒性杀鼠剂，对人、畜安全。S. e. I-生物制剂专性寄生，对人、家畜、家禽比较安全，不污染环境，使用方便。

作用特点 肠炎沙门菌体为鼠类的专性寄生菌，通过老鼠的胃进入小肠，在体内繁殖，引起小肠、肝、脾和肠道淋巴结膜的病理变化，造成器官坏死，从而导致老鼠死亡。受感染鼠类中通过同类残食，感染的粪便引起流行病，使鼠类大量死亡。中毒鼠胃口逐渐消失，行动迟缓，条件反射能力消失，毛发耸立，双目微闭（结膜炎），呼吸加速，排泄物呈液状，并伴有少量出血，4～16d内死亡，4～6d为死亡高峰，也有个别在30d以后死亡。潜伏期大鼠5～10d，小型鼠为3～6d，大部分鼠死于洞中。死鼠胸腔和腹腔有一般性出血，肝、脾肿大，内部淤血，有灰白色斑点，偶尔肝为苍白色易破碎，肾严重出血，伴有肠梗阻等症状。适口性好，对鼠科和仓鼠科起致病作用。

防治对象 防治黄胸鼠、大足鼠、布氏田鼠、高原鼠兔。

剂型 1.25%沙门菌诱饵，颗粒制剂（S. e. I-的活菌数为109cfu/g），液体制剂（S. e. I-的活菌数为不少于108cfu/mL）。

应用技术 在鼠道或洞每隔2～5m投菌饵25～30g，农田、草原每公顷施用4～6kg菌饵，在鼠密度大的地方应适当增量。菌饵在室外阴凉处放置能保持24h内有效。如包以塑料袋间接放置室外阴凉处，其药效可保持6d。

中毒与解救 该菌体为专生性寄生体，一般对人畜禽无大副作用，故无须解药。

注意事项

(1) 投饵时注意避光，下午或傍晚为宜。

(2) 贮存于阴凉、干燥处，远离食用物品，避免日晒。

C型肉毒杀鼠素 (clostridium)

其他名称 C型肉毒素，C型肉毒梭菌外毒素，Lesh-poison mouse-killing reagent C，C-typebotulin

理化性质 C型肉毒梭菌为大分子蛋白质，高纯度原药为淡黄色透明液体，毒素液可溶于水，怕热、怕光。在5℃下24h后毒力下降，在100℃、2min，80℃、20min，60℃、30min条件下即可破坏其毒力。在pH值3.5～6.8时比较稳定，pH值10～11时失活较快，在－15℃以下低温条件下可保存1年以上。每毫升100万毒价肉毒杀鼠素水剂由有效成分和水等组成。

毒性 C型肉毒杀鼠素属高毒杀鼠剂。大鼠经口 LD_{50} 为1.71mg/kg。

作用特点 本剂是一种蛋白质神经毒素，可自胃肠道或呼吸道黏膜、甚至皮肤破损处侵入鼠体。毒素被肌体吸收后，经循环系统作用于中枢神经的颅神经核、神经肌肉连拉处以及植物神经的终极，阻碍神经末梢乙酰胆碱的释放，使鼠体产生软瘫现象，最后出现吸收麻痹，导致死亡。

防治对象 用于低温高寒地区防治高原鼠兔及鼢鼠。

剂型 每毫升100万毒价肉毒杀鼠素水剂。

应用技术

① 每亩地用0.1%～0.2%含量的毒饵75g，洞施或等距离投饵法，可防治牧草高原鼠和鼢鼠。

② 防治家栖鼠类。在褐家鼠为主的发生地区，使用0.1%～0.2%毒素毒饵，用褐家鼠喜食的小米、小麦、玉米或大米做饵料。一般在气温15℃以下时使用，灭鼠效果可达85%左右。

③ 防治棕色田鼠。在春季3～5月份繁殖高峰期前，按鼠洞投放0.1%小麦或玉米毒饵。每洞约100粒。投药后立即将洞口封好，避免田鼠推土堵洞时将毒饵埋在土下。

中毒与解救 解毒药品为肉毒素疫苗。

注意事项

(1) 配制好的毒素液一般在－5～－15℃的冷藏箱内保存。使用时要将毒素瓶放在0℃水中使其慢慢融化，不能用热水或加热融解，以防降低药效。

(2) 拌制毒饵时不要在高温、阳光下搅拌，饵剂应随拌随用。

(3) 要求密封包装，防潮湿，低温贮存。

莪术醇 (curcumol)

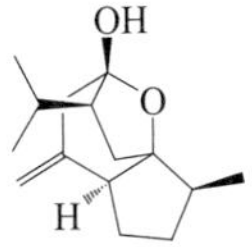

$C_{15}H_{24}O_2$，236.35，4871-97-0

其他名称 鼠育，姜黄醇，莪黄醇，姜黄环氧醇

理化性质 母粉外观为浅黄色针状体，熔点142～144℃，不溶于水。

毒性 该药剂是从植物中提取，属低毒杀鼠剂。属环保型无公害农药，对环境无污染、对天敌动物无毒害，对非靶标动物和人畜安全。原药大鼠急性经口 LD_{50} ＞4640mg/kg，急性经皮 LD_{50} ＞2150mg/kg。小鼠急性毒性 LD_{50} 为250mg/kg，亚急性毒性 LD_{50} 为163.4mg/kg。

作用特点 通过抗生育作用机理，能够降低害鼠种群数量，达到防治害鼠为害的目的，而不是直接杀死害鼠，该药剂适口性强，起效快，投放方便。

防治对象 适用森林、草原、农田、馆所和民宅等场所。防治各类害鼠。

剂型 92％莪术醇母粉、0.2％莪术醇饵剂。

应用技术 用92％母粉配制饵料，在鼠类繁殖期前开始投放杀鼠，按1∶9比例配制，将母粉1份加入添加剂（鼠类喜食的食料）9份，搅拌均匀后，再制粒为饵料。

① 农田灭鼠，在鼠类繁殖期前 1 个月施药，最佳投放时间是在春季 4 月份。每亩使用 0.2%莪术醇饵剂 100g，投放点次可按 15m×20m，每点放饵料 50g。如果农田鼠群密度较大时，每亩使用饵剂 330g，投放点次可按 10m×10m，每点放饵料 50g。

② 民宅灭鼠可用毒鼠黏法。

中毒与解救 中毒症状为恶心、呕吐、腹痛、腹泻、头晕、耳鸣、面红、胸闷、心慌、无力、呼吸困难及休克等。

解救措施如下。

① 中毒后用5%乙醇洗胃，用硫酸镁导泻，而后服用牛奶、蛋清等。

② 静脉输液，排出毒物，给予镇静药如巴比妥类或水合氯醛。其他对症治疗。

注意事项

(1) 使用时要注意安全，避免与食物等混放。

(2) 处理药剂后，必须立即清洗暴露部位，以免中毒。

(3) 贮存于阴凉、干燥、通风处，切勿受潮。母粉保质期 5 年，制剂保质期 2 年。

雷公藤内酯醇 (triptolide)

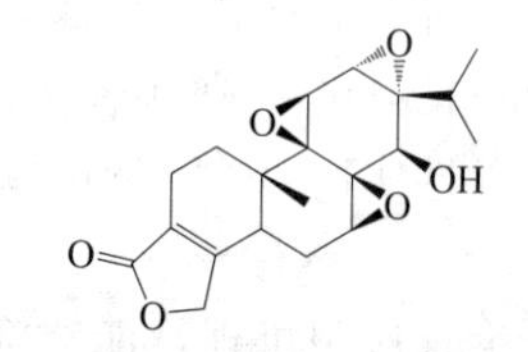

$C_{20}H_{24}O_6$，360.4，38748-32-2

其他名称 雷公藤甲素，雷公藤多苷

理化性质 纯品为白色固状物，熔点 226～227℃，难溶于水，溶于甲醇、乙酸乙酯、氯仿等。0.01%雷公藤内酯醇母药（该产品中含 93%雷公藤多苷）外观为棕黄色粉末，易溶于 5%乙醇、氯仿溶液，几乎不溶于水。

毒性 0.01%雷公藤内酯醇母药大鼠经口 LD_{50} 为 190mg/kg（雄）、185mg/kg（雌），急性经皮 LD_{50} >5000mg/kg。对兔皮肤、

眼睛无刺激性。

作用特点 本品为植物提取的雄性不育杀鼠剂。其作用机理主要是抑制鼠类睾丸的乳酸脱氢酶的活性，使副睾末部萎缩，精子减少，曲细精小管和睾丸体积明显萎缩，选择性地损伤睾丸生精细胞。

防治对象 防治黑线姬鼠、长爪沙鼠、褐家鼠等。

剂型 0.25mg/kg 饵粒剂。

应用技术 采用饱和投饵法，堆施或穴施。一般每亩投放 20 堆，每堆投放饵粒 10g，间隔 5～7d 投放 1 次。

红海葱（dethdiet，red squill）

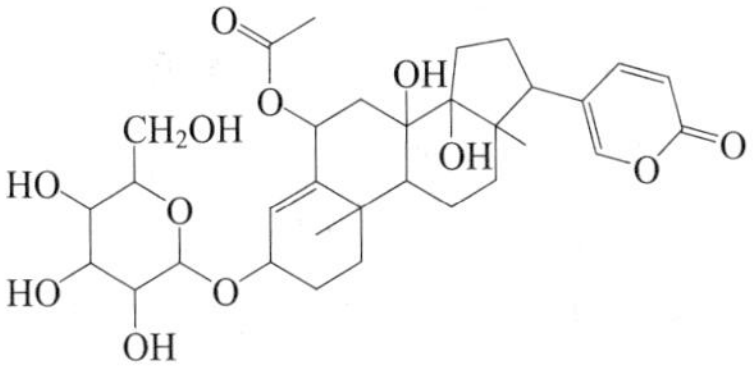

$C_{32}H_{44}O_{12}$, 620.7，507-60-8

其他名称 海葱素

理化性质 海葱素为一种配糖化合物，即海葱糖苷。为亮黄色结晶，168～170℃时分解。易溶于乙醇、甘醇、二噁烷和冰醋酸，略溶于丙酮，几乎不溶于水、烃类、乙醚和氯仿。有粉剂和提取液两种剂型，有异臭和苦味。粉剂容易吸水，如暴露在空气中能吸水变成硬块，性质不稳定，加热至 80℃即失效。在一般仓库中存放 4 年毒力下降 50%，密封存放可延长有效期。

毒性 红海葱对雄大鼠的急性经口 LD_{50} 值为 0.7mg/kg，对雌大鼠急性经口 LD_{50} 为 0.43mg/kg；对猪和猫的存活剂量为 16mg/kg，鸡为 400mg/kg，对鸟类基本无毒。

作用特点 红海葱属急性杀鼠剂，有效成分是海葱素，作用缓慢，潜伏期 4～7h，12～24h 出现死亡。海葱素作用机制是使中毒动物死于心脏麻痹。对皮肤有较大的刺激作用但不吸收，无累积作用。

防治对象 此药主要用于防治褐家鼠，对屋顶鼠和小家鼠的效果差。

应用技术 制剂有0.015%毒饵和1.0%浓缩剂。用来灭褐家鼠的毒饵比例是1份海葱素毒饵与9份肉或鱼混合拌匀即可使用。分次投放，每次投放量不可过大。

中毒与解救 本品在肠道中吸收较慢，故潜伏期较长，4～7h。但经口后可立即发生呕吐。它的综合中毒症状包括胃肠炎和痉挛，对心脏可产生毛地黄样作用。

解救措施如下。

① 误服者用温水、浓茶水或1∶5000高锰酸钾溶液洗胃，随后用鞣酸蛋白3～5g沉淀海葱素，导泻。

② 依地酸二钠，600mg加入5%葡萄糖溶液250mL静脉滴注，以降低血钙浓度，减轻毒性反应。

③ 心电监护，对迷走神经性的窦性心动过缓者，可使用阿托品1～2mg，皮下注射。如发生心律不齐，伴有严重房室传导阻滞者，不用钾盐，可用利多卡因或苯妥英钠。

④ 对症支持治疗。保持静卧，对烦躁不安、甚至发生抽搐者可使用镇静剂。给予氯化钾经口或静脉滴注等。

注意事项

(1) 使用时，穿戴合适的防护服和手套。

(2) 严禁儿童接触药剂。

(3) 贮存低温、干燥处，密封包装。

毒鼠碱 (strychnine)

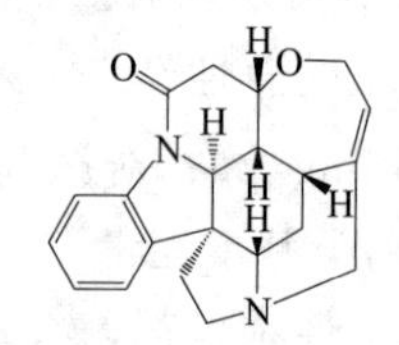

$C_{21}H_{22}N_2O_2$, 334.4, 57-24-9

其他名称 马钱子碱，番木鳖碱，士的宁，士的卒

理化性质 本品为无色晶体，熔点270～280℃（分解）。溶解

度：水 143mg/L、苯 5.6g/L、乙醇 6.7g/L、氯仿 200g/L。微溶于乙醚和汽油。硫酸盐的溶解度：水中 30g/L（15℃），溶于乙醇。

毒性 毒鼠碱属高毒杀鼠剂。是一种致痉挛剂，对哺乳动物有剧毒。大鼠经口急性 LD_{50} 为 16mg/kg，豚鼠 21mg/kg。人的参考经口致死量为 5～8mg/kg。

作用特点 毒鼠碱对中枢神经系统有直接兴奋作用，能选择性兴奋脊髓，大剂量兴奋延脑中枢，引起强直性惊厥和延髓麻痹，使神经失去控制，导致呼吸循环衰竭，大剂量尚可直接抑制心肌，终因缺氧症发作而死亡。作用迅速，鼠食后 1～4h 发病死亡。

防治对象 用以防治金花鼠、鼷鼠、田鼠、松鼠、野兔及其他小啮齿动物。

应用技术 通常以 0.5%～1.0%的硫酸毒鼠碱与着色谷物一起加工成毒饵。

中毒与解救 毒鼠碱中毒消化道症状不明显。发病初期有颈部肌肉僵硬感，反射亢进，肌颤，吞咽困难，继而发生强直性惊厥，表现面部肌肉挛缩、牙关紧闭、角弓反张。由于呼吸肌痉挛性收缩，呼吸停于最大吸气状态，轻微刺激可诱使其发作，最后因延脑过度兴奋及缺氧导致麻痹，结果呼吸衰竭死亡。

解救措施如下。

① 清除毒物。经口中毒者立即经口活性炭 20～50g，在惊厥发生前用 1∶2000 的高锰酸钾洗胃，洗胃后保留胃管，再灌注活性炭 30～80g，儿童按 1g/kg 计算。皮肤污染者，脱去污染的衣物，清洗皮肤。溅入眼睛者，用流动清水冲洗。

② 特效解毒剂与对症支持治疗。毒鼠碱中毒目前尚无特效解毒剂。应将中毒者安置在较暗与安静的环境，避免外界刺激。根据病情，使用镇静剂。呼吸困难时给予吸氧，并保持呼吸道通畅。

③ 忌用阿片类和咖啡因等药物。

注意事项

（1）做好防护，空气中浓度超标时，佩戴防毒面具、戴化学安全防护眼镜、穿戴相应的防护服和手套。

（2）工作现场禁止吸烟、进食和饮水。

（3）工作后，淋浴更衣。单独存放被毒物污染的衣服，洗后再用。

第六节　我国明令禁止使用的杀鼠剂

氟乙酸钠（sodium fluoroacetate）

$$F-CH_2-C(=O)-O-Na$$

$C_2H_2O_2FNa$，100.02，62-74-8

化学名称　氟乙酸钠

其他名称　氟醋酸，Gifblaarpoison，Compd1080

理化性质　纯品为几乎无味的白色结晶，工业品有微弱醋酸酯味。易溶于水、乙醇、丙酮，不溶于苯、甲苯。在110℃以上不稳定，200℃分解。极易潮解，不挥发，有腐蚀性。

毒性　氟乙酸钠属高毒农药，可经呼吸、消化道中毒，为呼吸中枢毒剂。急性经口LD_{50}：褐家鼠0.22mg/kg、小家鼠8.0mg/kg、长爪沙鼠0.65mg/kg、狗0.06mg/kg。估计人的致死量为2～10mg/kg。该药在植物体内亦可长期残留，对生态环境可造成长期污染，对其他动物如猫、狗等也有很高的毒性。

作用特点　氟乙酸在体内生成氟柠檬酸，阻断三羧酸循环的继续进行。本药作用较快，通常潜伏期少于2h（有的鼠30min内即出现中毒症状）。鼠的中毒表现为：动作迟钝、食欲缺乏、被毛松耸、间断而短暂的颤抖性抽搐、呼吸急促而微弱、肢体瘫痪，多在半天至一天内死亡。由于氟乙酸根中的氟、碳链结合牢固，易发生二次甚至三次中毒，残效期长，且无特效的解毒方法。

中毒与解救　中毒症状：表现以中枢神经系统和心脏症状为主。先有恶心、呕吐、上腹部疼痛，继之流涎、口唇麻木、精神不安、恐惧、肌肉震颤、视物不清。数小时后，出现癫痫样抽风，伴有昏迷和呼吸抑制，并见心律失常和心跳骤停。病人多死于呼吸抑制或心跳骤停。儿童中毒后 2～3h 即可死亡。

解救措施如下。

① 口服中毒者可用大量温淡盐水洗胃，一般在发病后 24h 内均应洗胃，持续累计洗胃量要达到 20L 以上。洗胃后可给予氢氧化铝凝胶或生鸡蛋清保护消化道黏膜。必要时导泻。

② 皮肤污染者用清水彻底冲洗。

③ 乙酰胺（解氟灵）为氟乙酸钠中毒的特效解毒剂。成人每次 2.5～5.0g，每日 2～4 次，肌注，或每日 0.1～0.3g/kg，分2～4 次，肌注。可与普鲁卡因混合使用，以减轻局部疼痛。

注意事项　我国于 2002 年明令全面禁止使用（农业部公告第 199 号）。

氟乙酰胺（fluoroacetamide）

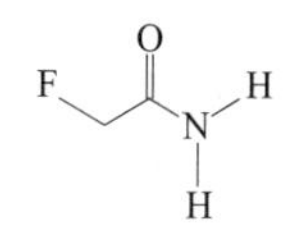

C_2H_4FNO，77.0577，640-19-7

其他名称　敌蚜胺、氟素儿

理化性质　纯品为无臭无味的白色针状结晶或细微蓬松的白色粉末，熔点 107～108℃，受热易升华，170℃时分解。易潮解，不易挥发，易溶于水和乙醇，微溶于乙醚和丙酮等有机溶剂。在酸性中性水溶液中水解成氟乙酸，在碱性水溶液中为氟乙酸钠。长期存放、煮沸、高温、高压处理毒性不变。

毒性　氟乙酰胺属高毒农药，但不同动物对其敏感性差别很大。猫、狗、兔、鼠对本品较为敏感，灵长类动物猴及两栖类动物青蛙等耐受量较大。氟乙酸钠大鼠 LD_{50} 0.2mg/kg，小鼠 LD_{50} 4mg/kg，对人经口致死量 0.7～5mg/kg。本品化学性质稳定，能在农作物上残留，用一般的方法处理，毒性很难消除。在动物体内产生蓄积作用，易发生二次中毒现象。

作用特点　氟乙酰胺可经消化道、皮肤、呼吸道吸收，进入体内后脱氨形成氟乙酸，干扰正常的三羧酸循环。据研究体内的氟乙酸经过活化，成为氟化乙酰辅酶 A，然后在缩合酶的作用下，与草酰乙酸缩合，生成与柠檬酸结构相似的氟柠檬酸，氟柠檬酸有抑制乌头酸酶的作用，使三羧酸循环受阻，导致腺苷三磷酸合成障碍，柠檬酸在体内积聚。同时，氟柠檬酸也在体内蓄积，直接刺激中枢神经系统。在体内代谢排泄缓慢，易致蓄积中毒。急性中毒多因误服或误食由本品毒死的畜肉所致。

中毒与解救 急性中毒的潜伏期与中毒原因、吸收途径及摄入量有关，一般为 10～15h，重者可在 0.5～2h 内发病。轻度中毒：头痛、头晕、口渴、恶心、呕吐、肢体小抽动、上腹部疼痛、烧灼感、体温偏低等。中度中毒：在轻度中毒基础上出现烦躁不安，阵发性抽搐；心肌轻度损害，血压下降；血性分泌物；呼吸道分泌物增多，有紫绀，鼻翼扇动等呼吸困难症状。重度中毒：还会出现昏迷、谵妄、阵发性强直性痉挛；心律失常，心力衰竭；严重心肌损害；肠麻痹，大小便失禁；呼吸抑制等。诊断对有明确服毒史的典型中毒病人并不困难，但服毒史不明确，特别是施药过程中的非消化道中毒病人，往往易与有机磷农药中毒、中暑和细菌性食物中毒相混淆，必须仔细鉴别。

解救措施如下。

① 去除毒物 应使病人迅速脱离中毒环境，千方百计清除尚未吸收的毒物，阻止毒物继续吸收。皮肤污染者，用清水彻底清洗。更换受污染衣服。经口中毒者立即催吐，继用 1∶5000 高锰酸钾溶液或清水彻底洗胃，再用硫酸镁或硫酸钠 20～30g 导泻。为保护消化道黏膜，洗胃后给予牛奶、生鸡蛋清或氢氧化铝凝胶。

② 对症治疗 重点是控制抽搐，保护心脏，解除呼吸抑制和昏迷，防止并发感染。抽搐病人可使用镇静剂，如水合氯醛、副醛等；呼吸抑制可给予洛贝林，慎用尼可刹明；昏迷者应注意防止脑水肿，如较长时间昏迷可用甘露醇、山梨醇或速尿等脱水剂。大剂量高渗葡萄糖和葡萄糖酸钙对中毒病人有一定疗效，可适量应用，以改善症状。

③ 解毒治疗 乙酰胺是氟乙酰胺中毒的特效解毒剂。它具有

延长潜伏期、减轻症状和预防发病的作用。其解毒机制可能是乙酰胺在体内水解成乙酸而与氟乙酸竞争活性基团，干扰氟柠檬酸的生成，从而产生保护作用，达到解毒效果。

注意事项 我国于1982年开始禁止使用，2002年明令全面禁止使用（农业部公告第199号）。

鼠甘伏（gliftor）

F–CH₂–CH(OH)–CH₂–Cl，F–CH₂–CH(OH)–CH₂–F

C_3H_6FClO，112.53；$C_3H_6F_2O$，96.08；453-13-4

化学名称 1-氯-3-氟-2-丙醇与1,3-二氟-2-丙醇的混合物

其他名称 伏鼠醇，甘氟，氟鼠醇，鼠甘氟，伏鼠酸，Glyfluro

理化性质 无色或微黄透明液体，略有酸味。沸点120～130℃，相对密度1.25～1.27（20℃），能溶于水、乙醇、乙醚等有机溶剂，在酸性溶液中化学性质稳定，在碱性溶液中能分解，高温时易挥发失去毒性。

毒性 甘氟是一种剧毒型杀鼠剂，对褐家鼠急性经口LD_{50}为30.0mg/kg（LD_{100} 35.0mg/kg），雌达乌里鼠3.38mg/kg，草原黄鼠4.5mg/kg，长爪沙土鼠10.0mg/kg，中华鼢鼠2.8mg/kg，豚鼠4.0mg/kg。鲤鱼LC_{50} 1.1mg/L（48h）。对家禽较安全，鸭LD_{50} 2000mg/kg。对家畜毒性高。Ames试验、小鼠骨髓细胞微核试验、小鼠睾丸原细胞染色体畸变试验均为阳性，无明显蓄积性。

作用特点 甘氟的杀鼠毒理是与氟乙酸盐类似，在动物体内代谢生成剧毒的氟柠檬酸盐，在三羧酸循环中有抑制乌头酸酶的作用，从而切断哺乳动物细胞的能量供应，使葡萄糖的利用受阻，细胞变性导致器官坏死。鼠类对甘氟毒饵的接受性较好，一般有2～3h的潜伏期，多在24h内死亡。除经口吸收外，甘氟还可通过皮肤吸收，剂量大时能导致死亡。在密闭环境中，较长时间吸入甘氟蒸气也能致死。甘氟可被植物吸收，在植物体内能保留20～30d。本药对家畜毒力强，但对家禽毒力很弱。对大白鼠的经口、经皮试

验结果无明显蓄积作用，且无致突变作用。

中毒与解救 主要表现为中枢神经系统及心脏受累。轻者恶心、呕吐、头痛、头昏；重者烦躁不安、阵发性抽搐、心律失常；严重者呼吸抑制、血压下降、心搏骤停及呼吸衰竭。急性中毒表现为兴奋、阵发性或强直性抽搐，甚至角弓反张。

解救措施如下。

① 对经口中毒者，应催吐，用0.2%～0.5%氯化钙或稀石灰水洗胃，反复进行。洗胃后饮用豆浆、牛奶、蛋白水等。经口钙盐，如氯化钙或葡萄糖酸钙或乳酸钙1～2g。经口硫酸镁（或钠）30g。

② 较有效的解毒剂是乙酰胺。此药在体内对氟乙酸具有干扰作用，故有解毒效果。50%乙酰胺水溶液，肌注，2.5～5.0g/次，2～4次/d。首剂用全日量的一半，一般连用5～7d。可依病情好转程度减少用量。注射局部疼痛显著，可加入适量0.5%普鲁卡因止痛。有抽搐时用琥珀酰胆碱控制。为防止心室纤颤，可经口普鲁卡因酰胺。呼吸抑制时吸氧，用青霉素预防肺部并发症。使用较大量维生素 B_1 有助于恢复被破坏的代谢过程。

注意事项 甘氟从20世纪80年代以来，我国曾在农田、草原以及林区较大面积推广控制使用，灭鼠效果较好，也曾受到农牧民欢迎，多年使用尚未发现中毒事故。为了避免发生中毒事故，1998年国务院办公厅转发全国爱国卫生运动委员会、农业部、化工部等8部（局）《关于剧毒急性鼠药特大中毒事件情况的报告》中，将甘氟也列入停止生产、销售和收缴的鼠药内。

毒鼠强（tetramine）

$C_4H_8N_4O_4S_2$，240，80-12-6

化学名称 2,6-二硫-1,3,5,7-四氮三环[3,3,1,1,3,7]癸

烷-2,2,6,6-四氧化物

其他名称 没鼠命，四二四，TEM，四亚甲基二砜四胺，其非法定商品名还有闻到死、速杀神、好猫鼠药、王中王、灭鼠王、华夏药王、神奇诱鼠精、气体鼠药、一扫光、强力鼠药、神奇气体灭鼠药、三步倒等。

理化性质 白色粉末，无味，不溶于水，难溶于乙醇，稍溶于丙酮和氯仿。性质稳定。熔点为250～254℃，在255～260℃分解。

毒性 毒鼠强对大鼠经口LD_{50}为0.1～0.3mg/kg，对长爪沙鼠的LD_{50}为0.66mg/kg，对人的致死剂量约为12mg。黑线姬鼠食0.1%毒米1粒即可致死。鼠类对本药毒饵接受性好，鼠食毒饵后，多数呈急性中毒，兴奋、翘尾、跳动，偶尔惊叫，随后出现阵发性或持续性痉挛、四肢强直；有时反复发作数次，然后死亡。本药作用快，服药后有的3min即可致死，多在30min内死亡。本药对人、畜和鼠的毒力均很强，不溶于水，不经皮肤吸收，易发生二次或三次中毒。

作用特点 中毒机制主要作用于神经系统，直接作用于交感神经，导致肾上腺素能神经兴奋。具有强烈的脑干刺激作用，出现阵发性或持续性痉挛。原理是：拮抗γ-氨基丁酸（GABA）的结果，由于GABA是脊椎动物中枢神经系统的抑制性物质，毒鼠强阻断了GABA受体，对中枢神经产生强而广泛的抑制作用，这种调节发生紊乱，兴奋得不到抑制而产生一系列中枢神经的症状，导致惊厥发作，出现剧烈的强直抽搐，导致呼吸衰竭。

中毒与解救 毒鼠强可由口咽黏膜及胃吸收，且无须经代谢即有直接致惊厥毒效，故中毒潜伏期短，发作快。毒鼠强经经口后一般数分钟至1.5h，平均10～20min发病，因此发作迅速且抽搐者，首先应怀疑毒鼠强中毒。轻度中毒会出现头痛、头晕、恶心、呕吐和四肢无力等症状，可有肌颤或局灶性癫痫样发作，生物样品中检出毒鼠强。中度中毒，还会出现癫痫样大发作，精神病样症状（幻觉、妄想等）。重度中毒会产生癫痫样持续状态，脏器功能衰竭。

中毒30min出现，抢救不及时，可因剧烈的强直抽搐导致呼吸衰竭而死亡。肉眼血尿，便血。尿检发现红细胞，大便隐血为阳性。

解救措施：对毒鼠强中毒目前尚无特效解毒剂，治疗主要针对以下几点。

①清除体内毒物　对于意识清晰、经口中毒1h内的患者应立即催吐。经口中毒6h内的患者要进行洗胃。洗胃时使用清水即可，每次洗胃液量为300～500mL，持续洗胃量要过20L以上，直至洗出液澄清为止。洗胃后可给予氢氧化铝凝胶或生鸡蛋清保护消化道黏膜。必要时导泻。皮肤污染者用清水彻底冲洗。中、重度中毒的患者洗胃后要反复洗胃和灌入活性炭。

② 镇静止痉，控制癫痫发作控制抽搐，这是抢救成败的关键。地西泮：为癫痫大发作和癫痫持续状态的首选药物。成人每次10～20mg，儿童每次0.3～0.5mg/kg，缓慢静脉注射，成人的注射速度不超过5mg/min，儿童的注射速度不超过2mg/min。必要时可重复静脉注射，间隔时间在15 min以上。不宜将其加入液体中静脉滴注。苯巴比妥：为基础用药，可与其他镇静止痉药物合用。轻度中毒每次0.1g，每8h肌内注射1次；中、重度中毒每次0.1～0.2g，每6～8h肌内注射1次。儿童每次2mg/kg。抽搐停止后减量使用3～7d。其他：癫痫持续状态超过30min，连续两次使用地西泮仍不能有效控制抽搐，应及时使用静脉麻醉剂（如硫喷妥钠）或骨骼肌松弛剂（如维库溴铵）。

③ 呼吸支持：重症患者可同时行气管插管，必要时辅助通气。

④ 对症及支持疗法。

⑤ 二巯基丙磺酸钠、大剂量维生素B_6的临床疗效有待进一步临床验证。

注意事项　我国于1991年开始禁止使用，2002年明令全面禁止使用（农业部公告第199号）。

2003年9月4日最高人民法院和最高人民检察院在《刑法修正案（三）》规定了非法制造、买卖、运输、储存危险物质罪的基础上，联合制发了《关于办理非法制造、买卖、运输、储存毒鼠强等禁用剧毒化学品刑事案件具体应用法律若干问题的解释》。

毒鼠硅（silatrane）

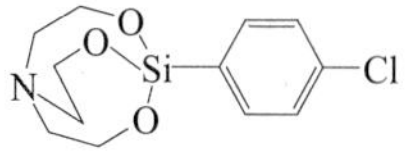

$C_{12}H_{16}ClNO_3Si$，285.83，29025-67-0

化学名称 1-(对氯苯基)-2,8,9-三氧-5氮-1-硅双环(3,3,3)十二烷

其他名称 氯硅宁，硅灭鼠，RS-150

理化性质 为白色粉末或结晶，味苦，难溶于水，易溶于苯，氯仿等有机溶剂。熔点230～235℃，对热比较稳定。水溶液不稳定，能分解成无毒产物对氯苯硅氧烷和三乙醇胺。

毒性 本药对畜、禽和鼠的毒力很强。对几种鼠的LD_{50}(mg/kg)：褐家鼠1～4，小家鼠0.9～2，黑线姬鼠、长爪沙鼠4。

作用特点 是有机硅农药，毒性强，作用快，鼠食后10～30min死亡，中毒后无解剂。主要作用于运动神经，导致运动神经功能紊乱，兴奋性增强。鼠服药后迅速出现中毒症状，兴奋、翘尾、跳动，多在数分钟内痉挛死亡。毒鼠硅对人、畜毒性高，不溶于水，不经皮肤吸收，易发生二次中毒。

中毒与解救 毒鼠硅中毒潜伏期短，多在进食后5～15min突然发病死亡。中毒后可有恶心、呕吐、腹痛等消化系统症状。急性中毒的主要表现为躁动、惊厥、反复抽搐、躯体强直、角弓反张等，导致呼吸衰竭而死。辅助检查血、尿和呕吐物等样品中可检出毒鼠硅。

解救措施 中毒救治目前尚缺乏明确的特效解毒剂，主要采取清除体内毒物、镇静止痉、对症支持治疗等，参考毒鼠强中毒的救治。

注意事项

毒鼠硅为剧毒急性杀鼠剂。我国于2002年明令全面禁止使用(农业部公告第199号)。

磷化锌 (zinc phosphide)

Zn　Zn　Zn
P　P

Zn_3P_2，258.09，1314-84-7

化学名称　二磷化三锌

其他名称　亚磷酸锌，耗鼠尽，耗鼠净，Arvicol，Kilrat，Lipit，Mous-con，Phosrin，Rattekal，Rumetan，Talpan，Zinophos

理化性质　磷化锌为黑色或灰黑色粉末，有类似大蒜的气味，相对密度为4.72，熔点420℃，沸点1100℃。不溶于水和醇，稍溶于苯、二硫化碳、碱和油类。在干燥和避光条件下，化学性质稳定，但受潮、遇酸可分解放出剧毒的磷化氢气体而使毒性降低。

毒性　磷化锌对几种鼠的LD_{50}（mg/kg）：褐家鼠40.5，黄胸鼠27.6，达乌尔黄鼠22.3～36.3，长爪沙鼠12.04，黄毛鼠29.68，东方田鼠17.0，黑线仓鼠40。对人、畜的毒力强。对人的毒力与鼠相似，LD_{50}约为40mg/kg。在家禽、家畜中，鸡较敏感，LD_{50}约为10mg/kg，鸭、鸽等也近似；牛、马、羊食入稍多时，也可能中毒死亡。猫、狗、猪在取食因磷化锌中毒而死亡的鼠时，可发生二次中毒。

作用特点　鼠类进食后与胃液中的盐酸作用产生磷化氢。磷化氢主要作用于鼠的神经系统，破坏代谢功能。磷化锌的毒力发挥较快，鼠多在24h内死亡，但死亡时间亦可短至半小时或长达2d以上。据实验，鼠多次食入亚致死量的磷化锌，不引起蓄积中毒，也不产生明显的耐药性，残效期较长。鼠类对磷化锌毒饵的接受性较好，但如未被毒死，连续遇到时会明显拒食。

中毒与解救　磷化锌急性吸入性中毒在24h内发病；经口中毒后有一段时间的潜伏期，中毒者多在24～48h发病，亦有潜伏期长达2～3d者。轻度中毒表现为头痛、头晕、恶心、呕吐、食欲不振、全身虚弱无力、腹痛、腹泻、口渴、鼻咽发干、胸闷、咳嗽、心动徐缓等。中度中毒还有呼吸困难，轻度心肌损害、肝脏损害和意识障碍等症状。严重中毒还会出现昏迷、惊厥、肺水肿、呼吸衰竭、心肌明显损害等。

解救措施如下。

① 吸入性中毒者，应迅速脱离现场，置于空气新鲜处，及时更换污染衣服，清洗皮肤。

② 误服中毒者，应及时进行催吐、洗胃和清肠。催吐剂可选用1%硫酸铜溶液，每5～10min饮1茶匙，直到呕吐为止。呕吐后，再用1∶5 000倍高锰酸钾溶液洗胃。洗胃完毕，服用硫酸钠20～30g清肠。

③ 对症治疗：肝脏损害患者可服用大量维生素C、高渗葡萄糖、肌苷等保肝药物；心肌损害患者，可用腺苷三磷酸40mg，每日2次，肌内注射；对传导阻滞患者，可服用阿托品0.5～1mg，皮下注射，必要时隔2h后重复注射；防治肺水肿可注射肾上腺皮质激素、葡萄糖酸钙等。

④ 注意纠正酸碱平衡失调和电解质紊乱，禁食油类、鸡蛋、牛奶、脂肪等。

注意事项 我国自2011年10月31日起停止生产磷化锌及其混配制剂；自2013年10月31日起，停止销售和使用（中华人民共和国农业部第1586号公告）。

参考文献

[1] 陈馥衡，李增民，陈光明，吴景平．新型水稻生育调节剂抗倒胺的研制．农药，1990，29（3）：16.

[2] 陈昱君，王勇．三七病虫害防治．昆明：云南科学技术出版社，2005.

[3] 程伯瑛．农药使用问答．太原：山西科学技术出版社，2005.

[4] 邓旭明，何宏轩，曾忠良等．兽医药理学．长春：吉林人民出版社，2001.

[5] 董学会，何钟佩，关彩虹．根系导入生长素和玉米素对玉米光合产物输出及分配的影响．中国农业大学学报，2001，6（3）：21-25.

[6] 杜连涛，樊堂群，王才斌，万更波，姜天新，郑建强，王廷利，陈康．调环酸钙对夏直播花生衰老、产量和品质的影响．花生学报，2008，37（4）：32-36.

[7] 高立起，孙阁等．生物农药集锦．北京：中国农业出版社，2009.

[8] 何晓明，谢大森．植物生长调节剂在蔬菜上的应用．北京：化学工业出版社，2010.

[9] 菅向东，周镔．中毒急救速查．济南：山东科学技术出版社，2008.

[10] 蒋科技，皮妍，侯嵘，唐克轩．植物内源茉莉酸类物质的生物合成途径及其生物学意义．植物学报，2010，45（2）：137-148.

[11] 李怀方，李腾武，宗静，赵美琦，施大钊．玉米病虫草鼠害防治．北京：知识出版社，2000.

[12] 里程辉，冯孝严，孙乃波，王杰．单氰胺对设施桃物候期及果实品质的影响．北方园艺，2012，（5）：46-48.

[13] 林起．氯酸镁对棉花脱叶催熟应用试验．棉花机械化，2008，（3）：36-38，43.

[14] 刘乾开，朱国念．新编农药使用手册．上海：上海科学技术出版社，2000.

[15] 吕勤，吕林，陶洁等编著．新编农药使用技术．南宁：广西科学技术出版社，2008.

[16] 毛景英，闫振领．植物生长调节剂调控原理与实用技术．北京：中国农业出版社，2005.

[17] 闵跃中，卢普滨．康壮素（Messenger）在水稻上的应用效果研究初报．江西农业学报，2005，17（4）：152-153.

[18] 彭正萍，门明新，薛世川，孙旭霞，薛宝民，毕淑芹．腐植酸复合肥对土壤养分转化和土壤酶活性的影响．河北农业大学学报，2005，28（4）：1-4.

[19] 钱万红，王忠灿，吴光华．鼠害防治技术．北京：人民卫生出版社，2011.

[20] 邱立新．林业药剂药械使用技术．北京：中国林业出版社，2011.

[21] 任继周．草业大辞典．北京：中国农业出版社，2008.

[22] 邵莉楣，孟小雄．植物生长调节剂应用手册．北京：金盾出版社，2009.

[23] 沈成国，金留福．抗倒胺（Inabenfide）对棉花幼苗生长的影响．植物学通报，1997，14（2）：49-51.

[24] 史春余，金留福，傅金民，张红．抗倒胺对水稻秧苗素质和与抗倒伏有关性状的影响．植物生理学通讯，1997，33（5）：343-344.

[25] 孙振成，张海燕，童金春，宋凌云，崔新庆．玉米素在西葫芦上的应用技术研究．现代农业科技，2008，(17)：30.

[26] 谭伟明，樊高琼．植物生长调节剂在农作物上的应用．北京：化学工业出版社，2010.

[27] 屠予钦．农药科学使用指南．北京：金盾出版社，1993.

[28] 屠予钦．农药科学使用指南．北京：金盾出版社，2009.

[29] 汪诚信．有害生物治理．北京：化学工业出版社，2005.

[30] 王青松．新农药使用手册．福州：福建科学技术出版社，2001.

[31] 王三根．植物生长调节剂与施用方法．北京：金盾出版社，2009.

[32] 王永露，戴继红，王立永．乙烯利对花生产量的影响．农技服务，2011，28（6）：786，81.

[33] 王涛，陶章安．绿色植物生长调节剂应用技术论文集（第三集）．北京：北京科学技术出版社，1999.

[34] 魏民，金焕贵，张世斌．调环酸钙5%泡腾片调控水稻生长、预防水稻倒伏效果评价．农药科学与管理，2011，32（9）：55-58.

[35] 吴永汉，叶利勇，陈小影，姜周铎．康壮素在黄瓜上的应用效果．安徽农业科学，2002，30（4）：596-597.

[36] 向子钧．常用新农药实用手册．武汉：武汉大学出版社，2011.

[37] 肖年湘，郁松林，王春飞．6-BA、玉米素对全球红葡萄果实发育过程中糖分含量和转化酶活性的影响．西北农业学报，2008，17（3）：227-231.

[38] 徐彦军，刘帅刚．我国禁用限用农药手册．北京：化学工业出版社，2011.

[39] 杨健，米洪元．急性杀鼠迷中毒的诊治（附189例报告）．中国媒介生物学及控制杂志，2002，5：390-391.

[40] 杨平华．农田植物生长调节剂使用技术．成都：四川科学技术出版社，2009.

[41] 姚允聪，郭红，孙书玲等．常用农药安全使用技术．北京：中国农业出版社，1999.

[42] 叶明儿．植物生长调节剂在果树上的应用．北京：化学工业出版社，2011.

[43] 于世鹏，高东升，李治红．急性中毒．北京：中国医药科技出版社，2006.

[44] 于维森，高汝钦，靳晓梅．常见化学性食物中毒快速处置技术．青岛：中国海洋大学出版社，2009.

[45] 张洪昌，李星林．植物生长调节剂使用手册．北京：中国农业出版社，2011.

[46] 张锡刚．常用农药中毒的预防与救治．北京：军事医学科学出版社，2010.

[47] 张晓松，曹春田，陈光．康壮素在辣椒上的应用效果研究初报．现代农村科技，2011，(1)：54.

[48] 张元湖，程炳嵩，郁生福，李钰，毛春云．采前喷施增甘膦对苹果采后生理特性

的影响. 山东农业大学学报，1992，23（2）：119-123.
[49] 张宗俭，李斌. 世界农药大全——植物生长调节剂卷. 北京：化学工业出版社，2011.
[50] 赵桂芝. 鼠药应用技术. 北京：化学工业出版社，1999.
[51] 赵国安. 多效唑在水稻育秧上的应用效果及喷施技术. 现代农业科技，2012，（7）：189，191.
[52] 郑先福. 植物生长调节剂应用技术. 北京：中国农业大学出版社，2009.
[53] 中华人民共和国农业部. 农民实用技术教育读本. 北京：中国农业出版社，1995.
[54] 朱桂梅. 新编农药应用表解手册. 南京：江苏科学技术出版社，2011.04.
[55] 朱蕙香，张宗俭，张宏军等. 常用植物生长调节剂应用指南. 北京：化学工业出版社，2002.
[56] 邹华娇. 玉米素对甘蓝生长、增产影响的研究. 农药科学与管理，2007，28（5）：27-28，35.

索　　引

一、农药中文名称索引

D

E

J

K

L

M

N

P

Q

R

S

T

W

X

Y

Z

二、农药英文名称索引

A

B

C

F

G

H

I

J

K

L

M

N

O

P

R

S

T

U

V

W

Y

Z

化工版农药、植保类科技图书

书号	书名	定价
122-18414	世界重要农药品种与专利分析	198.0
122-18588	世界农药新进展（三）	118.0
122-17305	新农药创制与合成	128.0
122-18051	植物生长调节剂应用手册	128.0
122-15415	农药分析手册	298.0
122-16497	现代农药化学	198.0
122-15164	现代农药剂型加工技术	380.0
122-15528	农药品种手册精编	128.0
122-13248	世界农药大全——杀虫剂卷	380.0
122-11319	世界农药大全——植物生长调节剂卷	80.0
122-11206	现代农药合成技术	268.0
122-10705	农药残留分析原理与方法	88.0
122-17119	农药科学使用技术	19.8
122-17227	简明农药问答	39.0
122-18779	现代农药应用技术丛书——植物生长调节剂与杀鼠剂卷	28.0
122-18891	现代农药应用技术丛书——杀菌剂卷	29.0
122-19071	现代农药应用技术丛书——杀虫剂卷	28.0
122-11678	农药施用技术指南（二版）	75.0
122-12698	生物农药手册	60.0
122-15797	稻田杂草原色图谱与全程防除技术	36.0
122-14661	南方果园农药应用技术	29.0
122-13875	冬季瓜菜安全用药技术	23.0
122-13695	城市绿化病虫害防治	35.0
122-09034	常用植物生长调节剂应用指南（二版）	24.0
122-08873	植物生长调节剂在农作物上的应用（二版）	29.0
122-08589	植物生长调节剂在蔬菜上的应用（二版）	26.0
122-08496	植物生长调节剂在观赏植物上的应用（二版）	29.0
122-08280	植物生长调节剂在植物组织培养中的应用（二版）	29.0
122-12403	植物生长调节剂在果树上的应用（二版）	29.0
122-09867	植物杀虫剂苦皮藤素研究与应用	80.0
122-09825	农药质量与残留实用检测技术	48.0

续表

书　号	书　名	定价
122-09521	螨类控制剂	68.0
122-10127	麻田杂草识别与防除技术	22.0
122-09494	农药出口登记实用指南	80.0
122-10134	农药问答（第五版）	68.0
122-10467	新杂环农药——除草剂	99.0
122-03824	新杂环农药——杀菌剂	88.0
122-06802	新杂环农药——杀虫剂	98.0
122-09568	生物农药及其使用技术	29.0
122-09348	除草剂使用技术	32.0
122-08195	世界农药新进展（二）	68.0
122-08497	热带果树常见病虫害防治	24.0
122-10636	南方水稻黑条矮缩病防控技术	60.0
122-07898	无公害果园农药使用指南	19.0
122-07615	卫生害虫防治技术	28.0
122-07217	农民安全科学使用农药必读（二版）	14.5
122-09671	堤坝白蚁防治技术	28.0
122-06695	农药活性天然产物及其分离技术	49.0
122-02470	简明农药使用手册	38.0
122-05945	无公害农药使用问答	29.0
122-18387	杂草化学防除实用技术（第二版）	38.0
122-05509	农药学实验技术与指导	39.0
122-05506	农药施用技术问答	19.0
122-05000	中国农药出口分析与对策	48.0
122-04825	农药水分散粒剂	38.0
122-04812	生物农药问答	28.0
122-04796	农药生产节能减排技术	42.0
122-04785	农药残留检测与质量控制手册	60.0
122-04413	农药专业英语	32.0
122-04279	英汉农药名称对照手册（第三版）	50.0
122-03737	农药制剂加工实验	28.0
122-03635	农药使用技术与残留危害风险评估	58.0
122-03474	城乡白蚁防治实用技术	42.0

续表

书号	书名	定价
122-03200	无公害农药手册	32.0
122-02585	常见作物病虫害防治	29.0
122-02416	农药化学合成基础	49.0
122-02178	农药毒理学	88.0
122-06690	无公害蔬菜科学使用农药问答	26.0
122-01987	新编植物医生手册	128.0
122-02286	现代农资经营丛书——农药销售技巧与实战	32.0
122-00818	中国农药大辞典	198.0
122-01360	城市绿化害虫防治	36.0
5025-9756	农药问答精编	30.0
122-00989	腐植酸应用丛书——腐植酸类绿色环保农药	32.0
122-00034	新农药的研发—方法·进展	60.0
122-09719	新编常用农药安全使用指南	38.0
122-02135	农药残留快速检测技术	65.0
122-07487	农药残留分析与环境毒理	28.0
122-11849	新农药科学使用问答	19.0
122-11396	抗菌防霉技术手册	80.0